Alles beginnt für mich auf dieser Straße. Wie der ganze Schlamassel geschah, weiß ich nicht. Was ich weiß, ist, dass es sich so in einer Million Jahre nicht wiederholen wird. Vielleicht hätte ich es frühzeitig stoppen können. Aber als der ganze **Ärger** bereits im **Gang war,** machte ich einfach mit. Hauptsächlich erinnere ich mich an das Mädchen. Ich kann's nicht erklären – sie war ein trauriges Mädchen. Doch es änderte sich etwas in mir. **Sie gehörte zu mir.** Doch dazu später. Sei's drum.

Hier fing es an, genau auf dieser Straße ...

The Wild One, 1953

HARLEY-
DAVIDSON
for 1940

The 80 TWIN shown with 5.00 x 16 tires

'59
HARLEY-DAVIDSON
DUO-GLIDES

finest for You...
comfort for two

Ich brauche niemanden, wenn ich auf einer **Harley-Davidson** sitze.

Brigitte Bardot, Songtext zu *Harley-Davidson*

Lieber würde ich wie ein Meteorit durch die Atmosphäre jagen, als einfach nur zu Staub zu verfallen. Gott schuf uns, damit wir leben, nicht, damit wir nur existieren. Ich bin bereit.

Evel Knievel, kurz vor seinem Sprung über den Snake River

Wir schienen freier zu atmen, eine gute Luft, eine Luft voller Abenteuer.

Che Guevara, *The Motorcycle Diaries*

Ich bedaure diese armen Leute, die nicht Motorrad fahren.

Malcolm Smith

Der Anwalt (Jack Nicholson):

»Die haben keine Angst vor euch. Die haben Angst vor dem, was ihr repräsentiert!«

Billy (Dennis Hopper): »Hey, Mann, alles, was wir für die repräsentieren, ist jemand, der 'nen Haarschnitt braucht.«

Anwalt: »Oh nein, was du für sie darstellst, ist Freiheit.«

Billy: »Was zur Hölle ist falsch an Freiheit?
Mann, darum geht es doch.«

Anwalt: »Oh ja, das ist richtig, darum geht es.
Aber darüber reden und es zu tun sind zwei verschiedene Dinge. Ich meine, es ist wirklich hart, frei zu sein, wenn du auf dem Markt gekauft und verkauft wirst. Aber erzähle den Leuten niemals, sie seien nicht frei, denn dann werden sie echt alles tun, um dich zu töten und zu zerstückeln, nur um dir zu beweisen, dass sie doch frei sind. Oh ja, sie reden mit dir ständig über ihre individuelle Freiheit, aber wenn sie freie Individuen sehen, bekommen sie es mit der Angst zu tun.«

Easy Rider, 1969

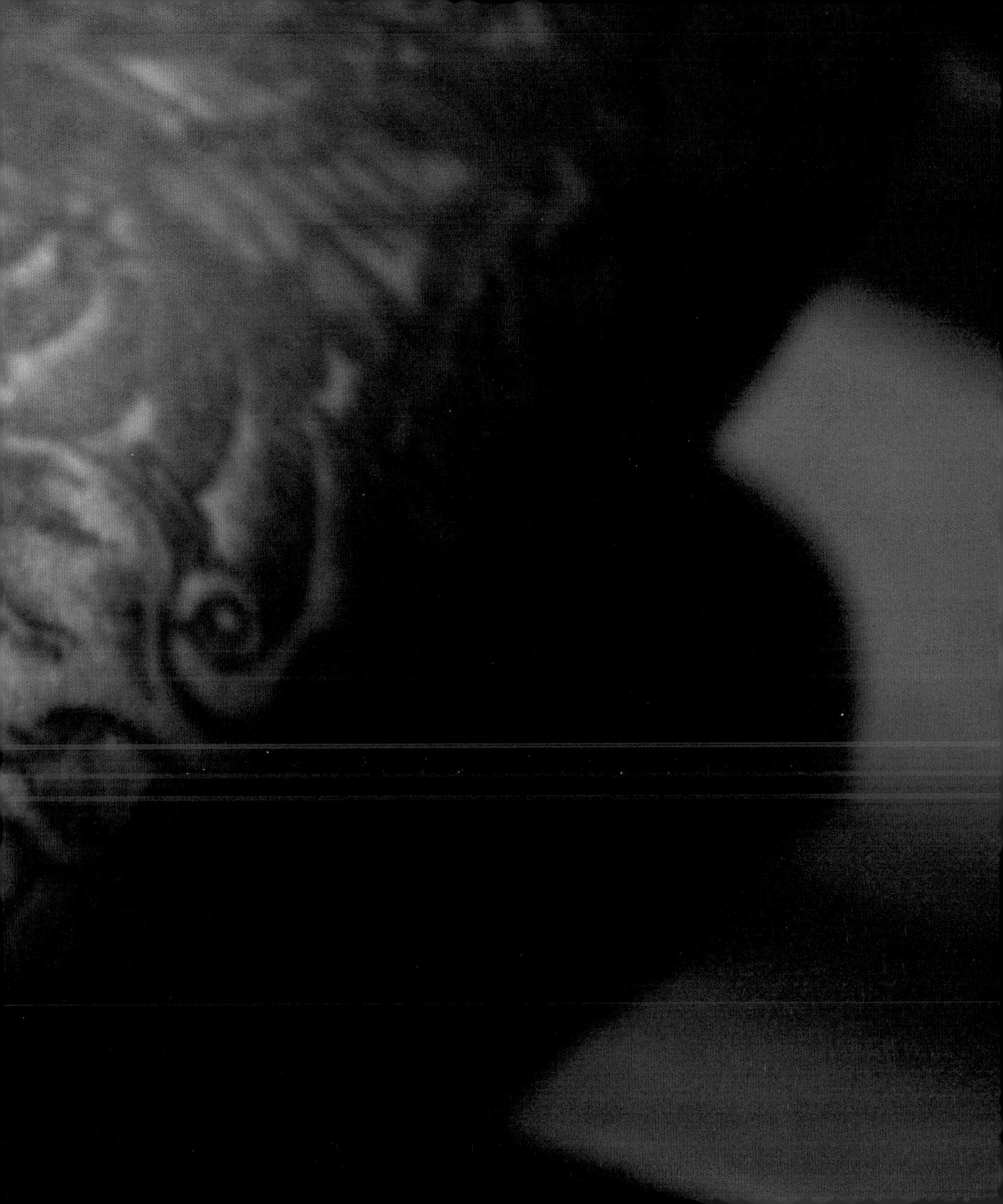

DER HARLEY-DAVIDSON READER

Vorwort von Jean Davidson
Enkeltochter des Firmengründers
Walter Davidson

Mit Beiträgen von Hunter S. Thompson, Sonny Barger, Evel Knievel, Arlen Ness, Peter Egan, Brock Yates und anderen

Delius Klasing Verlag

Titel der Originalausgabe: The Harley-Davidson Reader
Copyright © 2006 by MBI Publishing Company

Bibliografische Information der Deutschen Nationalbibliothek
Die Deutsche Nationalbibliothek verzeichnet diese Publikation
in der Deutschen Nationalbibliografie; detaillierte bibliografische
Daten sind im Internet über http://dnb.d-nb.de abrufbar.

I. Auflage
ISBN 978-3-7688-5337-8
© Die Rechte für die deutsche Ausgabe liegen beim
Moby Dick Verlag, Hamburg

Übersetzung und deutsche Bearbeitung: Udo Stünkel
Lektorat: Niko Schmidt
Schutzumschlaggestaltung: Buchholz.Graphiker, Hamburg
Satz: Kunst- und Werbedruck, Bad Oeynhausen
Druck: Himmer AG, Augsburg
Printed in Germany 2012

Vertrieb: Delius Klasing Verlag, Siekerwall 21, 33602 Bielefeld
Tel.: 0521/559-0, Fax: 0521/559-115
E-Mail: info@delius-klasing.de
www.delius-klasing.de

Vorhergehende Abbildungen:

Seite 2:
Eine frühe Harley-Davidson, schon mit V-Twin,
geparkt vor einer baufälligen Farm.

Seite 3:
Ein Mann, der seiner Umgebung zeigt, was er bewegt.
Harley-Fahrer, etwa im Jahre 1930.

Seiten 4/5:
Frühe Harley-Davidson-Werbeplakate.

Seiten 6/7:
Männer, die ihre Harleys beherrschen. Foto: Harley-Davidson

Seiten 8/9:
Das Motorrad in Comics: über Jahrzehnte ein beliebtes Thema.

Seiten 12/13:
Der »Harley-Davidson-Arm«. Foto: Russ Bryant.

Seite 14:
Der modische Harley-Fahrer, etwa im Jahre 1950.

Seite 17:
Eine Harley-Davidson als Weihnachtsbaum-Ersatz.

Seiten 18/19:
Harley-Davidson-Besitzer und ihre Maschinen aus den
1910er- bis 1950er-Jahren.

Quellenverzeichnis:

Barger, Sonny: *Harleys, Chopper, Full-Dresser und geklaute Räder (Harleys, Choppers, Full Dressers, and Stolen Wheels).* Aus: Barger, Sonny: Hell's Angel. © 2000, Sonny Barger Productions. Mit freundlicher Genehmigung von HarperCollins Publisher Inc.

Collins, Ace: *Aus Bobby wird Evel (Bobby Becomes Evel),* 1999. © Ace Collins. Mit freundlicher Genehmigung von St. Martin's Press, LLC.

Hayes, Bill: *Das Märchen von Großvater und der Flasche ... hm ... Milch ... (The Tale of Grandpa and the Bottle of, uh, Milk ...),* 2005. © Bill Hayes. Mit freundlicher Genehmigung des Autors.

Knievel, Evel: *Evels Wege (Evel Ways),* 1999. © GraF/X. Mit freundlicher Genehmigung von GraF/X Publishing und Scott Bachmann.

Levingston, Tobie Gene; Zimmerman, Keith und Kent: *Von Arschloch-Schaltungen und Selbstmord-Kupplungen (Butthole-Shifters and Suicide Clutches),* 2003. © Tobie Gene Levingston. Mit freundlicher Genehmigung des Autors.

McCoy, Horace: *Der Podiums-Komplex (The Grandstand Complex),* 1935. © Horace McCoy. Mit freundlicher Genehmigung von Harold Matson Co., Inc.

Perry, Michael: *Donnergrollen (Rolling Thunder).* Erstmals veröffentlicht im Road King- Magazin.

Thompson, Hunter S.: *Die Motorradgangs: Verlierer und Außenseiter (The Motorcycle Gangs: Losers and Outsiders),* 1965. Erstveröffentlichung im The Nation-Magazin am 17. Mai 1965. Mit freundlicher Genehmigung von The Nation.

Yates, Brock: *Die Maschine der Gesetzlosen (Outlaw-Machine),* 1999. © Brock Yates. Mit freundlicher Genehmigung von Little, Brown and Co., Inc.

Inhalt

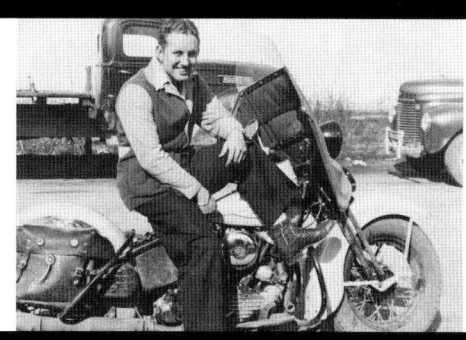

Vorwort

Von Jean Davidson

Schon immer haben Menschen, die Harley-Davidson-Motorräder lieben, zwischen dem reinen Besitz und dem Fahren ihres Motorrades unterschieden. Dabei ist es egal, ob sie die Maschinen bauen, mit ihnen Rennen fahren, sie tunen, mit ihnen springen oder was man sonst noch alles mit einer Harley-Davidson anstellen kann – jeder Mensch hat seine eigenen Gründe, sein Motorrad zu lieben. Der *Harley-Davidson-Reader* ist eine Sammlung von Texten einiger Leute, die genau das tun und uns von ihrer Leidenschaft berichten.

Warum kauft man sich überhaupt eine Harley-Davidson? Diese Frage wurde immer wieder gestellt. Darauf kann es nicht nur eine Antwort geben. Nachdem ich meine Bücher – *Growing Up Harley-Davidson* und *Jean Davidson's Harley-Davidson-Family-Album* – geschrieben hatte, reiste ich durch die Welt, und jeder, den ich fragte, hatte eine andere Antwort darauf. Die meisten Biker, mit denen ich sprach, berichteten mir von dem wunderbaren Gefühl der Freiheit, das sich einstellt, wenn sie ihre Harley besteigen und auf Tour gehen. Sie vergessen die Alltagssorgen und fallen in den Rhythmus des Motorradfahrens. Schon bald scheint jeglicher Kummer – egal welchen Grund er hatte – wie weggeblasen. Dann können sie wieder klar denken, und alles scheint viel leichter zu gehen.

Immer wieder werde auch ich gefragt, was denn so faszinierend daran sei, eine Harley zu besitzen und zu fahren. Stets antworte ich dann: Bist du jemals mit einer gefahren? Wenn man den Wind und die Sonne im Gesicht spürt, fühlt man sich als Teil seiner Umwelt. Selbst Fahrten im Regen oder Schnee vermitteln dir ein Gefühl von Autonomie. Du brichst aus der alltäglichen Struktur deiner Arbeit und deiner Pflichten aus. Du kannst allein fahren und das Zen des Fahrens spüren oder in einer Gruppe unterwegs sein und das Gefühl genießen, mit Freunden zusammen etwas zu tun, was alle gleichermaßen lieben.

Viele geben mit dem Fahren einer Harley auch ein Statement ab. Für sie ist das Motorrad eine Fortsetzung dessen, was sie sind und was sie lieben. Jedes Bike kann so individuell sein wie sein Besitzer und Fahrer, der der Welt damit seine Einzigartigkeit zeigt. Man trifft alle Motorrad-Entscheidungen selbst. Alles davon ist Freiheit …

Der *Harley-Davidson-Reader* ist auch eine Auswahl von Texten, die verschiedene Aspekte dessen erkunden, was gerne die »Harley-Davidson-Legende« genannt wird. Meine persönliche Legende handelt vom Stolz. Ich bin die Enkelin von Walter Davidson, einem der Gründer der Harley-Davidson Motor Company und deren erster Präsident. Jedes Mal, wenn ich den Namen Harley-Davidson sehe – sei es auf einem Motorrad oder einem Tattoo –, muss ich lächeln und daran denken, wie alles im Keller meines Großvaters begann.

Mein Opa Walter, seine Brüder Arthur und William sowie ihr bester Freund William Harley waren junge Kerle und ihre Eltern Einwanderer aus Schottland und England. Wenn sie nicht in der Schule waren, vertrieben sie sich die Zeit vorwiegend mit Angeln. Der Weg zum See war aber ziemlich weit, und sie hatten nur ihre Fahrräder. So kamen sie auf die Idee, ein Fahrrad mit einem Motor auszurüsten – schließlich müssten sie dann nicht mehr kräftig in die Pedale treten, und zudem hätten sie noch jede Menge Spaß dabei.

Ihre Freundschaft und ihr Unternehmergeist ließen die kleine Firma zu etwas werden, was heute auf der ganzen Welt beliebt ist. Der Hauptgrund für den Erfolg ist die Liebe und Hingabe, mit der Harley und die Davidson-Brüder und später ihre Kinder hochwertige Motorräder schufen.

Die Legende war geboren, und sie wächst auch heute noch. Selbst in schweren Jahren wurde alles dafür getan, die Harley-Davidson-Meute zusammenzuhalten und die Firma gedeihen zu lassen. Mein Vater war Gordon Davidson, Vizepräsident der Produktion. Ich empfand es als normal, nach Hause zu kommen und in der Küche Motorradrennfahrer zu treffen. Später Evel Knievel kennenzulernen und von Elvis und seiner Liebe zu Harley-Davidson zu hören – solche Begebenheiten erschienen mir alltäglich.

Ich werde oft gefragt, was die Gründer darüber denken würden, dass die Legende derart gewachsen ist und dass ihre Motorräder das Leben so vieler Menschen bereichert haben. Ich bin mir sicher, sie wären auf die Qualität der Bikes stolz und darauf, wie viel Hingabe die Harley-Fans zu ihren Maschinen entwickeln. Ich bin der Überzeugung, dass sich seit den Anfangsjahren in dieser Hinsicht gar nicht so viel verändert hat. Schon damals hatten die Menschen ihre Motorräder ins Herz geschlossen.

Eine der Bikergruppen, die heute am schnellsten wachsen, ist die Gruppe der Frauen – jeden Alters. Ich wuchs zu einer Zeit auf, in der nur wenige Frauen selbst fuhren; ich bin begeistert, diese neue Form weiblicher Unabhängigkeit zu sehen.

Ratbiker treffen auf Gesetzeshüter – Zeitschriftencover von 1935.

Genießen Sie dieses Buch, das viele gute Gründe liefert, eine Harley-Davidson zu fahren, und lassen Sie mich und andere an Ihren eigenen Ansichten und Erfahrungen teilhaben.

1

Der erste
Kontakt

Ist dir klar, dass du das gleiche **erlebst,** wenn du dir **Feuerwerkskörper** an die Beine bindest und dich auf einen **Ölofen** setzt?

Collier's Magazine, 1913

Die Maschine der Gesetzlosen

Von Brock Yates

Brock Yates ist selbst eine Legende. Sein Lebenslauf liest sich wie ein Strafregister, denn er war der Kopf – besser: der verrückte Professor –, der hinter dem berüchtigten Cannonball-Rennen von Küste zu Küste steckte. Zudem ist er Autor zahlreicher Artikel und Bücher, die von seinen Liebesaffären mit Autos und Motorrädern berichten.

Brock ist Berichterstatter für *Car and Driver* und hat für Magazine wie *Playboy*, *American Heritage*, *Sports Illustrated*, *Life* und *Reader's Digest* geschrieben. Zu seinen Büchern gehören *Cannonball! World's Greatest Outlaw Road Race* und *The Hot Rod: Resurrection of a Legend*.

Im Jahre 1999 beschrieb Brock in dem Buch *Outlaw Machine: Harley-Davidson and the Search for the American Soul* die Welt der Harleys.

Dieser Auszug spiegelt seinen ersten Kontakt mit der Legende wider, so, wie ihn bestimmt viele Leute erlebt haben.

Dieser Lärm. Dieses unglaubliche Grollen aus den Eingeweiden seiner höllischen Maschine. Er war früher ein ruhiges Kind, einer dieser schüchternen Hinterbänkler in der Grundschule, einer dieser blassen Zwerge, die auf dem Spielplatz und im pubertären Geplapper im Klassenzimmer einfach untergehen. Doch jetzt, als Junior in der Highschool, hat er sich plötzlich neu erfunden – eine Verwandlung von fast tödlicher Intensität.

Unter den angepassten Bürstenhaarschnitt- und Ringelsocken-Look seiner Fünfzigerjahre-Jugend hat er einen dicken Strich gezogen, er ist von den Goody Twoshoe-Comics direkt auf sein schwarzes und verchromtes Monster umgestiegen. In seiner mit Nieten bestickten Lederjacke mit breitem Kragen war er jemand, mit dem man rechnen musste, ein finster blickender Hengst auf einem bösen Motorrad.

Seine Klassenkameraden beobachteten ihn aus dem Blickwinkel des Establishments – mit einer Mischung aus Verachtung und Neid. Teenager dieser Zeit beschäftigten sich üblicherweise mit schnellen Autos und noch schnelleren Mädchen. Aber der Gedanke an ein Motorrad – und dann auch noch eine Harley-Davidson – war völlig inakzeptabel. Das driftete ab in die Rotlichtbezirke, die mit Teufelsdrogen, Marihuana und Mädchenhandel durchzogen waren. Andere Kerle versuchten, mit Schulterpolstern, Entenschwanz-Haarschnitten und Karottenhosen auszubrechen, und dokumentierten auf diese Art ihre offene Feindschaft gegenüber den Konventionen aus Khaki und grauem Flanell – sie wurden später in *Grease* und anderen 1950er-Jahre-Rückblenden unsterblich. Doch die absolute Geste, das ultimative »Fuck-you!« gegenüber den Anständigen, das wirklich Allerletzte war diese buckelige Harley.

Motorisierte Fahrzeuge aller Art waren die ultimativen Männerfantasien. Jahrzehnte mussten vergehen, bevor die boomende Mittelklasse ihre Highschool-Kinder mit Automobilen ausrüsten konnte – an solch exotische Dinge wie Motorräder war nicht zu denken. Nein, die Zeitschriften der frühen

1950er-Jahre überboten sich eher mit Berichten über vermeintliche Gefahren durch »Hot-Rodder«, eine kalifornische Erscheinungsform: Jugendliche bauten alte Flathead-Fords um, frisierten sie und nahmen damit an selbstmörderischen Verrücktheiten wie »Dragster-Rennen« teil und veranstalteten todesverachtende Spiele um »Chicks«.

Diese exotischen, aus Vorkriegs-Fords stammenden Maschinen wurden zum Ausdruck einer neu entdeckten Teenager-Spezie bekannt unter dem Begriff »jugendliche Delinquenten«. Dieses angebliche Gesindel in T-Shirts mit seinen in die Ärmel gesteckten Camel-Packungen wurde von vielen so wahrgenommen, als ob ein Ansturm plündernder Westgoten über die Straßen des Landes hinwegfegte. Über die gefürchteten »Hot Rods« (eine Abkürzung von »Hot Roadster«) erschienen in zahllosen Magazinen und Zeitungen dieser Zeit hysterische Berichte. Es gipfelte im Kultfilm *… denn sie wissen nicht, was sie tun* aus dem Jahre 1955, in dem James Dean, der Superheld der 1950er-Jahre, die Hauptrolle spielte. In diesem Film wurden Dragsterrennen als tödliche Duelle dargestellt, im ganzen Land schreckten Mami und Papi aus ihren Polstersesseln auf. Bilder von amerikanischen Kids hinter dem Lenkrad aufgemotzter Fords und schließlich – um Gottes willen, schlimmer noch – ihre Kinder, die auf einer Harley mit selbstmörderischem Tempo durch die Vororte donnern. Schreckensbilder, die ihre Gehirne durchzuckten. Hot Rods. Motorräder. Lederjacken. Und als Hintergrundmusik das furchterregende rituelle Getrommel des Rock 'n' Roll. Der Niedergang Roms schien nahe.

Unter dem Fußvolk hatte der Junge auf der Harley-Davidson automatisch einen Status inne, der für diejenigen mit »Rädern« aller Art reserviert war. Doch zu seinem Fall gehörte noch ein mysteriöses, exotisches, leicht ominöses, feuerspeiendes Motorrad. Ein Klassenkamerad aus den Vororten gehörte ebenfalls zu den Gesalbten, aber der spielte nur eine Nebenrolle. Er hatte seinen Vater irgendwie überredet, sich einen gebrauchten klapprigen Motorroller kaufen zu dürfen, einen

Ein früher Harley-
Davidson-V-Twin,
vorbereitet für die
Verschiffung.

lumpigen Cushman, angetrieben von einem einzylindrigen Ra-
senmähermotor. Als er eines Tages zur Schule fuhr, parkte er
neben einer Harley – eine im Schatten eines Schlachtschiffes
vertäute Jolle, unwürdig der Beachtung durch dessen Kapitän.

Der Harley-Kerl zeigte echte Klasse, indem er sich selbst
an den wärmsten Tagen in seine Leder-Rüstung kleidete. Er
missachtete den Cushman und schritt einfach an ihm vorbei,
schwang sich auf seine Harley, fummelte kurz am Benzinhahn
und am Choke herum und begann mit seinem rituellen Angriff auf den Kickstarter. Von Flüchen begleitet, wippte sein
Stiefel auf dem verchromten Hebel auf und ab. Das Monster
furzte und murrte, gelegentlich bellte es im Protest gegen die
Tritte seines Meisters auf. Nach minutenlanger Verweigerung

erwachte der mächtige Motor schließlich, spie Wolken unver-
brannter Gase und Feuer aus seinem Doppelrohr, ließ Fenster
scheppern und das Volk mit zugehaltenen Ohren ehrfürchtig
zurücktreten. Zufrieden, dass sein Biest erwacht war, nahm
er im Sattel Platz, drehte mit seinem rechten Handschuh am
Gasgriff, jagte die Drehzahlen hoch, bis alle Verstopfungen
beseitigt und die letzten Lebewesen in Hörweite ausreichend
eingeschüchtert waren. Dann griff er mit der linken Hand
zum Schalthebel, rammte einen Gang rein und röhrte in einer
Wolke aus Staub und Steinen davon. Für die verschreckten
Wesen, die eine solche Kraft nicht kannten, war es wie die
Teilnahme am eigentlich erst 20 Jahre später stattfindenden
Start einer Mondrakete.

Ein früher Harley-Davidson-Händler zeigt seine Waren.

Korrekt kostümiert wurde er Mitglied einer kleinen exklusiven Clique, deren Hauptquartier ein schmutziger Verschlag am Stadtrand war. Dort leitete ein seltsamer, schlaksiger Mann eine Vertretung für Harley-Davidson-Motorräder. Der Laden war für anständige Leute verboten, er war ein Gehege für Outrider und Banditen, Biker und andere Spinner, die Motorrad fuhren; mehr eine Bretterbude als ein echtes Gebäude. Die schwarzen Böden waren mit Motoröl getränkt und mit zerbrochenen Kolbenringen, gerissenen Ketten, geborstenen Zylinderköpfen und verbogenen Gabelrohren übersät – den Überbleibseln Tausender planloser Reparaturen. Draußen sammelten sich die Reste alter Motorräder, nackte Rahmen, Türme zerfetzter Reifen und geplatzter Motoren, ein Friedhof der Gesetzlosen-Maschinerie, gepflegt von dem hageren Mann, der über alles Bescheid wusste, was mit Motorrädern zusammenhing – der Hohe Priester im verqualmten Harley-Tempel.

Eines Tages traute sich auch der Vorstädter in das verbotene Gebäude, ahnungslos auf der Suche nach einem Ersatzteil für seinen Cushman. Das war so ähnlich, wie den Kanonier der USS MISSOURI nach einer Schachtel Knallerbsen zu fragen. Ein Cushman-Motorroller in einem Harley-Davidson-Laden? Schickt die Clowns rein! Was hatte dieser milchgesichtige Depp mit seiner untermotorisierten Krücke zwischen echten Männermaschinen zu suchen? Der Händler lümmelte in seinem Raum herum und schien genauso versifft zu sein wie die

27

Klassische »Biker-Literatur«
aus den 1910er- bis 1970er-
Jahren.

rußverschmierten Wände. Auf die Frage des Jünglings grunzte er nur als klaren Ausdruck dafür, dass er sich nicht mit Leuten außerhalb seines Kultes einlassen wollte. Andere Männer schlichen um die Werkbänke herum. Sie trugen verdreckte Jeans und protzige Arbeitsschuhe, die von verkrustetem Öl und Fett schimmerten. Sie rauchten viel und füllten den Raum mit grauen Wolken, die sich mit dem Bellen und den Fehlzündungen der Harleys mischten, welche sie mit großen Schraubendrehern einzustellen versuchten. Mit dem Erscheinen des Fremden wurde jede Konversation gestoppt, und bis zu seinem Verschwinden sollte es auch so bleiben, wortlos betrachteten sie einen unter der kruden Aufsicht des Händlers vor sich hin blubbernden großen Motor. Der Junge kehrte niemals wieder zurück. Auch kein anderer aus seinem Bekanntenkreis, der sich aus Mitgliedern der »ehrbaren Gesellschaft« zusammensetzte, betrat künftig jemals diesen gefürchteten Ort.

Wer waren diese Männer? Der Begriff »Biker« sollte erst Jahrzehnte später in den allgemeinen Sprachgebrauch aufgenommen werden, damals galten sie als namenlose »Outrider« – Angehörige einer kleinen, aber treuen Glaubensgemeinschaft rund um eine bestialische Maschine, die zwischen ihren Beinen saß. Die meisten fuhren Harley-Davidsons, aber manche hatten auch gigantische Indians – ähnlich große Modelle eines unentwegten amerikanischen Harley-Rivalen, wenn auch mit rückläufigen Verkaufszahlen und sinkender Anhängerschaft. Während zu dieser Zeit in Kalifornien schon straff organisierte Motorradgangs entstanden, war der Gedanke in kleineren Städten völlig abwegig, dass sich um Harleys und Indians herum Outlaw-Organisationen bilden könnten. Motorradgangs mochten vielleicht im genusssüchtigen Kalifornien existieren, wo sittlich verkommene Filmstars und eine zwielichtige Boheme ihre zweifelhaften Spiele spielten, aber doch nicht im Herzen des Landes. Für die meisten Amerikaner lagen die seltsamen und erschreckenden Riten und Geschäfte etwa der Hell's Angels zu Beginn der 1950er-Jahre noch in weiter Ferne.

Jene Männer, die um den kleinen Motorradladen herumlungerten, waren für die meisten Amerikaner einfach verlorene Seelen: verwirrte und desillusionierte Weltkriegsveteranen, Alkoholiker, joblose Fabrikarbeiter und ein paar rebellische Teenager, alle auf der Suche nach Trost in der Ausstrahlung schwerer Motorräder. Mit dem Kick aus dem Schenkel und der Bewegung des Handgelenks war die Kraft da. Sie war deutlich aus dem Auspuff zu hören, und jedem Buick fahrendem Spießer wurde dies klargemacht. Immer noch wurden Motorradfahrer ausgegrenzt und ignoriert und galten als bedeutungslos. Man betrachtete sie als Verrückte, die sich seltsam kleideten, in anrüchigen Bars herumhingen und lärmende Maschinen fuhren. Randfiguren im großen amerikanischen Plan, deren düsterer Ausdruck von Unabhängigkeit sowohl harmlos als auch belanglos erschien. Wer nahm schon von ihnen Notiz, vom Lärm und Getöse ihrer ungepflegten Motorräder einmal abgesehen? Wer machte sich schon Sorgen um ein paar verdorbene Jugendliche, die eine besorgniserregende Faszination für ihre Monstermaschinen entwickelten?

Der Vorstädter versuchte weiter, es mit seinem Harley fahrenden Klassenkameraden aufzunehmen, auch er kämpfte so gut er konnte gegen die Mittelschicht-Langeweile, doch es fehlte ihm sowohl am Geld als auch (und vor allem) am Mut für den Sprung auf eine Harley – die er und seine Freunde im Grunde mit einem Gemisch aus Angst und Faszination betrachteten. Dank des Verkaufs seines Cushman-Rollers schaffte er es, eine kleine tschechoslowakische CZ 125 zu kaufen, deren Zylinder kaum größer als der Vergaser einer Harley war, doch immerhin war dies ein echtes Motorrad. Als er später erfuhr, dass sogar James Dean die Welt der Motorräder auf einem ähnlichen Gerät erkundete und später mit schnellen britischen Twins unterwegs war, bevor er hinter dem Lenkrad eines Porsche 550 Spyder-Rennwagens in den Tod fuhr, machte ihn das ziemlich stolz. Doch es befriedigte seine verborgene Sehnsucht immer noch nicht. Die Harley-Davidson, die mit ihrem 74-Kubik-Inches-Knucklehead-Motor mehr Hubraum als der

VW Käfer hatte, der zu dieser Zeit an die Küste Amerikas gespült wurde, blieb das kauzigste, mürrischste und einfach geilste Motorrad der Welt.

Viele englische Motorräder – BSAs, Triumphs, Nortons und viele andere – konnten eine Harley im Kopf-an-Kopf-Rennen besiegen. Na und! Eine Harley ölte wie ein Sieb, verbrannte Ventile und ließ Zylinderköpfe verziehen. Na und! Ihr Donnergrollen machte die Leute wütend? Na und! Nur die niedersten Schichten fuhren und begehrten Harleys? Na und! Eine Harley-Davidson war gar kein hübsches Motorrad? Die Leute, die sie fuhren, ließen brave Bürger sich fast in die Hose machen? War nicht genau das der Punkt?!

Seine CZ 125 wurde schließlich gegen eine Sammlung gebrauchter Sportwagen eingetauscht – und gegen eine konsequent wachsende Familie sowie eine ehrgeizige Karriere. Ähnlich erging es seinem Schulkameraden auf der Harley, der sein Leder gegen gebügelte weiße Hemden mit Bleistifthaltern aus Kunststoff eintauschte – und eine Ingenieurskarriere beim Musterbeispiel der Etabliertheit begann: bei General Motors.

Seine kurzlebige Rebellion war vorbei, und seine alte Harley beendete ihr Dasein auf dem Trümmerhaufen hinter dem Shop, der inzwischen längst abgetragen und durch einen Minigolfplatz ersetzt worden war. Doch sein Statement war gemacht, ein einzelner Beitrag zu der stetig wachsenden Legende von Harley-Davidson, deren Motorräder bald zu dem kleinen Kreis der kostbaren Maschinen gehören sollten, die über ihre reine Funktion hinaus für einen weltumspannenden Lebensstil stehen. Die Rolle, die sie dabei spielen, ist etwas seltsam, sie ist zweischneidig, sowohl gut als auch böse, einerseits liederliche Unschuld, andererseits knurrende Streitsucht. Keine andere Ikone des Maschinenzeitalters, sei es ein Ferrari oder ein Porsche, ein seltenes Kampfflugzeug aus dem Zweiten Weltkrieg oder eine überteuerte Vincent Black Shadow, teilt diese Zweideutigkeit ihrer Ausstrahlung.

Dank seines herausgehobenen Status hat Harley-Davidson weltweit Erfolg. Die Firmenhistorie hat geschichtliche Patina

angesetzt, Harley-Davidson steht für Tradition in einer Art und Weise, wie sie von den besten und kreativsten Werbe-Genies nicht hätte erfunden werden können. Nicht wegen technischer Fortschrittlichkeit oder der größten Motorleistung, sondern eher wegen des Gegenteils. Eine aktuelle Harley-Davidson ist in ihrem Kern eine Antiquität. Ihre Grundkonstruktion geht auf das Jahr 1936 zurück und im rein technischen Sinne auf ein französisches Zweizylinder-Konzept aus dem ausgehenden 19. Jahrhundert. Sie ist das perfekte Steinschlossgewehr. Die technisch beste Sonnenuhr der Welt. Doch diese Altertümlichkeit schafft Tradition und Kontinuität, zwei Tugenden, mit denen eine Harley allen Imitationen trotzt. Die Japaner – längst Meister in der Kunst, die stärksten Motoren und besten Motorräder zu konstruieren – verzweifeln an den Versuchen, Harley-Davidsons nachzubauen. Die Ergebnisse sind zwar perfekte Repliken des altehrwürdigen Milwaukee-Originals, bleiben aber dennoch hohle Gesten. Sie können gegen die über ein Jahrhundert alte Aura der Harleys nichts ausrichten.

Diese Hundert-Jahre-Saga beinhaltet eine Serie von Stopps und Neuanfängen sowie alle grundlegenden Bestandteile von Erfolg und Niederlage. Sie wartet mit Widersprüchen im Überfluss auf, und im Großen und Ganzen repräsentiert diese große alte Maschine die Nation, die sie geschaffen hat – und deren Charakter rund um den Globus ausstrahlt. Verwurzelt in Milwaukee, symbolisiert Harley-Davidson das Beste und Schlechteste eines Staates, dessen Wachstum unstet und von Rebellion geprägt war.

Wenn Wahrnehmung und Wirklichkeit dasselbe wären, hätte der Harley-Mythos nicht schon mit der Gründung der Motor Company im Jahre 1903 durch die Gebrüder Arthur, William und Walter Davidson sowie ihren Freund William Harley seinen Anfang genommen, sondern am Unabhängigkeitstag im Jahre 1947, in einer dunstigen Kleinstadt im nördlichen Kalifornien.

Eine frühe Harley-Davidson-Vertretung. Die Fahrräder sind zur Seite geschoben worden, und die hübsch aufgereihten V-Twin-Harleys warten auf Käufer.

Die erste Harley

Von Peter Egan

Peter Egan ist zu einer Art Schrauber-Prophet der Motorradfahrer geworden. Er hat ebenso viel Wissen wie gesunden Menschenverstand. Er vermittelt Einsichten aus der harten Schule des Lebens und erzählt Geschichten aus der Welt der Motorradkultur, die vollgestopft sind mit universell gültigen Wahrheiten.

Als Kolumnist und Schreiber für das Magazin *Cycle World* berichtet Peter Egan von einem der besten »deals« aller Zeiten: dafür bezahlt zu werden, Motorräder zu fahren. Seine Kolumnen für *Cycle World* sowie *Road & Track* gehören zu den Lieblingstexten vieler Zweirad- und Auto-Enthusiasten. Manchmal erhalten beide Magazine mehr Leserbriefe zu seinen Texten als zu allen anderen Inhalten zusammen.

Peter kann sich für viele Motorradmarken und -modelle begeistern, seien es Triumphs, Ducatis, BMWs, Vincents, und wie sie alle heißen. Hier beschreibt er jedoch speziell die Umstände, die ihn in den Milwaukee-Schoß fallen ließen.

Meine erste Harley? Nun, ich räume gern ein, dass ich vor dem Jahre 1990 gar keine Harley-Davidson erworben habe. Erst ab dem genannten Jahr, mit der Einführung der Evolution-Motoren und nach einem Jahrzehnt harter Arbeit der Harley-Ingenieure, die sich in dieser Zeit ernsthaft um Qualitätsverbesserung bemüht hatten, waren mir die Harley-Modelle zuverlässig genug.

Ich kaufte also im Jahre 1990 beim örtlichen Händler eine nagelneue 883 Sportster, wechselte später auf eine 1994er-Electra-Glide Sport, welche ich wiederum gegen eine smaragdgrüne 1998er-Road King eintauschte. Somit bin ich als Harley-Besitzer ein Nachzügler. Aber nicht als Harley-Fan!

Ungelogen: Die ersten Motorräder, die ich jemals sah, fuhr und zu kaufen versuchte, waren alle Harleys. Das begann in den 1950er-Jahren. Lassen Sie es mich erklären:

Als meine Eltern 1952 von St. Paul, Minnesota, ins kleine Städtchen Elroy (1503 Einwohner) in Wisconsin zogen, mieteten wir vorübergehend die obere Etage eines Hauses, in der eine Witwe und ihr Sohn Buford wohnten. Buford war gerade unverletzt aus dem Korea-Krieg zurückgekehrt und gehörte zu der leicht mürrischen und rastlosen Vor-Rock-'n'-Roll-Generation von Rebellen, die spürten, dass in ihrem Leben irgendetwas schief lief, aber nicht genau wussten, was es war. Vielleicht war es die Bedrohung durch die Wasserstoffbombe oder die unerklärliche Ausbreitung des weltweiten Kommunismus mitsamt der trostlosen und unromantischen Polizeiarbeit, die angeblich zu seiner Eindämmung nötig war.

Auf alle Fälle hatte Buford eine Harley-Davidson, die er direkt neben unserer Hintertreppe parkte. Ich war zu der Zeit gerade vier Jahre alt, ich konnte keine Motorräder auseinanderhalten, doch dieses war zweifellos eine voll ausgestattete Panhead. Ich erinnere mich, dass sie Leder-Satteltaschen und einen riesigen gefederten Doppelsattel hatte – alles mit mehr Zierrat als ein Cisco-Kindersattel und mit Patronengürteln zusammengehalten. Zudem hatte sie eine Windschutzscheibe, deren untere Hälfte blau getönt war, einen Tankschalthebel und Reifen, die so groß waren wie die eines Autos.

Buford und seine Mutter diskutierten viel über sein Motorrad, auch darüber, dass er oft zu später Stunde noch unterwegs war, und natürlich über seinen schlechten Umgang. Immer, wenn eine solche Streiterei vorüber war, knallte Buford die Hintertür zu, kletterte auf sein Motorrad, gab ihm einen mächtigen Kick, setzte seine schwarze Kapitänsmütze auf und zündete sich eine Zigarette an, die wie eine Zündschnur Funken sprühte, während er die Straße hinunterdonnerte. Seine Mutter blieb so lange auf der Hintertreppe stehen und schrie, bis Buford außer Sichtweite war.

Wenn er in den frühen Morgenstunden zurückkehrte, erschien sie wieder auf der Treppe und setzte mit dem Geschrei dort ein, wo sie zuvor aufgehört hatte.

Manchmal besuchte Bufords Mutter uns in unserer Wohnung und beklagte sich bei meiner Mutter über ihren Sohn. Sie drehte ihren Kopf zu Seite, schlug die Hände zusammen wie jemand, der Becken spielte, und jammerte: »Ohhh, Buford und sein Motorrad!«

Ich wurde natürlich in die Aufregung um die große Harley hineingezogen (und in das Wunder, dass Menschen dazu fähig sein konnten, die Balance so zu halten, dass sie eine Harley fahren können) und verbrachte viel Zeit damit, das Motorrad anzustarren. Ebenso beobachtete ich den in Latzhose, Arbeitsschuhe und weißes T-Shirt gekleideten Buford häufig dabei, wie er an der Maschine arbeitete.

Während ich dies eines Tages tat, sagte ich Buford, dass ich sein Motorrad wirklich mochte. Er nickte und sah dann aus, als ob ihm plötzlich etwas Schreckliches eingefallen sei. Er hockte sich hin, griff mir an die Schultern und sah in mein Gesicht. Er blinzelte mich mit einem Auge an (das andere musste er wegen des Rauchs aus seiner immer im Mundwinkel hängenden Lucky Strike schließen) und sagte nachdrücklich: »Kauf dir niemals eine Indian, kauf eine Harley!«

Ich versprach es ihm.

Wie sich herausstellte, schloss die Indian-Fabrik im folgenden Jahr ihre Pforten. Da war ich fünf Jahre alt und kam allein deswegen niemals in Versuchung.

Tatsächlich fuhr ich im folgenden Jahrzehnt selten Motorrad oder sonstige Zweiräder. 1961 änderte sich dies wieder.

Mit dreizehn Jahren hatte ich einen amtlich bescheinigten Auto-Tick und verbrachte meine Samstagnachmittage damit, zu Schrottplätzen des ganzen Landes zu trampen, um mich dort in alte Autos zu setzen, sie zu betrachten und ihr Street-Rod- und Stock-Car-Potenzial abzuschätzen. Das hatte ich auch an einem schönen Herbstwochenende vor. So stand ich mit ausgestrecktem Daumen am Highway 80 zwischen Elroy und New Lisbon, Wisconsin, und versuchte, zum Schrottplatz von New Lisbon zu kommen.

Plötzlich dröhnten zwei Fulldresser-Harleys heran, und zu meiner Überraschung fuhren sie auf mich zu und stoppten. Okay, eine von ihnen tat es. Der andere Fahrer brauchte etwas länger, um seine Harley zum Stehen zu bekommen. Er war sich wohl nicht sicher, ob es eine gute Idee war, anzuhalten.

»Was machst du da?«, fragte er und schaute mit einem leicht gequälten Ausdruck zu seinem Kumpel zurück.

»Komm schon«, antwortete sein Freund, »lass uns den Jungen mitnehmen.«

Beide Kerle zündeten sich Zigaretten an (was zu dieser Zeit wirklich jedermann tat, egal wie kurz eine Pause war), dann rutschte der freundlichere der beiden auf seinem mit Fransen gesäumten Doppelsattel nach vorne und sagte: »Spring auf, Junge.« Er zog seine Mütze zurecht, kickte die Panhead einige Male, und weg waren wir.

Auf dem Weg nach New Lisbon schaute ich ihm über die Schulter. Mir schossen aufgrund des Fahrtwindes die Tränen in die Augen, und ich sah auf dem großen, runden Tacho mitten auf dem Tank, dass wir 80 Meilen schnell fuhren. Ich blickte mich um, entdeckte die vorbeisausende Landschaft und dachte: »Dies ist der schönste Moment meines Lebens, das Beste, was ich jemals getan habe!«

Als wir in New Lisbon ankamen, war ich völlig erledigt. Aber wenn diese beiden Kerle mir jetzt erklärt hätten, sie würden nach Denver oder Kalifornien fahren, hätte ich ihnen sofort mit »Das ist genau mein Ziel« geantwortet, mögliche Konsequenzen hätte ich mir vermutlich erst später überlegt (»Hi, Mom? Bist du's? Ich bin in einer Telefonzelle in North Platte. Hör zu, ich musste mit dem Motorrad …«).

Doch glücklicherweise wollten die beiden nur zum Harley-Händler in New Lisbon. Während der Fahrt dorthin beschloss ich, niemals wieder den Schrottplatz zu besuchen; stattdessen wollte ich in Läden, wo man Motorräder anschauen konnte. Irgendein zuvor leer laufendes Rad in meinem Gehirn hatte sich in Position gedreht und war mit der Idee eingerastet, dass ich ein eigenes Motorrad haben müsse – je eher, desto besser.

Ich verbrachte des Rest des Nachmittages damit, so unsichtbar wie möglich in den Ecken des dunklen und schmierigen Ladens herumzulungern, Gesprächen zu lauschen, Motorräder anzuschauen, Informationen aufzusaugen, verstaubte Teilehaufen zu inspizieren und halbzerlegte Getriebe und Motoren dabei zu beobachten, wie sie 60er-Einbereichsöl in Kuchenbleche und auf Sägespäne kleckerten.

Es war eine völlig neue Welt, die Entdeckung des Maschinenraums eines Schiffes, dessen massive Kurbelwelle und Kolben es möglich machten, in offene See zu stechen und hinzufahren, wohin man wollte. Dabei war das eine direkt mit dem anderen verbunden: Motorradfahrer waren immer auch Mechaniker.

Dies sollte sich ändern, als einige Jahre später die japanischen Motorräder eintrafen, doch 1961 hatte ich den vielleicht letzten der altmodischen Motorradläden besucht, die sich weder vom Fortschritt noch von den »nicest people« (You meet the nicest people on a Honda …) oder meiner eigenen, erwachsen werdenden Generation stören ließen.

Ich besuchte den Laden danach mehrmals, und 1963 sah ich an einer Tankstelle im Nachbardorf eine alte Harley zum Verkauf stehen. Es war eine schäbige 45-Kubikinch-Flathead,

Glückliche Harley-
Fahrer aller Alters-
stufen auf allen
Modellrichtungen
des Hauses.

»Silent Gray Fellows«: Vater und Sohn auf einer
Harley-Davidson, etwa im Jahre 1910.

eine übriggebliebene WLA-Armeemaschine, die mit einer Art
Grundierung in Mattrot überzogen worden war. Alles war rot:
die Felgen, die Speichen, der Tank, selbst die Reifenflanken
– eine schlampige Sprühdosenarbeit. Aber es war eine echte
Harley, und sie lief. Zumindest teilte man mir dies so mit. Der
Tankstellenbesitzer wollte 100 Dollar dafür.

Er startete sie, und ich unternahm meine erste Motorradfahrt. Ich war zu jung (15), um damit auf den Highway zu
gehen, also fuhr ich einen Feldweg herunter und drehte auf
einer benachbarten Kuhwiese eine große Runde. Überraschenderweise war ich in der Lage, die Fußkupplung, den Gasgriff
und die Tankschaltung einigermaßen zu betätigen (dank vieler
Stunden imaginären Trainings), doch ich hatte einen Moment
lang Schwierigkeiten mit den Bremsen und rollte in eine Ansammlung hinter der Tankstelle stehender leerer Ölfässer, um
die Maschine dort auf ihre Sturzbügel zu legen.

Alles war heil geblieben, und ich bekam die Harley wieder
auf die Räder, just als ihr Besitzer – der sich gerade ein Stock

car baute – mit einer Schweißermaske auf dem Kopf um die
Ecke gelaufen kam. »Was war das für ein Krach?«

»Nichts, ich bin nur gegen ein Ölfass gestoßen.«

Er starrte mich voller Unbehagen an.

Ich sagte ihm, dass ich das Motorrad kaufen wolle, und
ging nach Hause, um meine mageren Ersparnisse von der Bank
zu holen und dann meine .410-Flinte und mein mit einem
Briggs & Stratton-Motor bestücktes Minibike zu verkaufen.
Innerhalb weniger Wochen hatte ich meine 100 Dollar zusammen und kehrte zur Tankstelle zurück.

»Ich habe meine Meinung geändert«, sagte der Mann,
ohne von seiner Arbeit aufzuschauen. »Ich werde die Harley
behalten.«

Das war für die nächsten 20 Jahre der letzte Versuch, in den
Besitz einer Harley-Davidson zu kommen. Statt einer 45er-
Harley kaufte ich eine kleine Bridgestone 50 Sport, nagelneu
aus der örtlichen Eisenwarenhandlung. Von 45 Kubikinch
(750 cm³) mit einem Schlag auf 50 cm³ Hubraum. Von der
Bridgestone arbeitete ich mich durch eine Reihe von Hondas,
Triumphs, Nortons und Ducatis wieder hoch.

Ein Freund sagte mir einst: »Dein Leben hätte sich ziemlich
verändert, wenn du diese Harley statt der 50er-Bridgestone
gekauft hättest. Wahrscheinlich hättest du andere Erfahrungen gemacht, ein anderes Aussehen und völlig andere Freunde
gehabt …«

Ich weiß nicht, wie viel davon wahr ist. Unsere Freunde sind
unsere Freunde. Doch die offene Straße wäre – zumindest in
meiner Vorstellung – auf einer großen Harley vielleicht etwas
einladender gewesen als auf dieser Bridgestone 50 mit ihrer
mickrigen Höchstgeschwindigkeit von 37 Meilen pro Stunde. Ich wäre vielleicht nach Denver oder sogar Kalifornien gefahren, statt nur durch unser Kaff zu brausen und meine
Freunde auf den Nachbarfarmen zu besuchen. Vielleicht unterscheidet sich Jack Kerouac vom Rest von uns nur durch
eine Kleinigkeit. Etwa darin, sich das richtige erste Motorrad
auszusuchen.

Das alte Bike in der Scheune, oder: Was meine Leute nicht wissen, tut mir nicht weh

Von Allan Girdler

Allan Girdler hat wahrscheinlich mehr Meilen auf einer Harley XR-750 abgerissen als irgendein anderer Mensch. Natürlich kann Jay Springsteen ihn auf der halben Meile Dirttrack schlagen und Ricky Graham in seinen Vitrinen mehr Siegerpokale vorweisen, aber Allan fährt seinen Eisen-XR-Klassikrenner seit vielen Jahren und geht damit sogar für wohltätige Zwecke auf Reisen.

Allan ist ehemaliger Redakteur von *Car Life* und *Cycle World* sowie Herausgeber des *Road & Track*-Magazins. Er ist außerdem Autor vieler Bücher über Fahrzeuggeschichte wie *Harley-Davidson: The American Motorcycle, Harley Racers, The Harley-Davidson and Indian Wars, Illustrated Buyer's Guide, Harley-Davidson XR-750* sowie dicker Wälzer über die NASCAR und andere Rennsport-Specials.

Seine Faszination für Motorräder nahm jedoch einen unspektakulären Anfang, wie er in dieser klassischen Scheunenfundgeschichte berichtet.

Als ich das erste Mal aufschrieb, wie ich an mein erstes Motorrad kam, mir selbst das Fahren beibrachte und meiner Familie nichts davon verriet, dachte ich: »Meine Güte, vielleicht sollte ich besser so etwas dazu schreiben wie ›Kinder, probiert dies nicht zu Hause aus!‹«

Doch dann dachte ich eine Weile nach, und meine Zweifel zerstreuten sich. Schließlich heißt es, dass schon Gottlieb Daimler mit der Probefahrt auf dem ersten Motorrad der Welt so lange wartete, bis seine Frau aus dem Haus war. Damit scheint mir bewiesen zu sein, dass, würden wir bei allen Entscheidungen auf die Erlaubnis der Erwachsenen warten, es niemals ein Motorrad gegeben hätte.

Also, liebe Kinder aller Altersstufen, ich sage nicht, ihr sollt das zu Hause ausprobieren, ich sage nur, dass ich es so gemacht habe. Ich habe es überlebt, mein Leben hat sich verändert, und ich bin stolz darauf, es getan zu haben.

Es begann alles in diesem Sommer, ich war 17, mit einem Anruf meines besten Freundes, ebenfalls 17 und ebenfalls ohne gesunden Menschenverstand. Unser beiderseitiges Interesse bestand darin, schrottreife Fords zu finden, sie nach Hause zu schleppen und sie aufzumotzen.

Er hatte Kleinanzeigen studiert und eine 1934er-Harley-Davidson entdeckt, die ich mit ihm ansehen sollte.

Ich bewunderte Motorräder aus der Ferne, und einmal war ich mit dem Motorroller meines Cousins – ich wollte einem entgegenkommenden Polizeiauto ausweichen – in die Hecke gefahren. Doch mein Wissen über Motorräder war genauso wie das meines Freundes gleich null. Zwar erinnerte ich mich einer Textpassage in einem Song, in der erklärt wurde, dass zwei mal null immer noch null bleibe, aber ich wollte dennoch dabei sein und etwas lernen.

Der Verkäufer war einige Jahre älter als wir und ziemlich erfahren. Er gab uns eine kurze Einweisung: »Das ist die Kupplung, dort ist der Schalthebel, dies ist die Vorderradbremse und das da ist der Gasgriff.« Er machte deutlich, dass dies alles war, was wir wissen mussten.

Wir waren der gleichen Meinung. Wenn ich heute sage, dass die 1934er-Harley eine Fußkupplung und einen Handschalthebel hatte, klingt dies seltsam, vielleicht sogar unmöglich. Doch sowohl Harleys als auch Indians waren bis nach dem Zweiten Weltkrieg damit ausgerüstet. Selbst wenn wir gewusst hätten, dass moderne Motorräder zur Zeit unseres Besuches schon über Handkupplungen und Fußschaltungen verfügten, wäre es uns egal gewesen, schließlich wussten wir über Motorräder absolut gar nichts.

Nebensächlichkeiten. Mein Kumpel schwang ein Bein über die Maschine, klappte den Kickstarter aus, holte Schwung und trat das Ding mächtig durch.

Ich hätte ihn warnen können, dass vielleicht ein Gang eingelegt sei. Natürlich war dies der Fall, und zum einzigen Mal in der Geschichte zündete eine alte Harley auf den ersten Tritt.

Der Motor ließ sie nach vorn springen, und da sie vorwärts in der Garage geparkt war, kletterte sie die Garagenwand hoch und beschrieb einen perfekten Halbkreis, der in einem graziösen Bogen über Kopf nach unten führte.

Geistesgegenwärtig hatte sich mein Kumpel zwischen das fallende Motorrad und den Garagenboden platziert, sodass die Maschine nicht beschädigt wurde. Er hatte Prellungen, Schürfwunden und keinerlei Interesse mehr daran, noch irgendetwas über Motorräder zu lernen.

Ich dagegen war verzaubert. Ich glaubte, dass dieses Motorrad das wunderbarste Gerät sei, das ich jemals gesehen hatte, also zahlte ich den geforderten Preis von 50 Dollar – Moment, hier könnte es sinnvoll sein, eine kurze Erklärung einzufügen: Wenn Leute hören, ich hätte eine klassische Harley-Davidson-Antiquität für ein Taschengeld erworben, nehmen sie an, ich sei klüger als andere, und meist sind sie der Überzeugung, ich hätte diesen wunderbaren Klassiker fast für umsonst bekommen. Vor allem wundern sie sich darüber, warum ich es bedaure, sie gekauft zu haben.

Nein! Ich hatte kein antiquarisches Sammlerstück erworben. Was ich gekauft hatte, war ein klappriges Stück Alteisen, das sonst niemand haben wollte. Das machte es so billig. Und wer es genau wissen möchte: Dies geschah vor langer Zeit, im Jahre 1954. Damals schwelgte man nicht in Nostalgie, denn so etwas wie Nostalgie gab es noch gar nicht.

Seitdem hat sich unser Blickwinkel etwas verändert. Heutzutage kaufen Leute mit zu viel Geld alte Harleys. Diejenigen ohne Geld kaufen für 50 Dollar veraltete Motocross-Maschinen und lernen auf die harte Tour, wie sie funktionieren.

Genau das tat ich damals auch: Ich wackelte auf einem Motorrad nach Hause, das älter war als ich, und würgte so lange den Motor ab und ließ die Zahnräder im Getriebe krachen, bis ich gelernt hatte, wie die Maschine zu bedienen war.

Das war der leichte Teil.

Womit ich wirklich Schwierigkeiten bekam, war, dass ich Mutter und Vater nicht gefragt hatte, was sie zu einem Motorrad sagen würden. Meine Eltern hatten harte Zeiten erlebt und waren weniger risikobereit. Sie wussten zwar weniger über Motorräder als ich, aber genug, um zu verstehen, dass es Gründe dafür gab, wenn manche Leute von »Mörderrädern« sprachen (erst Jahre später gestand mein Vater ein, dass sein Onkel Pat, der Draufgänger – und, wie ich vermutete, auch der Tunichtgut der Familie –, eine Indian fuhr. Doch dies wurde in der Öffentlichkeit oder wenn Kinder dabei waren, nicht erwähnt).

Doch der Zufall wollte es, dass einer meiner Brüder Rodeoreiter werden wollte und sein Pferd in einer etwas abgelegenen Scheune unterstellte, wo ich auch meine Harley unterbringen konnte. Dort gab es genügend Platz für mich und meinen Bruder, um Starts und Stopps zu üben und im Kreis zu fahren. Eine meiner liebsten Kindheitserinnerungen ist die, wie mein jüngerer Bruder über der Maschine in die Luft steigt, in einem großen Bogen mit dem Kopf voran über das Motorrad fliegt und vor dem Vorderrad landet. Die alte 74er hatte einen ziemlichen Rückschlag, wenn man nicht aufpasste und vor dem Sprung auf den Kickstarter die Zündung nicht zurückstellte.

Eines Tages wagte ich mich auf die offene Straße. Ich hatte einen Führerschein und war im Glauben, damit allen Anforderungen zu genügen, ein Motorrad fahren zu dürfen. Die Harley war zugelassen, allerdings nicht auf mich. Damals war ich noch minderjährig, und Gedanken an eine Versicherung beschäftigten mich überhaupt nicht – ich hatte einfach keine.

Überhaupt: Was ich angesichts der gesetzlichen Bestimmungen nie verstand, war, warum ich nie angehalten wurde. Ich wurde in der Tat nicht einmal angehalten. Ich denke, das lag daran – alle Kinder sollten die folgende Passage ignorieren –, dass ich keinen Helm trug. Meines Erachtens nach war genau das der Grund, warum ich nie angehalten wurde. Denn die Cops in diesem Teil des Staates kannten mich bereits. Als ich 16 war, sah ich nämlich aus wie zwölf, und als ich meinen ersten Führerschein bekam, wurde ich in den ersten 31 Tagen, an denen ich mit meinem alten Ford spazieren fuhr – der viele Vergaser, seitlich herausguckende Auspuffrohre, keine Motorhaube, kein Dach und keine Stoßstangen besaß – dreißigmal angehalten. Die Polizei dachte wohl, dass dieser verrückte Junge einfach nur eine weitere Dummheit machte – was ich ja auch tat. Wie dumm es jedoch wirklich war, davon hatten sie keine Ahnung.

Bei meinen leichtsinnigen Taten hatte ich zwei Partner. Einer war ein etwas aus der Spur gelaufener Sohn aus reichem Haus, dessen Name dem ein oder anderen bekannt wäre, wenn ich ihn ausplaudern würde. Was ich jedoch nicht tue, denn Freunde zu verraten, ist in meinen Kreisen nicht üblich. Er hatte eine Indian, noch älter als meine Harley. Der zweite Motorradnarr war ein Junge aus dem Hafen, der die Schule geschmissen und irgendwie das Geld für ein neues Harley-Davidson-Sportmodell in leuchtendem Rot zusammenbekommen hatte.

Gott sei Dank!

Danke, weil ich, als ich gerade durch die einzige Straße unserer kleinen Stadt rumpelte, wem begegnete? Großmutter!

Schluck! Großmutter reagierte cool – schließlich fuhr sie selbst einen Plymouth Barracuda, ernsthaft! Dennoch blieb sie immer noch Großmutter. Sie sah mich an, ich winkte. »Setz ein freches Gesicht auf«, sagte ich zu mir selbst. Und sie winkte zurück.

Sie war vor mir zu Hause, was mir sofort klar war, weil Mutter in der Tür stand.

»Großmutter sagte mir, du wärst ihr auf einem großen roten Motorrad begegnet!?«

»Oh ja«, sagte ich, als mir der perfekte Schwindel einfiel. »Ich war auf Rockys Bike unterwegs. Ich wollte fahren lernen.«

Rocky war ein Mitglied des Fix Or Repair Daily Club und im Zuge dessen ständig zu irgendwelchen Reparaturaufträgen unterwegs; deswegen hatte Mom ihn schon auf seinem Motorrad gesehen, welches zweifelsohne rot war. Also glaubte sie mir die Geschichte und beließ es bei einigen Sicherheitstipps.

Wie auch immer: Schließlich wollte ich unbedingt lernen, ein Motorrad richtig zu beherrschen. So etwas wie das Überfahren eines Hindernisses, ohne gleich ins Straucheln zu geraten. Heute bin ich überzeugt davon, dass dies der richtige Weg war, dass ich die Chancen nutzte, um mich auszuprobieren, und mir genau das dabei half, mögliche Unglücke zu vermeiden.

Als die Zulassung abgelaufen war, hörte der Spaß jedoch auf. Ich wusste, dass dies bemerkt und ich angehalten werden würde. Deswegen gab ich die noch funktionierende alte Harley einem Freund. Was dann damit geschah, weiß ich nicht.

Viele Jahre später hatte ich die Gelegenheit, eine Indian aus der Ära meiner ersten Harley zu fahren, also eine mit Fußkupplung, Handschaltung und Bremsen, die einen nur zum Stehen brachten, wenn man das Hindernis bereits am Horizont ausgemacht hatte.

Wie glücklich ich bin, dass ich damals nicht gewusst habe, wie schwierig es war, eine solche Maschine zu beherrschen.

Hätte ich es gewusst, hätte ich es niemals ausprobiert – und somit das Beste verpasst.

Harley-Davidson-Besitzer in einer Reihe vor dem Laden ihres lokalen Händlers.

2

Der Ursprung der Legende

Diese Motorradfahrer sind keine waghalsigen, todesverachtenden Leute, wie es vielleicht den Anschein macht. Es sind ruhige, anspruchslose Männer, die zu extremer Sorgfalt und Sicherheit neigen ... Motorradfahrer essen, schlafen und reden wie alle anderen auch, doch ab und zu beschleicht sie das Gefühl, dass sie nicht so lange leben wie gewöhnliche Menschen. Und damit haben sie recht.

Sie sind eine **unerschrockene Bande, tapfer genug, ihr Leben selbst in die Hand zu nehmen,** und sie haben Nerven aus Stahl.

The New York Times, 1913

Den Harley-Code knacken:

Märchen und Mysterien über das erste Harley-Davidson-Motorrad 1901–1905

Von Herbert Wagner

Herbert Wagner ist zu gleichen Teilen Harley-Davidson-Fachmann und -Spürhund – diese Kombination ist bestens dazu geeignet, um den Weg zu verfolgen, den das berühmteste Motorrad der Welt auf seiner langen Reise gegangen ist.

Herbert ist einer der führenden Experten, wenn es sich um frühe Harley-Davidsons handelt. Er ist Autor mehrerer Bücher über die H-D-Historie. Sein berühmtestes – oder je nach Sichtweise auch berüchtigtstes – Werk ist: *At the Creation: Myth, Reality and the Origins of the Harley-Davidson Motorcycle 1901–1909.*

Hier bietet Herbert Wagner einen Einblick in die erstaunliche Entstehungsgeschichte der ersten Harley-Davidson-Motorräder.

Großvater und die **Davidson-Brüder**
schmiedeten immer neue Pläne und **schauten**
nur selten zurück. Die Aufarbeitung der
Firmengeschichte wurde anderen überlassen,
was manchmal zu **unvorhersehbaren**
und **fragwürdigen** Resultaten führte.

John E. Harley jr.

Wir denken heute gern, wir wären besonders schlau und gerissen. Wir sind ganz sicher, nicht all diesen Werberummel zu schlucken, den die Motorradhersteller uns auftischen. Doch nicht im Zeitalter der Benzintank-Attrappen und Firmensymbole auf Spielzeugen, Parfumflaschen und Videospielen! Wir wissen ganz genau, dass Marketingbosse echte Zauberkünstler sind, wenn es darum geht, die Realität und Wahrheit zu verbiegen, um ihre Produkte zu verkaufen.

Aber hast du dich je gefragt, wie lange die Harley-Davidson Motor Company schon Mythen und Übertreibungen nutzt, um den Verkauf anzukurbeln?

Die Antwort auf diese Frage liefert eine sehr gute Story, wenngleich sie etwas heikel ist. Denn bereits im ersten Jahrzehnt der Firmenexistenz finden wir ein krasses Beispiel einer Marketingtechnik, die darauf abzielt, Illusionen zu verkaufen. Tatsächlich ist die althergebrachte Entstehungsgeschichte von den drei im Jahre 1903 gebauten Motorrädern – die wir alle auswendig können – eine frühe Episode eines Anzeigenschwindels. Wir alle, einschließlich Generationen von Harley-Geschichtsforschern, sind einem Märchen auf den Leim gegangen.

Diese Feststellungen sind das Resultat einer zehn Jahre währenden Forschung und vollständig in meinem 2003 erschienenen Buch *(At the Creation)* über frühe Harley-Davidsons dokumentiert. Um die Geschichte in wenigen Worten zusammenfassen zu können, müssen wir zunächst einen Blick auf die offizielle Entstehungsgeschichte werfen, wie sie auf einer aktuellen Webseite der Motor Company publiziert wurde.

Dort steht geschrieben, William S. Harley »beendet eine Blaupause eines für den Einbau in ein Fahrrad vorgesehenen Motors«. Als Jahr ist 1901 angegeben. Überraschenderweise existierte dieser auf Juli 1901 datierte Fahrradmotor-Entwurf noch heute in den Archiven der Harley-Familie. Er zeigt ei-

Dieser drei mal fünf Meter große Schuppen ohne Stromanschluss war ein merkwürdiger Platz für den Bau eines kompletten Motorrades und ist wahrscheinlich ein weiterer »1903-Mythos«. Der Name an der Tür kann die Arbeit eines dafür beauftragten Grafikers sein, der das Foto 1909 für Werbezwecke retuschierte.

nen sehr kleinen Motor mit 7 cu-in (116 cm³) Hubraum und einem winzigen Schwungrad mit 10 cm Durchmesser. Diese Größe mag für eine kräftige Kettensäge ausreichen, für ein Motorrad allerdings kaum.

Machen wir einen Zeitsprung ins Jahr 1903. Die offizielle Version lautet wie folgt: Inzwischen waren der junge Bill Harley und sein Kumpel Art Davidson mit der Konstruktion, der Teilefertigung und dem Zusammenbau fertig und konnten nun »dem Publikum das erste Harley-Davidson®-Motorrad verfügbar machen«.

Bevor du jetzt Hosianna in Richtung Milwaukee singst, warte bitte eine Sekunde. Das angebliche »1903«-Produkt, welches jetzt in seiner vollen Pracht auf den Markt platzte, hatte einen stabilen Schleifenrahmen und einen schweren Motor mit »3 ⅛ Zoll Bohrung und 3 ½ Zoll Hub«, was 27 Kubik-Inches oder 440 cm³ Hubraum ergibt. Allein sein fast 25 cm großes Schwungrad wog 28 Pfund (12,7 kg). Dabei handelte es sich nicht mehr um einen kleinen Fahrrad-Hilfsmotor. Der ursprüngliche 116-cm³-Motor war unerklärlicher-

weise zugunsten eines für den Einbau in einen Fahrradrahmen viel zu großen und zu schweren Aggregates verschwunden. Zudem erschien dieser in einem fortschrittlichen Schleifenrahmen. Diese Umwandlungen sind für sich allein genommen schon kleine Wunder, für die es keinerlei Erklärungen gibt. Vermutlich wurde davon ausgegangen, dass wir diese Ungereimtheiten nicht bemerken und uns nicht danach erkundigen.

Die offizielle Geschichte behauptet nicht nur, dass die Jungs »1903« ein solch fortschrittliches Motorrad vorstellten, sondern es im gleichen Jahr zudem schafften, zwei weitere zu bauen. All dies von drei jungen Kerlen (Walter hatte sich ihnen angeschlossen, Bill Davidson jedoch nicht) ohne Erfahrung und ohne finanzielle Unterstützung! Was keine Erwähnung findet, ist, dass etwa Motoren oder Rahmen aus Katalogen geordert wurden. Scheinbar wurde alles von Grund auf in einem »10 x 15 Fuß (ca. 3 x 5 m) großen Schuppen«, der auf Papa Davidsons Hinterhof lag, gebaut – ohne elektrischen Anschluss oder Maschinen. Dieses angebliche »1903«-Produkt war den anderen Motorrädern aus Amerika dermaßen überlegen, dass die Marke Harley-Davidson ein sofortiger Hit wurde. Es war angeblich ein solch großer Erfolg, dass uns auf der Webseite mitgeteilt wird, die Jungs hätten im folgenden Jahr einen Händler in Chicago gefunden, der eine dieser drei »1903«-Maschinen verkauft habe.

Solch ein Szenario ist tatsächlich – gerade wenn man sich überlegt, dass es heute ein gesamtes Expertenteam und 500 000 Dollar braucht, um alleine den Scheinwerfer der V-Rod zu konstruieren – schwer vorstellbar. Wenn es nicht Harley-Davidson wäre, würden wir es von vornherein als Märchen betrachten. Solche übermenschlichen Erfindungstaten und so viel Genialität bei der Fertigung belasten die Glaubwürdigkeit. Alle, die nicht an Milwaukee-Heinzelmännchen glauben oder an eine magische Tür eines ärmlichen Holzschuppens, die sich öffnet und einen geschäftigen Laden mit mehreren Abteilungen freigibt, zweifeln an der offiziellen Version der Geschichte.

Die ganze Zeit hegten einige alte Sammler und Enthusiasten den Verdacht, dass hier etwas nicht stimmte. Sie konnten alte Motor Company-Anzeigen und -Literatur vorlegen, Quellen, in denen unterschiedliche Jahre genannt werden. Aus ihnen geht hervor, dass das erste Harley-Davidson-Motorrad in den Jahren 1901, 1902, 1903, 1904 und 1905 jeweils das erste Mal aufgetaucht sein soll.

Natürlich konnten vor allem die früheren Erstvorstellungs-Termine nicht stimmen, wenn selbst 1903 den Eindruck von übermenschlichen Leistungen hinterlässt. H-D hat sich lange Zeit nicht über den eigenen Ursprung geäußert. Eine Erklärung aus dem Jahre 1942 macht dies deutlich: »Wie genau das erste Harley-Davidson-Motorrad entstanden ist, bleibt selbst für seine Eltern eine Art Mysterium.«

In der heutigen offiziellen Entstehungsgeschichte gibt es ebenfalls Widersprüche. Rekapitulieren wir noch einmal die Behauptung, die sich auf das Jahr 1903 bezieht: »Der erste Harley-Davidson-Händler, C. H. Lang aus Chicago, Ill., eröffnet ein Geschäft und verkauft eines der ersten drei produzierten Harley-Davidson-Motorräder.«

Alte Harley-Davidson-Fans und -Sammler wissen seit Langem, dass frühe Anzeigen und Berichte die Markteinführung von Harley-Davidson-Motorrädern auf jedes einzelne Jahr im Zeitraum von 1901 bis 1905 datiert haben. Diese Anzeige aus dem Jahre 1910, veröffentlicht in der Zeitschrift *Motor Cycling*, gibt beispielsweise an, dass die erste Harley 1902 entstand. Originalbelege zeigen jedoch, dass 1905 tatsächlich das erste Produktionsjahr war.

Um das Jahr 1903 herum beendeten die Jungs ihr kleines Fahr-radhilfsmotor-Experiment; ungefähr zeitgleich kam das innovative Merkel-Motorrad mit Schleifenrahmen auf den Markt (Die Abbildung zeigt eine Merkel-Werbung aus dem Jahre 1903, veröffentlicht im *Cycle and Automobile Trade Journal*). Der 1904er-Prototyp und die ersten Harleys von 1905 glichen der Merkel dermaßen, dass es den Anschein macht, der junge Bill Harley sei von diesem ebenfalls in Milwaukee gebauten Produkt inspiriert worden. Während die Marke Merkel 1922 verschwand, erreichte der Doppelgänger, die Harley-Davidson, Unsterblichkeit.

Harleys erster Händler war tatsächlich Carl Herman Lang aus Chicago. Doch war er es tatsächlich schon 1903? Verkaufte er wirklich in diesem Jahr ein Motorrad? Ein 1903er-Modell, das – laut der späteren Werksbeschreibungen – bis zum Jahre 1913 100 000 Meilen gelaufen war und immer noch fuhr?

Im Jahre 1914 schilderte Mr. Lang persönlich eine etwas andere Version der Abläufe. Diese wurde während einer gerichtlichen Zeugenaussage bei einem Prozess wegen Patentverstößen dokumentiert. Lang schwor eidesstattlich, dass er erstmals »im Herbst 1904« in Kontakt mit Harley-Davidson-Motorrädern gekommen war, und »Anfang 1905 als Händler für diese Motorräder« zu arbeiten begann. Das Jahr 1903 hatte er nicht auf dem Schirm, als er im Gericht als Zeuge aussagte. Ein Kritiker hat die Unstimmigkeiten zwischen solch belastenden Belegen und der offiziellen Geschichte als »nicht bestandenen Riechtest« beschrieben. (Anmerkung des Übersetzers: Inzwischen ist auf der Harley-Davidson-Webseite der Beginn von Langs Händlerschaft auf 1904 verlegt worden – der Rest ist so geblieben.)

Gründe zum Zweifeln gibt es also genug. Doch wo liegen nun die Ursprünge des Harley-Davidson-Motorrades wirklich? Wenn die traditionelle Version der Geschehnisse Ungereimtheiten und Unwahrheiten enthält, wie lautet nun die wahre Geschichte?

Über zehn Jahre habe ich mühsam geforscht, um aufzudecken, wie es wirklich war, und was dabei ans Tageslicht kam, klingt sowohl einfach als auch logisch. Diese überarbeitete Harley-Davidson-Geschichtsschreibung schafft klare Fakten. Das erste Motorrad, das Harley und Davidson 1903 herstellten, war nicht jene Konstruktion, die heute für Feierlichkeiten hervorgeholt wird und sofort anhand ihres überragenden Schleifenrahmens und des großen Motors erkannt wird.

Was Harley und Davidson stattdessen 1903 hervorbrachten, war die Fertigstellung und der Einbau des kleinen 116-cm³-Motors in ein gewöhnliches Fahrrad. Dieses »Mofa« von 1903 wurde nicht zum Erfolg. Es kam nicht einmal die leichten Hügel von Milwaukee hoch. Zudem war es beim Erscheinen schon technisch überholt. Zur gleichen Zeit erschienen bessere Konstruktionen auf dem Markt. Harley und Davidson waren aber geschickt genug, dieses erste motorisierte Fahrrad vergessen zu machen. Sie wussten, dass es unwürdig war, ihren Namen zu tragen. Es wurde weder 1903 noch in irgendeinem anderen Jahr dem Publikum vorgeführt. Tatsächlich gab es 1903 kein verfügbares oder verkauftes Harley-Davidson-Motorrad. Die Jungs hatten einfach noch nichts Brauchbares entwickelt, das sich fahren, geschweige denn verkaufen ließ.

Harley und die Davidsons benötigten noch zwei weitere Jahre, um ein Motorrad auf den Markt zu bringen. Das Jahr seiner Einführung war 1905. Diese Maschine unterschied sich komplett von dem erfolglosen motorisierten Fahrrad aus den

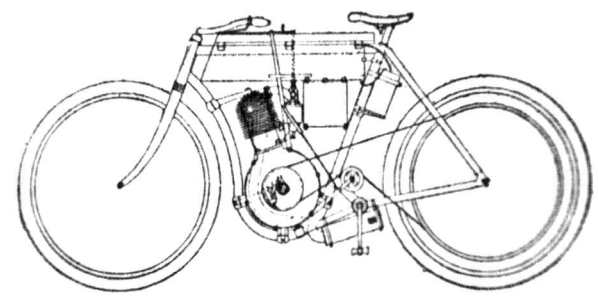

Der 1904er-Harley-Protoyp ähnelte möglicherweise dieser Zeichnung, die Anfang des Jahres 1905 entstand und ziemlich sicher das Werk von Bill Harley war. Der niedrige Lenker, der schmale Sattel und das Fehlen von Schutzblechen sind Indizien dafür, dass es sich bei der ältesten bekannten Abbildung einer Harley-Davidson um eine Rennmaschine handelt. Quelle: *Cycle and Automobile Trade Journal*

Wenn ich **merke,** dass ich übermütig werde und mich nicht mehr unter Kontrolle habe, **hole ich mein altes Motorrad** hervor und jage mit Höchstgeschwindigkeit über untaugliche Straßen. Meine Nerven sind ziemlich runter und schon fast am Ende. Um sie wieder zum Leben zu erwecken, **gibt es nichts Besseres, als mich vorsätzlich stundenlang der Gefahr auszusetzen.**

T. E. Lawrence, bekannt als Lawrence von Arabien

Die Anziehungskraft früher Harley-Davidsons macht dieses Foto von 1906 deutlich. Das Motorrad des Postboten Pete Olson (links) ist ein frühes 1905er-Modell. Das könnte die dritte jemals gebaute Harley sein. Mit dem Korb ausgestattet, war sie zudem wahrscheinlich die erste existierende »Custom-Harley«. Arthur Davidson (rechts) sitzt auf einem neuen 1906er-Modell, frisch aus Milwaukee eingetroffen. George Dykesten (hinten) wartet ungeduldig, dass der Fotograf fertig wird, damit er seine neue Maschine in Besitz nehmen kann. Quelle: Familie John E. Harley

Jahren 1901 bis 1903. Das neue Modell hatte einen wesentlich größeren Motor, der in einem modernen Schleifenrahmen saß. Dieses Vehikel war das erste richtige Harley-Davidson-Motorrad, ein Prototyp, dessen Existenz Ende 1904 Formen angenommen hatte.

Dieses Datum wird durch einen Artikel aus dem September 1904 bestätigt, den ich im *Milwaukee Journal* entdeckte. Darin wird erwähnt, dass »eine Harley-Davidson« an einem örtlichen Motorradrennen teilnahm. Die Harley gewann das Rennen nicht, doch dieser Artikel ist die erste historische Aufzeichnung, in der die Existenz eines Harley-Davidson-Motorrades dokumentiert ist.

Der nächste Beleg dafür erschien im Januar 1905 in Form einer kleinen Anzeige für Harley-Davidson-Motoren im *Cycle and Automobile Trade Journal*. Dabei handelte es sich wohlgemerkt nicht um eine Werbung für komplette Motorräder, sondern nur für Motoren. Es war im Frühling 1905, als die erste Serien-Harley-Davidson vom Hof rollte, was wiederum von der Presse dokumentiert wurde. Während des Jahres 1905 wurden vier bis sieben, möglicherweise auch »acht oder zehn« Harley-Davidsons gebaut.

Anders als das erfolglose Stottervelo-Experiment war Harley-Davidsons erstes Serienmodell von 1905 ein kraftvolles, zuverlässiges und gut aussehendes Fahrzeug. Die Maschine fand sofort ihre Liebhaber, und diese Liebesaffäre existiert bis heute.

Jetzt mag man sich wundern, warum die Motor Company heutzutage zwei volle Jahre hinzuerfunden hat, was die Markteinführung der ersten Harley-Davidsons betrifft, und den Start von 1905 auf 1903 zurückdatiert hat. Zudem bleibt die Frage zu klären, warum die ersten Versuche, ein Motorrad das Licht der Welt erblicken zu lassen, vermasselt wurden.

Antworten darauf lassen sich einfach finden, wenn man, wie ich es getan habe, das original Beweismaterial sichtet. Erinnern wir uns an die Feststellung, mit der dieser Beitrag beginnt: dass Werbeleute und Marktschreier irgendwann damit begonnen haben, die Wahrheit zu verdrehen. Das bedeutet,

8¼ B. H. P. 3⅛x3½
MOTOR CYCLE MOTORS
One-Piece Cylinder, Lugs cast on casing ready to clamp in frame.
Harley-Davidson Motor Co.
315 Thirty=seventh Street
Milwaukee, Wis.

Dies ist Harleys erste bekannte Werbeanzeige aus dem Januar 1905. Zu dieser Zeit wurden lediglich nackte Motoren angeboten. Die ersten kompletten Motorräder konnten Anfang April des Jahres erworben werden. Quelle: *Cycle and Automobile Trade Journal*

wir müssen uns Harley-Davidsons früherer Marketingabteilung widmen, und vor allem der Person, von der ich glaube, dass sie diesen Unfug begonnen hat: S. Lacy Crolius. Er war der erste Werbemanager der Firma.

Wenn man sich Harleys Werbung und Literatur ab 1905 ansieht, wird schnell sichtbar, dass Crolius Anfang 1908 damit begann, die bis dahin gesammelten Aufzeichnungen von Ereignissen zu überarbeiten – mit dem Ziel, eine größere Wirkung seiner Werbeseiten zu erreichen. Mit trickreicher Werbetechnik verschleierte Harleys Anzeigengestalter absichtlich die Identität und die Daten des gescheiterten Hilfsmotor-Experiments und ersetzte es durch das erste echte Harley-Davidson-Motorrad. Dank des Zaubers dieser irreführenden Werbung wurden aus den großen 1904er- und 1905er-Maschinen Modelle aus den Jahren 1901 bis 1903. Dennoch wurde das Fahrrad mit Hilfsmotor niemals völlig aus den Annalen verbannt. Das stiftete einerseits Verwirrung, andererseits war es ein notwendiger Baustein, um eine akkurate Firmenchronologie abzuliefern.

In Harleys Anzeigen findet man in den zwischen 1908 und 1919 publizierten Artikeln immer wieder fantasievolle, aber auch widersprüchliche Angaben. So wird von einem überlegenen Harley-Davidson-Motorrad berichtet, das bereits 1901

Verglichen mit der Konkurrenz hatte die 1905er-Harley den Vorteil, dass es sich bei ihr um ein Modell der zweiten Generation handelte und sie dementsprechend ausgereifter auf den Markt kam. Der Schleifenrahmen, der kräftige Motor, ein flexibler Riementrieb, gutes Aussehen und eine Konstruktion, die Langlebigkeit gewährte, waren wesentliche Elemente des Erfolgs. Quelle: Richard Morsher

verkauft worden sei – schlicht unmöglich, denn Original-Konstruktionszeichnungen aus diesem Jahr belegen, dass Bill Harley zu dieser Zeit gerade damit begonnen hatte, den kleinen Fahrradhilfsmotor zu zeichnen.

Es braucht auch keinen Einstein, um herauszufinden, warum Werbemann Crolius Harleys Geschichte verfälschte. 1908 befand sich Milwaukee mit Indian und anderen amerikanischen Marken in einem erbitterten Kampf um Marktanteile. An seinem Schreibtisch in der nagelneuen Fabrik aus gelben Ziegelsteinen hatte der junge, selbstbewusste Crolius keine Probleme damit, die Wahrheit zu verbreiten – solange damit effektive Werbung zu machen war. Seine Strategie war, neue Kunden mit falschen Berichten zu begeistern, in denen er Harleys Markteinführung ein paar Jahre vorverlegte. Damit wollte er sie überzeugen, dass Harleys schon immer den fahrradähnlichen Indians überlegen waren. Was im ersten Modelljahr 1905 wirklich innovativ und exzellent war, wäre 1903 eine Traummaschine gewesen – und 1902 oder 1901, als Motorräder nichts anderes waren als mit keuchenden Motoren ausgerüstete Fahrräder, ein absoluter Geniestreich.

Sollten diese zwar gefälschten, aber umso grandioseren Werbeanzeigen Wirkung zeigen, bedeutete das mehr Kunden für Harley, eine bessere Auslastung der Produktion und wachsenden Profit!

Aus irgendwelchen Gründen verlegte die Motor Company die Geburt ihres ersten Motorrades später von 1901 ins Jahr 1902, klammerte sich aber weiterhin an die erfundene Geschichte von 1903, also noch ein Jahr vor der Entstehung des ersten funktionsfähigen Prototypen (1904) und zwei Jahre vor Geburt des ersten Serienmodells (1905). Es wurde immer schwieriger, Mythos von Wirklichkeit zu unterscheiden, und die Firma wuchs – über den Ursprung wurde nicht gern gesprochen. Das Jahr 1954 wählte man aus, um ein Sondermodell zum fünfzigjährigen Jubiläum vorzustellen.

Obwohl ganz offensichtlich ist, warum die immer noch von den Familien geleitete Firma 1954 das Jahr 1904 als Entstehungsjahr betrachtete, starren heute Massen von Historikern in ihre Glaskugel und behaupten, sie könnten es nicht herausfinden.

Sieht man vom frühen Werberummel, der Mythenbildung und dem heute grassierenden Geflunker ab, bleibt festzustellen, dass die 1905er-Harley wirklich gut war. Vielleicht war sie sogar das beste amerikanische Motorrad überhaupt. Natürlich hatte sie den Vorteil, eine Konstruktion der zweiten Generation zu sein, die von innovativen Motorrädern wie der 1903er-Merkel mit Schleifenrahmen inspiriert war. Im Jahre 1909 warf selbst Indian das Handtuch und übernahm den Schleifenrahmen. Die Jungs hatten ebenfalls Hilfe von erfahreneren Freunden wie Ole Evinrude erhalten. Und Bill Harley machte einen riesigen Schritt nach vorn, als er zur Philosophie der großen Motoren überging – zu einer Zeit, als die meisten Hersteller (wieder angeführt von Indian) der Meinung waren, dass Motorräder klein und leicht genug sein müssten, um über Hindernisse geschoben oder getragen werden zu können. Eine Harley-Davidson schieben? Das fehlte noch! Wie ein paar andere hubraumstarke Maschinen (etwa der »Eine-Meile-pro-Minute«-Mitchell) dieser Zeit überfuhr

Verglichen mit der Harley-Davidson von 1905 sahen die etablierten und bereits 1901 konstruierten Indian-Motorräder eher wie Fahrräder und veraltet aus. Kein Wunder, dass die schwerere, kräftigere und modernere Harley schnell an Popularität gewann und rasch Kultstatus errang. Quellen: *Bicycling World* und *Motorcycle Review*

eine Harley-Davidson eine Barriere mit eigener Kraft – oder eben gar nicht.

Kaum verwunderlich, dass die Firma bereits Mitte 1905, als nur wenige Harleys unterwegs waren, Fahrt aufnahm.

Obwohl nahezu alle Geschichtsbücher behaupten, dass H-D in den ersten Jahren nicht an Rennen teilnahm, ist auch das ein Märchen. Wie erwähnt, stammte die erste Erwähnung einer rennenden Harley von einer Veranstaltung im Jahre 1904. Und 1905 wurden die Jungs erneut bei Rennen gesichtet.

Wir wissen dies aus einem Artikel aus dem Juni 1905 sowie von einem Foto, das ich in einer alten Zeitung aus Milwaukee gefunden habe. Dies zeigt Harley-Davidsons ersten Mitarbeiter Perry E. Mack (der später selbst ein großer Motorenkonstrukteur werden sollte) mit einer Harley des ersten Produktionsjahres, nachdem er auf der Fair Park-Pferderennbahn von Milwaukee einen Geschwindigkeitsrekord aufgestellt hatte.

Direkt nach diesem Triumph starteten Perry Mack und Walter Davidson zu den großen 4.-Juli-Rennen in Chicago. In der 15-Meilen-Disziplin für Schwergewichtler (Motorräder über 50 kg) errang Mack den ersten, Walter den zweiten Platz. Beim Rennen über zehn Meilen wurde Walter Erster, wogegen der arme Perry mit einem Hund zusammenstieß, der auf die Rennstrecke gelaufen war. Dieses Malheur beendete Macks Rennfahrer-Karriere und zeigte den Boys aus Milwaukee, dass dieses »Motor-Sickle« kein Spielzeug war, wie manche dachten, sondern ein schneller und gefährlicher Apparat. Bis dahin hatte die junge Firma gute Gründe, stolz zu sein, und in einem erhalten gebliebenen Brief von 1905 brüstet sich Arthur Davidson: »Bis jetzt haben wir an vier Rennen dieser Saison teilgenommen, und wir haben immer gewonnen …«

Durch eine gute Konstruktion der Motorräder und aufgrund der Rennerfolge übertraf die Nachfrage schnell alle Erwartungen. Die Produktion stieg von etwa 50 Maschinen im Jahre 1906 auf 150 Stück 1907 und 450 Motorräder im Jahre 1908. Bereits 1907 behauptete Harley-Davidson, dass Imitationen ihrer Maschine auf dem Markt seien.

Den größten Erfolg in den Anfangsjahren feierte Walter Davidson 1908 beim nationalen Langstrecken-Wettbewerb durch New Yorks Catskill-Berge. Er lieferte eine solch überragende Vorstellung ab, dass er mit der Diamanten-Medaille sowie einer Besser-als-perfekt-Punktezahl von »1000 plus 5« Punkten ausgezeichnet wurde.

Man bedenke, dass dieser frühe Ruhm mit den Original-Einzylinder-Baumustern aus den Jahren 1904 bis 1905 eingefahren wurde – einer Konstruktion, die so gut war, dass zwischen 1905 und 1908 eine einzige erwähnenswerte Änderung zu verzeichnen ist: die 1907 eingeführte Federgabel. Kurioserweise scheute Harley-Davidson den V-Twin-Motor mehrere Jahre lang, weil man glaubte, dass ein einzelner Zylinder den Fahrern völlig reichen würde. Erst 1911 sollte Harley-Davidson erfolgreich einen »Doppel« vermarkten, obwohl es historische Angaben und Fotos gibt, die beweisen, dass die Motor Company bereits seit 1907 V-Twins auf Ausstellungen und in Werbeanzeigen zeigte.

Die Qualität dieser ersten Harley-Einzylindermaschinen wurde auch auf dem 100. Firmenjubiläum 2003 in Milwaukee demonstriert, als sie der Öffentlichkeit vorgestellt wurden.

Am 27. August 2003 wurde Geschichte geschrieben, als eine kleine Gruppe antiker Maschinen zur historischen Backsteinfabrik in der Juneau Avenue rollte. Sie wurde angeführt von einem 1905er-Modell mit dem Spitznamen »Tommy«, das von seinem Besitzer Bruce Linsday gefahren wurde. Diese älteste fahrbereite Harley hatte gerade die 462,5 Meilen weite Reise von Linsdays Heimat in Ohio nach Milwaukee auf eigenen Rädern bewältigt. Tommy konnte in den folgenden Tagen vor der Juneau-Avenue-Fabrik und dem Nachbau des Holzschuppens bewundert werden. Ab und an startete Bruce die Maschine und fuhr unter großen Applaus die Straße herunter. Die alte Maschine besuchte auch die Grabstätte ihres Schöpfers William S. Harley.

98 Jahre nach der Geburt dieser sehr frühen Harley konnte man immer noch den Zauber fühlen, den sie 1905 hervorge-

Die ersten Fälschungen der Firmen-Historie nahm offenbar Harley-Davidsons erster Werbemanager, S. Lacy Crolius, vor. Hier sitzt er auf einem frühen Twin. Seine Behauptungen streute er bewusst und ging dabei planmäßig vor, und sie haben Generationen von Harley-Historikern getäuscht. Quelle: *Motorcycle Illustrated*

HOLDS STATE MOTOR CYCLE RECORD

Bei diesem Zeitungsausschnitt aus dem Jahre 1905 handelt es sich um die erste bekannte Aufnahme eines Harley-Davidson-Motorrades auf der Straße. Der Fahrer ist Perry E. Mack, der auf der Fair Park-Pferderennbahn von Milwaukee einen Geschwindigkeitsrekord aufgestellt hatte. Quelle: *Milwaukee Journal*

rufen haben muss; eine Magie, die einsetzte, wenn Bruce die Pedale wie bei einem Fahrrad durchtrat, sich das Schwungrad drehte, der Motor zündete und er mühelos davonzog. Unter den Tausenden Motorrädern an diesem 100. Geburtstag war Tommy das coolste von allen.

Man sieht also, dass die Tugenden der frühen Harley-Davidsons nicht in den Bereich der Märchen verbannt werden müssen. Die frühen Harleys »could take it«; sie schafften das, woran andere Motorräder scheiterten. Dieses »take it« wurde später zu Werbezwecken ausgenutzt und damit das größte ungelöste Rätsel aus Harleys Anfängen verdeckt: das Schicksal der ersten hubraumstarken Schleifenrahmen-Harley, des Prototyps von 1904.

In den Jahren 1912 und 1913 wurde das erste jemals gebaute Harley-Davidson-Motorrad Gegenstand einer farbenprächtigen Anzeigenkampagne.

Die immer noch von Crolius geführte Marketingabteilung der Motor Company ließ Anzeigen schalten, und Berichte erschienen. Zu dieser Zeit hatte die Maschine bereits mehrmals den Besitzer gewechselt, beginnend mit Henry Meyer und endend mit Steven Sparough. Im Zuge der Werbekampagne wurde schließlich behauptet, dass die Meyer-Sparough-Maschine »mehr als 100 000 Meilen ohne irgendein Motorenteil ersetzen zu müssen« gefahren sei.

Während diese Behauptung vielleicht geringfügig übertrieben war, war wenigstens das Motorrad echt. Seit geraumer Zeit ähnelt die Suche nach diesem Motorrad einer Schatzsuche, denn seit 1916 ist dieses einzigartige und unbezahlbare Motorrad verschwunden! Auch, wenn es anderslautende Behauptungen geben mag: Dieser erste Prototyp von 1904 ist in keiner existierenden Sammlung antiker Motorräder zu finden – einschließlich der Kollektion, die einer weltberühmten Firma aus Milwaukee gehört.

Eine Fotografie des 1904er-Protoyps (»Negativ 599«), die ich in der historischen Gesellschaft von Milwaukee County entdeckte, schuf Klarheit. Anhand dieser Fotografie konnten Experten für antike Harleys einzigartige Merkmale am Motor und Rahmen der Maschine entdecken. Diese besonderen Merkmale unterscheiden den 1904er-Prototyp von allen anderen Harleys. Es sind Besonderheiten, die man auf keinem anderen Foto oder an einer der erhalten gebliebenen Sammlermaschinen zu sehen bekommt.

Wenn aber dieses ganz besondere und wertvollste aller historischen Motorräder heute in keiner Sammlung zu finden ist, was geschah mit dieser Maschine?

Wir wissen, dass um 1913 herum der erste Harley-Händler C. H. Lang den Protoypen von seinem letzten Privatbesitzer Steven Sparough zurückbekam. Wir wissen, dass Lang das Motorrad im Schaufenster seines Geschäftes in Chicago ausstellte, wo es mindestens bis 1916 als Attraktion verblieb, wie es in einem Magazin-Artikel jenes Jahres beschrieben wurde. Danach verschwand der Prototyp von 1904 wie von Geisterhand.

Wie konnte dieses Motorrad, das damals so bekannt war wie Elvis' Maschine heute, spurlos verschwinden?

Ich verknüpfe nun einige vage Legenden mit eigenen Gedanken, um einem modernen Sherlock Holmes die nötigen Anhaltspunkte zu geben, dieses größte aller ungelösten Harley-Davidson-Rätsel aufzuklären.

1926 wurde Langs Vertretung von Kemper gekauft. War der Prototyp ein Teil des Handels? Oder gab Lang die Maschine zwischen 1916 und 1926 jemand anderem? Wurde sie möglicherweise verschrottet, gestohlen oder irgendwie zerstört? Gibt es im Raum Chicago vielleicht einen alten Fahrer, der sich erinnert?

Eine Legende aus unsicherer Quelle besagt, dass Harleys erster Händler bei seinem Ausscheiden ein »sehr altes« Motorrad mitgenommen habe. Ein Motorrad, das angeblich ins Werk zurückgehen sollte, es jedoch nie tat. Lang hatte sich Ruhesitze in Florida und in Michigan eingerichtet. Ging der Prototyp in einen dieser Staaten?

Oder brachte Lang das Motorrad doch zurück? In den 1920er-Jahren erzählte der seit 1907 im Werk tätige Mitarbeiter Sherbie Becker einem jungen Testfahrer namens Squibby Henrich, dass eine sehr alte Maschine mit Riemenantrieb in der Juneau-Avenue-Fabrik eingemauert wurde. Kurz nach seinem »Geständnis« wurde Sherbie nordwestlich von Milwaukee nahe Mayville auf seinem Motorrad von einem Lastwagen erfasst und getötet. Hatte er eine Ahnung seines nahenden Todes, die ihn dazu veranlasste, das Geheimnis weiterzugeben? Henrich sagte mir: »Der alte Sherbie redete keinen Unfug.«

Derartige Anhaltspunke sind nicht viel, aber sie sind alles, was wir haben. Wenn dieses erste Harley-Davidson-Motorrad gefunden würde, was hätte es für einen gewaltigen historischen und Liebhaberwert! Wer weiß, vielleicht wird es immer noch da draußen gefahren, von einem Ghost-Rider in der Wildnis Floridas oder im oberen Michigan, mit allen Original-Motorteilen!

Eines ist mal sicher: Obwohl Harley-Davidson um den Geburtstag seines ersten Motorrades ein echtes Chaos veranstaltete, dieses erste Exemplar hatten sie gut gemacht.

Ölverschmiert, aber nach seiner 462,5-Meilen-Anreise aus Ohio immer noch bereit, mehr zu leisten. Der 1905 gebaute Motor der Harley von Bruce Linsday gehört zum ersten Dutzend jemals gebauter Aggregate. Mit der langen Rückfahrt zu seinem Entstehungsort nach 98 Jahren demonstrierte der Motor, dass die frühen Harley-Davidson-Motoren zu Recht als zuverlässig galten. Foto: Herbert Wagner

Bruce Linsday blickt nach der Fahrt von Ohio nach Milwaukee etwas erschöpft in die Kamera. Das Foto wurde vor dem Juneau-Avenue-Fabrikgebäude während der Hundertjahrfeier aufgenommen. John Harley Jr. (links) und der Bruder des Autors, Tom Wagner, schauen sich die Maschine an. Foto: Herbert Wagner

Die Auseinandersetzungen zwischen Harley-Davidson und Indian

Von Michael Dregni

Michael Dregni ist mehrfacher Buchautor zu unterschiedlichsten Themen. Mit *Inside Ferrari* hat er die Technikgeschichte von Ferrari-Automobilen dokumentiert; er hat mehrere popkulturell angehauchte historische Betrachtungen über Motorroller verfasst und zwei Bücher über Motorradgeschichte geschrieben: *The Spirit of the Motorcycle* und *Harley-Davidson Collectibles*.

Dieses Essay aus *The Spirit of the Motorcycle* hat eine besondere Freundschaft und eine gleichzeitige Rivalität im Herzen der amerikanischen Motorradgeschichte zum Thema.

Der Tag, an dem sich der Wind im 30 Jahre während-den Konkurrenzkampf zwischen Harley-Davidson und Indian drehte, war ein Tag zum Feiern. Die Schlacht zwischen den beiden großen und dominierenden Motorradherstellern war bei allen amerikanischen Motorradfahrern über Jahrzehnte das zentrale Thema gewesen. Nun, mit dem Debüt des neuen Harley-Modells 61 OHV, hatten die Milwaukee-Anhänger eine neue Geheimwaffe.

Die Harley-Davidson-Händler waren entzückt. Bei ihrem Bankett nach der Präsentation der neuen Maschine in Milwaukees *Schroeder Hotel* am 25. November 1935 ging es bald hoch her. »Cactus« Bill Kennedy, ein Harley-Händler mit dem Aussehen eines Cowboys aus Phoenix, Arizona, war so begeistert, dass er mitten im Speisesaal seinen Revolver zog, »auf die Glasperlen des Kristall-Kronleuchters zielte, ein markerschütterndes ›Jippie‹ ausstieß und seine sechsschüssige Waffe leer feuerte«, wie sich Harleys Hauszeitschrift *The Enthusiast* begeisterte. Die etwas ruhigeren Händler verloren ihre geistige Klarheit spätestens, nachdem sie das ein oder andere Milwaukee-Bier zu viel zu sich genommen hatten.

Es war ein Tag, der in Harleys Geschichte einging.

Zu dieser Zeit schien die Ankunft des lang erwarteten Motors mit im Zylinderkopf hängenden Ventilen die Lösung zu sein, um die Marktanteile zurückzugewinnen, welche man während der Weltwirtschaftskrise an den Erzrivalen hatte abgeben müssen. Für die Männer in Orange und Schwarz war dies Grund genug, Milwaukees Biervorräte zu plündern und einen unschuldigen Kronleuchter zu »erschießen«.

Im Nachhinein markierte die Veranstaltung tasächlich einen Wendepunkt, mit dem die Firma aus Milwaukee nach jahrelangen Schlachten auf den Zeichenbrettern, der Rennstrecke und in den Verkaufsräumen als Sieger feststand.

Im Januar 1901 kritzelte George M. Hendee aus Springfield, Massachusetts, einen Vertrag auf die Rückseite eines alten Umschlags, wonach er zusammen mit seinem neuen Bekannten Oscar Hedstrom der Zukunft mithilfe eines motorisierten Fahrrades auf die Sprünge helfen wollte. Hendee und Hedstrom hatten eines gemeinsam: Sie waren beide ehemalige Radrennfahrer und der Meinung, dass die Zukunft nicht in der Pedalkraft, sondern in der Motorkraft lag.

Ansonsten waren sie sehr unterschiedliche Menschen. Ende der 1880er-Jahre zog sich Hendee aus dem Rennsport zurück und gründete in Springfield die Hendee Manufacturing Company, um in Jahren des Fahrradbooms seine Silver King-Räder zu produzieren. Springfield war auch die Heimat der Gebrüder Duryea, die zu den ersten Automobilbauern gehörten. Hendee war der Geldgeber; er war zahlungskräftig, sodass vieles möglich wurde.

Hedstrom war der Ideenmann. Im Jahre 1899 war er im New Yorker Madison Square Garden und erlebte dort, wie das motorisierte Tandemfahrrad des Franzosen Henri Fournier bei einem Radrennen das Tempo vorgab. Am Ende des Jahres hatte sich Hedstrom mit der Technik der neumodischen Gas-Verbrennungsmotoren vertraut gemacht und sein eigenes motorisiertes Zweirad zusammengebaut. Im Jahre 1900 sah Hendee Hedstroms Fahrzeug bei einem Steherrennen – eine Idee war geboren.

Noch während die Tinte auf dem alten Umschlag trocknete, mietete Hedstrom bereits Räume in der Worchester Bicycle Manufacturing Company in Middletown, Connecticut, an und begann mit der Arbeit. Ausgerüstet mit einem kompletten Maschinenpark, Fahrrädern, Fahrradteilen sowie Fotos und Zeichnungen von Ideen und Maschinen, die er irgendwo gesehen hatte, stellte Hedstrom ein motorisiertes Fahrrad her, das sich verkaufen ließ. 15 Monate später, genauer im Mai 1901, kabelte Hedstrom an Hendee, dass der Prototyp dessen, was einmal das Indian-»Motorrad« werden sollte, fertig sei.

Die ersten Indians der Jahre 1901 und 1902 waren motorisierte Fahrräder für den praktischen Gebrauch. Sie waren mit modifizierten Diamant-Fahrradrahmen ausgerüstet, bei denen der Motor an das Sattelrohr geschraubt war. Eine Kette verlief

Daytona Bike Week im Jahre 2004. Foto: Russ Bryant

von der Kurbelwelle zum vorderen Kettenrad des Fahrrades, das zum Starten der Maschine weiterhin mit Pedalen ausgerüstet war.

Der Motor war solide und zuverlässig, ein wechselgesteuerter 260-cm³-Einzylinder, der artig seine 1,75 PS produzierte. Ein Benzintank war auf dem Hinterradkotflügel montiert, und Schmieröl kam über eine Tropfzufuhr. Die Maschine wog 34 kg. Der Motor konnte auf Schritttempo von drei Meilen pro Stunde gedrosselt oder auf über 50 km/h beschleunigt werden – ein zu dieser Zeit hohes Tempo.

Es war eine einfache und dennoch solide Maschine, und die Indian wurde bald zum bekanntesten, meistverkauften und einflussreichsten Motorrad in den gesamten USA.

Die Geschichte der Entstehung der ersten Harley-Davidson in einem Schuppen hinter dem Wohnhaus der Davidsons in Milwaukee ist zur Legende geworden und ähnelt der Geburtsgeschichte eines bestimmten Babys in einem Stall vor etwa 2000 Jahren. Der einundzwanzigjährige William S. Harley und sein Jugendfreund, der zwanzigjährige Arthur Davidson, waren fasziniert von diesen neumodischen Motorrädern. Sie arbeiteten in einem Industriebetrieb, wo Harley als Konstrukteur ausgebildet wurde und Davidson Modellbauer war. Das Duo traf auf der Arbeit einen deutschen Ingenieur, der ihnen Geschichten aus der Pionierzeit europäischer Motor-Fahrräder erzählte. Mit seiner Hilfe zeichneten sie Pläne für einen gasbetriebenen Einzylindermotor, eine Konzeption, die der von Graf de Dion initiierten Bauart folgte. Ab 1901 arbeiteten sie abends im heimatlichen Keller an einem kleinen 116-cm³-Motor, den sie an einen Fahrradrahmen montierten. Allerdings kam das kümmerliche »Power-Cycle« noch nicht einmal die bescheidenen Hügel von Milwaukee hoch.

Also zurück ans Zeichenbrett. 1904 hatten die beiden den Prototypen einer neuen Maschine fertig, die von einem 440 cm³ großen Einzylindermotor angetrieben wurde.

Die zwei mühten sich mit ihrer Kreation ab. Harley hatte zwar zuvor in der Freizeit sein eigenes Fahrrad gebaut, und Davidsons Modellbau-Erfahrungen waren ebenfalls nützlich. Doch was sie dringend benötigten, war ein Mechaniker.

Also schrieb Arthur seinem Bruder Walter, der ein erstklassiger Maschinenschlosser war und in einem Eisenbahn-Reparaturbetrieb in Kansas arbeitete. Arthur geriet ins Schwärmen, zeichnete ein enthusiastisches Bild ihres Motorrades und bot Walter eine Probefahrt darauf an, der bald zur Hochzeit des dritten Davidson-Bruders William nach Milwaukee kommen wollte. Walter erinnerte sich später: »Man muss sich meine Enttäuschung vorstellen, als ich herausfand, dass das Motorrad erst das Stadium einer Blaupause erreicht hatte, und ich vor der versprochenen Fahrt erst helfen musste, es zusammenzubauen.« Dennoch blieb er von der Konstruktion fasziniert und war sich sicher, dass ihr eine vielversprechende Zukunft bevorstand. Er kündigte seinen Job bei der Eisenbahn, krempelte die Ärmel hoch und begann mit der Arbeit. Der Werkzeugmacher William stieß nach seiner Hochzeit ebenfalls hinzu.

Eine Legende besagt, dass der erste Motor von einem Vergaser beatmet wurde, der angeblich aus einer alten Tomatendose hergestellt worden war. Doch das Aggregat produzierte nicht genügend Leistung, und der Tomatendosen-Vergaser wurde beiseite gelegt. Ein Freund namens Ole Evinrude – er wurde später mit dem Bau von Außenbordmotoren berühmt – half dabei, einen Vergaser zu bauen.

Beim Rahmen verwendeten sie zunächst einen typischen Diamant-Fahrradrahmen, wie Oscar Hedstrom ihn benutzte, doch dieser war der Motorleistung nicht gewachsen. Also bauten sie einen Schleifenrahmen – eine Konstruktion, die noch Jahrzehnte später die Harley-Davidson-Motorräder zusammenhalten sollte.

Nachdem der Prototyp nun lief, konnte Walter endlich seine lange versprochene Probefahrt unternehmen. Seinem Eindruck nach handelte es sich um eine tadellose Maschine.

Nun, da sie einen fahrbereiten Prototypen hatten, entschieden die Freunde, die Produktion aufzunehmen. William C., der Vater der Davidsons und Tischler von Beruf, fühlte sich durch die Maschine seiner Söhne inspiriert. Deswegen baute er im Garten seines Grundstücks einen etwa drei mal fünf Meter großen Schuppen, der zur ersten »Fabrik« wurde. Die Freunde pinselten den neuen Firmennamen an die Tür: »Harley-Davidson Motor Co«. Bill Harley wurde zuerst genannt, weil er den Prototypen konstruiert hatte.

In den Anfängen sahen Indian und Harley-Davidson sich nicht als Wettbewerber, die Herausforderung der ersten Jahre bestand schlicht im Überleben. Das »Motorrad« war eine neumodische Erscheinung, und nicht jedermann konnte sich damit anfreunden. Beide Firmen hatten genug damit zu tun, sich zu etablieren.

Harley hatte aus dem Stegreif ein Beispiel an stoischer Zuverlässigkeit geschaffen. Die frisch gegründete Firma fokussierte sich in ihrem ersten Jahrzehnt nicht auf den Rennsport, sondern vertrat die Ansicht, dass sich die Maschinen auf der Straße bewähren müssten. Stolz warb Harley-Davidson 1913 damit, dass die erste Maschine, die man gebaut hatte, inzwischen mehr als 100 000 Meilen zurückgelegt habe – was wohl ein klein wenig übertrieben war.

Harley war auch ein überzeugter Verteidiger leiser Motorräder. Man dämpfte die Auspuffe der Motorräder und betonte in der Werbung, dass große Schalldämpfer an den Motorrädern verbaut seien, um Pferde oder Fußgänger nicht zu erschrecken. Aus dieser »Quiet-Pipes-Save-Lives«-Kampagne heraus erhielten die ersten Harleys den Spitznamen Silent Gray Fellow, denn sie waren vergleichsweise leise und üblicherweise grau lackiert. Der »Fellow«-Teil des Namens rührte aus Harleys Werbung, wonach die Motorräder zuverlässige Kumpanen auf einsamen Straßen seien (manche behaupten auch, der »Vater« der Maschine, Bill Harley, hätte diesen Kosenamen früher selbst getragen). Auf jeden Fall war Harley-Davidson damals wie heute darauf bedacht, sein Image zu pflegen.

Indian hatte inzwischen alle Märkte angegriffen – vielleicht, weil man in dieser Zeit keine genaue Idee davon hatte, wohin ein Motorrad gehörte. Die Firma wollte ihre Maschinen überall in der schönen neuen Welt unterbringen. Bei Kirchweihen, auf Pferderennbahnen und Holzbahn-Motodroms lieferten sich Indians mit Excelsiors, Flying Merkels und Reading Standards heiße Schlachten um Renntrophäen.

In den Verkaufsräumen des Landes waren Indians größte Gegner die eigenen Spiegelbilder – als einflussreichster Motorradbauer Nordamerikas hatte man es natürlich mit Nachbauten zu tun.

Von 1902 bis 1907 bezog Indian seine Motoren von der Aurora Manufacturing Company in Aurora, Illinois, da man selbst nicht über entsprechende Herstellungskapazitäten verfügte. Als Teil des Handels durfte Aurora alle Motoren, die Indian nicht benötigte, selbst benutzen oder anderweitig verkaufen. Also brachte Aurora bald sein eigenes Motorrad heraus – die Thor. Und bei dieser Maschine benutzte man nicht nur den gleichen Motor, sondern kopierte auch sämtliche anderen Details der Indian.

Auch andere Firmen kauften den Aurora-Motor und brachten bald ihre eigenen Indian-Klone auf den Markt; dazu gehörten die Light-, die Light Thor-Bred- und die Thor-Bred-Motorräder aus der Light Manufacturing & Foundry Company aus Pottstown, Pennsylvania, der Vorgängerfirma der späteren Merkel-Werke. Dazu noch Motorräder wie die DeLong der Industrial Machine Company aus Phoenix, New York, die America der Great Western Manufacturing Company aus LaPorte, Indiana, das Warwick-Motor Cycle, die Apache von Brown & Beck aus Denver, Colorado und die Manson der Fowler-Sherman-Manson Cycle Company aus Chicago. Zweifellos existierten noch einige mehr.

Diese Kopien waren eine sehr verbreitete Erscheinung in den Pioniertagen des Motorrads. Manche waren glatte Dubletten ihres Vorbildes ohne Lizenz des ursprünglichen Herstellers. Manche waren eher »inspiriert« von ihren Vorbildern: Das ursprüngliche Motorenkonzept wurde übernommen, manche Maße ebenfalls, den Rest vervollständigten die Ingenieure des neuen Herstellers. Natürlich versuchten die Firmen, Patente auf ihre Produkte zu erreichen. Aber das konnte Jahre dauern. Und diese Patente durchzusetzen war noch ein ganz anderes Thema.

Zu anderen Zeiten wurde noch offensichtlicher kopiert. Da sich Neuigkeiten kurz nach der Jahrhundertwende noch sehr langsam verbreiteten und die Auslieferung von Produkten noch langsamer vonstatten ging, konnten Erfinder wie Harley und die Davidsons ihre Kopie eines ursprünglich von de Dion in Frankreich gebauten Motors herausbringen, ohne dass der Originalhersteller jemals davon hörte, geschweige denn etwas dagegen unternehmen konnte.

Üblicher jedoch war der Bau von »Klon«-Motorrädern, wie bei Indian. Viele Originalhersteller verkauften ihre Maschinen zusammengebaut oder vormontiert an andere Unternehmer. Diese verfügten vielleicht nicht über ausreichendes technisches Wissen, um eigene Motorräder zu konstruieren, doch sie waren ausreichend liquide, um die Montage, den Vertrieb und den Verkauf der Maschinen zu finanzieren.

Indian bekämpfte seine Rivalen auf allen Ebenen. In einer Indian-Anzeige stand: »Es mag Motor-Fahrräder geben, die wie Indians aussehen, doch das Aussehen trügt; sie sind einer ›Hedstrommed‹ Indian nicht ebenbürtig … Wenn du ein Motorrad kaufen willst, kaufe das ›echte‹ – die originale Indian.«

Aber auch Indian hatte keine absolut weiße Weste. Der erste Indian-Geschichtsforscher Jerry Hatfield glaubte, dass Hedstroms »original« Indian-Motor auf einem Aggregat basierte, das sein Bekannter Emil Hafelfinger entworfen hatte. Dieser schrieb in einer Werbeanzeige, dass »vier der führenden Motorradmotoren Kopien seines Motors« seien.

Im Jahre 1914 entschied man bei Harley-Davidson, an Rennen teilzunehmen – damit wurde es mit der Konkurrenz zu Indian Ernst. Die Firma aus Milwaukee hatte es im ersten Jahrzehnt ihres Bestehens rigoros abgelehnt, Rennveranstaltungen zu unterstützen – obwohl man in Anzeigen stolz damit warb, dass Privatfahrer auf Harleys gewonnen hatten (darunter auch Walter Davidson höchstpersönlich). Doch Motorradrennen waren zum großen Geschäft geworden, und Harley-Davidson wollte am Gewinn teilhaben.

Beim wichtigen 4.-Juli-Rennen 1914 in Dodge City, Kansas, stellte Harley ein Team von sechs V-Twins zusammen, um das Rennen über 300 Meilen mit den Indians und anderen Marken aufzunehmen. Die Indians ließen die Harleys bald hinter sich, und nur zwei Milwaukee-Maschinen kamen – weit abgeschlagen – überhaupt im Ziel an.

Unerschrocken forderte das Harley-Team bei weiteren Veranstaltungen die übermächtigen Indians heraus, um schließlich doch noch den Pokal für ein Rennen um die nationale Meisterschaft in Birmingham, Alabama, mit nach Hause zu nehmen.

Im folgenden Jahr war Harley wieder da. Im Werk hatte man neue Rennmaschinen gebaut, einschließlich einer Partie wechselgesteuerter V-Twins. Im Jahre 1915 fuhren Harleys in 26 wichtigen Rennen sowie zahllosen kleineren Veranstaltungen Siege ein. Indian und Excelsior mussten die Emporkömmlinge widerwillig zur Kenntnis nehmen. Harleys Rennteam, das den Spitznamen Wrecking Crew (Abschleppteam) trug, kämpfte auf Holz- und Aschebahnen und natürlich bei den von der Vereinigung amerikanischer Motorradfahrer ausgeschriebenen nationalen Rennen gegen Indians, Excelsiors, Merkels und Cyclones.

In den folgenden 20 Jahren blieben Indian und Harley-Davidson in der Öffentlichkeit ehrenhafte Wettbewerber. Doch auf den Rennstrecken kämpften sie um jeden Pokal und um den Kuss der Dame, die ihn überreichte, bis aufs Blut – oder bis die Motoren platzten.

Während der 1920er- und 1930er-Jahre schwappte die Schlacht zwischen Harley und Indian natürlich auch auf die Verkaufsräume der Händler über. Der Wettbewerb zwischen den beiden dominierenden Marken war nicht nur sinnbildlich für die amerikanische Motorradkultur, sondern prägte auch – ob zum Guten oder zum Schlechten – die technische Entwicklung amerikanischer Motorräder; ein Erbe, das bis heute Bestand hat.

Obwohl sich Indian und Harley-Davidson primär auf ihren V-Motor-Lorbeeren ausruhten, hatten beide Hersteller mit Einzylindern begonnen und über mehr als ein Jahrzehnt ihren Ruf damit aufgebaut.

Indian stellte 1907 seinen ersten V2-Motor vor, der weiterhin in einem Diamant-Fahrradrahmen saß. Die in einem Winkel von 42° zueinander stehenden Zylinder hatten einen Gesamthubraum von 639 cm³. Schon 1909 folgte ein 988 cm³ großes Aggregat, das in einem Schleifenrahmen saß.

Indians V-Twin mag in Anlehnung an den Curtiss-V2 aus dem Jahre 1905 entwickelt worden sein. Glen Curtiss hatte 1903 als schärfster Gegner von Indian damit begonnen, auf den Rennstrecken die Pokale einzusammeln, bevor die Maschinen aus Springfield überhaupt die Zielflaggen sahen. Curtiss hielt zudem viele Geschwindigkeitsrekorde, die auch Indian begehrte. Die G. H. Curtiss Manufacturing Company aus Hammondsport, New York, bot ihren V2-Motor als wechselgesteuerten 688er an.

Harley folgte diesem Trend bald. Die erste Notiz eines V2-Prototyps aus Milwaukee erschien im April in der *Bicycling World and Motorcycle Review*, wo darüber berichtet wurde, dass eine sechs PS starke und 868 cm³ große Maschine in der Entwicklung sei. Im August 1908 war im gleichen Magazin von einem 1000er-Harley-Twin die Rede.

Harleys erster V2 wurde schließlich als 1909er-Modell vorgestellt. Die Zylinder standen in einem Winkel von 45° zueinander, und sie maßen in Bohrung und Hub 75 x 87,5 mm, sodass ein Hubraum von 811 cm³ herauskam. Der Motor wurde mit 7 PS eingestuft und versprach eine Höchstgeschwindigkeit von über 100 km/h.

Harleys Hoffnung, die bereits mit fortschrittlichen mechanisch gesteuerten Einlassventilen ausgerüstet war, erschien 1911 auch in einer Version mit 988 cm³ Hubraum.

Die Reading-Standard Company aus Reading, Pennsylvania, hatte den Trend im amerikanischen Motorradbau früh erkannt und bereits 1908 einen wechselgesteuerten V2 auf den Markt gebracht. Thor baute Indians V-Motor in Lizenz und bot so 1909 einen eigenen Motor an, der an die Minneapolis Motor Company verkauft wurde, die damit eigene Maschinen ausrüstete. Excelsior folgte 1910 mit einem eigenen 819-cm³-V2, der über mechanisch gesteuerte Einlassventile verfügte. Ebenfalls 1910 erschien der Merkel-Light-V-Twin, und 1912 folgte Colonel Albert Popes Pope Manufacturing Company aus Hartford, Connecticut.

Der Wettbewerb zwischen Harley und Indian spitzte sich zu, und es machte den Anschein, als ob Springfield und Milwaukee dem jeweils anderen Konkurrenten keinen einzigen Kunden gönnen würden. Als Indian neue Wege beschritt und 1917 einen Boxermotor vorstellte, zog Harley 1919 nach. Springfields seitengesteuertes Modell O hatte 257 cm³ Hubraum, also musste Milwaukees Sportmaschine auf 583 cm³ erhöhen. Zur gleichen Zeit, als Harley die Sport zur Marktreife brachte, entschied Indian, den Boxer nicht mehr weiterzuführen, da die Motorenkonstruktion für den Markt zu futuristisch erschien. Die Harley Sport konnte sich nur bis 1923 auf dem Markt halten.

Wenn Indian ein Täuschungsmanöver machte, zuckte Harley zusammen; wenn Harley bluffte, musste Indian mit den Augen blinzeln. Harley vergrößerte den Hubraum seiner Motoren, also bohrte Indian als Reaktion darauf rasch seine Zylinder auf. Indian hatte seine Chief, Harley trat mit seinen Big-Twin-Modellen 61 (1000 cm³) und 74 (1212 cm³) an. Indian hatte seine Scout, Harley den 45 Kubikinch (750 cm³) Mittelklasse-Twin. Harley hatte sein dreirädriges Service-Car,

Indian seinen Dispatch-Tow. Selbst optionale Ausrüstungsgegenstände, Zubehör und Kleidungsstücke ähnelten einander. Eine der wenigen Fronten, an denen die beiden Unternehmen nicht gegeneinander antraten, war Indians Four. Harley hatte niemals einen eigenen Vierzylinder im Programm – 1928 hatte man lediglich mit 1310 und 1474 cm³ großen V4-Motoren experimentiert. Doch auch die Indian Four wurde 1942 eingestellt, lange vor Ende des Zweiten Weltkrieges.

Was schließlich das Blatt zu Harleys Gunsten wendete und zum Niedergang von Indian führte, war etwas Simples und Grundsätzliches: die Verlegung der Ventile in die Zylinderköpfe.

In den Pionier-Tagen hingen die Einlassventile bei fast allen Motorradmotoren seitlich von den Zylindern, über den stehenden Auslassventilen. Diese Konstruktion wurde Einlass-über-Auslass- oder Wechselsteuerung genannt. Dieser Aufbau sorgte für viele verbrannte Auslassventile, sodass die am Straßenrand gestrandeten Motorradfahrer sich das Gelächter der weiterhin das Pferd bevorzugenden Reiter anhören mussten. Trotzdem blieben im ersten Jahrzehnt Motorräder ohne diese simple Technik die Ausnahme.

Die nächste Entwicklung in der Ventilanordnung kam mit dem Reading-Standard-Motorrad von 1906. Statt übereinander angeordnet zu sein, standen nun beide Ventile seitlich neben dem Zylinder – der Seitenventiler (oder SV-Motor) war geboren. Um 1910 herum folgte die Thiem Manufacturing Company aus St. Paul, Minnesota, mit einem SV-Einzylinder. Die Konstruktion bot sowohl mehr Leistung als auch weniger Ventilschäden und erlaubte es darüber hinaus, den Ventiltrieb sicher zu kapseln, sodass er nicht dem Straßenschmutz ausgesetzt war.

Seitliche Ventile waren offenbar eine große technische Innovation, doch es dauerte bis 1916, bis auch Indian sie in seiner Powerplus-Reihe einführte. Bei Harley dauerte es weitere 13 Jahre, bis 1929 auch dort die SV-Bauweise Einzug hielt.

In Europa hatten Auto- und Motorradhersteller längst mit einem anderen Aufbau experimentiert: Overhead Valve (OHV), zu Deutsch: im Kopf hängende Ventile. Diese Bauweise verbesserte die Gasströmung dramatisch, erlaubte mehr Kompression und brachte dadurch erheblich mehr Leistung. Aber ein OHV-Motor lief auch heißer und erforderte einen weitaus komplizierteren Ventiltrieb als die derben, aber wirksamen Stößel, mit denen die meisten SV-Aggregate arbeiteten.

Doch es gab kein Zurück mehr: Im Kopf hängende Ventile waren der Weg zu mehr Leistung. Indian experimentierte 1911 mit einer Reihe kurzlebiger OHV-Achtventil-Rennmaschinen, und Harley wagte es 1916, eine Serie von OHV-Achtventil-Rennern aufzulegen, bei deren Entwicklung der englische Ingenieur Harry Ricardo geholfen hatte. Doch dank jahrelanger Entwicklungsarbeit an ihren Köpfen erwiesen sich die SV-Indians gegenüber den OHC-4V-Harleys als mindestens ebenbürtig. Nach Ende des Ersten Weltkrieges drehte sich das Blatt allerdings, und Harleys »Wrecking-Crew« dominierte alle Wettbewerbe.

Weder Harley noch Indian boten jedoch eine Straßenmaschine mit OHV-Triebwerk an. Sicherlich war Tradition ein Hindernis, doch auch die Kosten für die Entwicklung eines zuverlässigen OHV-Ventiltriebs waren ein Problem. Also mussten sich sowohl Harley- als auch Indian-Fans bis in die 1930er-Jahre mit ihren SV- oder wechselgesteuerten Motoren zufrieden geben.

Doch andere in Nordamerika erkannten den neuen Trend. Colonel Albert L. Pope bot 1912 seinen ersten V-Twin mit vielen technischen Innovationen an, womit seine Motoren zu dieser Zeit den Indians und Harleys um Meilen voraus waren. Das Pope-Modell L produzierte mit seinem OHV-1000er sagenhafte 15 PS. Diese Maschine verfügte zudem drei Dekaden vor den meisten amerikanischen Motorrädern über eine Hinterradfederung.

Für Europa galt dies jedoch nicht. Der heftige Wettbewerb auf den Straßen und den Rennstrecken setzte die Firmen unter großen Druck, OHV-Motoren entwickeln zu müssen. Anfang der 1930er-Jahre hatte bereits fast jeder europäische Motorradhersteller, der im Geschäft bleiben wollte, OHV-Motorräder im Programm.

Mitte der 1930er-Jahre war die amerikanische Motorradindustrie in Schwierigkeiten. Harley und Indian hatten jahrzehntelang gegeneinander gekämpft, doch jetzt hatten sie es mit einem gewaltigeren Gegner zu tun: der »Great Depression«. Aufgrund der Weltwirtschaftskrise ging der Absatz von Motorrädern stark zurück. Harleys Absatz halbierte sich in der Zeit von 1929 bis 1931 und fiel bis 1933 noch auf ein Drittel dieser Hälfte ab. Zusätzlich begannen die ersten europäischen Motorräder damit, den alten US-Herstellern das Wasser abzugraben, indem sie mit ihren glanzvollen OHV-Maschinen auch in Amerika Trophäen einsammelten und Kunden gewannen.

Es wurde dringend eine Geheimwaffe gebraucht.

Im Jahre 1931 begann Bill Harley damit, Harley-Davidson eine neue Zukunft zu geben – in Form eines fundamental neuen Motors. Dieser 1000-cm³-Motor wurde auf der Grundlage eines neuen »Ölsumpf«-Kurbelgehäuses gebaut und sollte von einem OHV-Ventiltrieb gekrönt werden. Die Entwicklung dauerte fünf lange Jahre, während die Company die Krise abwehren musste und die Händler förmlich um ein neues Modell bettelten.

Die Produktion des neuen 61-Kubikinch-OHV-Modells wurde schließlich für 1935 angekündigt – und dann in letzter Minute aufgrund weiterer Motorprobleme noch einmal verschoben. Doch selbst als die Zukunft schließlich am 25. November 1935 den entzückten Händlern präsentiert wurde, und »Kaktus« Bill Kennedy vor Freude den Kronleuchter »erschoss«, dauerte es noch mehrere harte Monate, bevor die ersten Serienmaschinen an die Geschäfte ausgeliefert werden konnten. Viele Händler bekamen ihr erstes Modell 61 gar erst Mitte 1936, und weil sie dieses als Ausstellungsstück

benötigten, mussten sie sofort neue Bestellungen schreiben und auf weitere Lieferungen hoffen.

Indian sah dagegen die Zukunft in einem anderen Licht. Der Wigwam stand fest hinter seinen erprobten und treuen Chief-, Scout-, Thirty Fifty- und Four-Modellen und entschied, die Flathead-Motoren nicht durch OHV-Aggregate zu ersetzen.

Gleichzeitig ließ sich Indian von den erfolgreichen britischen Reihenzweizylinder-Motorrädern inspirieren. Im Jahre 1945 kaufte der neue Besitzer Ralph B. Rogers die Torque Engineering Company in Plainfield, Connecticut, deren ehemaliger Indian-Ingenieur G. Briggs Weaver den Prototypen eines Baukastenmotors entwickelt hatte. Dieses in Modularbauweise aufgebaute Aggregat war mit im Kopf hängenden Ventilen getoppt, und Indian hatte vor, einen Ein-, einen Zwei-, und einen Vierzylinder zu produzieren. Nach mehreren Rückschlägen wurden 1948 den ehrwürdigen Chief- und Scout-Modellen immerhin der Einzylinder und der Twin zur Seite gestellt.

Indian setzte alles auf seine neuen Motoren, doch der Einsatz sollte sich nicht lohnen. Die neuen Maschinen litten an zahlreichen größeren und kleineren Problemen, was ärgerlich genug war, doch noch schlimmer war, dass die anvisierten Kunden, die Indian bisher die Treue hielten, die Maschinen nicht mochten. In ihren Augen musste eine Indian einen V-Motor haben. Vermutlich wäre es besser gewesen, die klassischen Modelle zu aktualisieren oder die alte Four wieder aufleben zu lassen.

Fast zur gleichen Zeit, als die Indian-Version des britischen Parallel-Twins debütierte, setzte eine massenhafte Invasion britischer Twins nach Amerika ein. Das britische Pfund war abgewertet worden, um den Export des kriegsgebeutelten Landes anzukurbeln, mit dem Ergebnis, dass nun auch Triumph-, BSA- und Norton-Twins über Amerikas Straßen rollten.

Ende der 1940er-Jahre war Indian stark angeschlagen. 1950 gab Rogers schließlich auf. Die britische Invasion, die mit importierten Motorrädern begonnen hatte, überrollte

Indian: Ein von J. L. Brockhouse angeführtes britisches Marketing-Konglomerat übernahm die Zügel in der stolzen alten Firma.

Eine Weile hielt Indian noch durch. Das große Chief-Modell blieb ohne größere Modifikationen bis 1953 im Programm. Harley hatte in der Zwischenzeit seine Panhead entwickelt – eine Verfeinerung des inzwischen »Knucklehead« getauften OHV-Motors, der die Revolution in Gang gebracht hatte. Indian startete einen Versuch, sein V2-Erbe in Zusammenarbeit mit dem britischen Vincent-Konzern wieder auferstehen zu lassen. Der Gedanke war, dessen glorreichen Motor in ein Indian-Fahrwerk zu verfrachten, doch dieses Projekt kam nie zustande. Nach Übernahme durch Brockhouse wurde der Name Indian auf die Tanks von Motorrädern der Marken Royal Enfield, Norton und Velocette geklebt. Zudem wurde eine Vielzahl an kleinen Zweitaktern und Minibikes importiert, nur um am Leben zu bleiben. Mitte der 1950er-Jahre war es mit der Firma endgültig vorbei, und der Name Indian lebte nur noch als Marketingstrategie und Markenzeichen weiter, verhökert an den jeweils höchsten Bieter.

Der Disput über das Indian-Zeichen hält bis heute an, da verschiedene Unternehmen die Geschichte wieder aufleben lassen wollten und wollen. Der Name wird wohl niemals in Frieden ruhen. Währenddessen floriert Harley-Davidson weiter – unter anderem wegen der Entscheidung von 1931, seinen klassischen V2 mit im Kopf hängenden Ventilen auszurüsten.

Stolze Harley-Davidson-Fahrer posieren mit ihren Gespannen.

Männer und ihre Maschinen. Aus den Harley-Davidson-Fahrer-Sammelalben der 1920er- bis 1950er-Jahre.

Tom Swift und sein Motor-Rad

Von Victor Appleton

Die Pionierzeit des Motorrades lag in einer Zeit, in der die Menschen von allen möglichen genialen Erfindungen begeistert waren: Flugzeuge, Automobile, Luftschiffe, Radios – die Liste der damals auftauchenden technischen Innovationen ließe sich fast endlos weiterführen.

Victor Appletons Reihe von *Tom Swift*-Romanen spielt in dieser faszinierenden Zeit, etwa um 1910. In jedem Buch beweist der junge Tom seine Genialität im Umgang mit den neuesten technischen Wunderdingen. Nebenbei kämpft er noch gegen Gauner, skrupellose Halunken und andere Übeltäter!

Dieser Auszug aus *Tom Swift und sein Motor-Rad, oder: Spaß und Abenteuer auf der Straße* beschreibt, wie Tom zu seiner Maschine kommt – und damit dann seine technischen Kenntnisse und Fertigkeiten zu verfeinern lernt.

Als Tom die am Fuß der alten Eiche im Gras liegende Gestalt erreichte, beugte er sich sofort über den Mann. Da war eine hässliche Schnittwunde am Kopf, aus der Blut floss. Tom bemerkte schnell, dass der Fremde atmete, wenn auch nicht besonders stark.

»Er ist also nicht tot!«, rief der Junge befreit aus. »Aber ich nehme an, er ist ziemlich schwer verletzt. Ich muss Hilfe holen – nein, ich bringe ihn nach Hause. Das ist nicht weit. Ich werde Dad rufen.«

Er lehnte sein Rad an den Baum und wollte gerade die etwa hundert Meter nach Hause laufen, da bemerkte er, dass das am Boden liegende Motorrad des Fremden noch mit Vollgas lief.

»Ich schalte besser den Motor ab, damit die Maschine nicht ruiniert wird.« Tom hatte eine Liebe zu Maschinen entwickelt, und es schmerzte ihn, mitansehen zu müssen, wenn ein feiner Apparat missbraucht wurde – ähnlich fühlte er sich, wenn jemand ein Tier schlecht behandelte. Schnell hatte er die Benzinzufuhr und die Zündung ausgeschaltet, und schon rannte der Junge nach Hause.

»Wo ist Dad?«, rief er Mrs. Baggert zu, die gerade Geschirr spülte. »In einer der Werkstätten«, antwortete die Haushälterin. »Warum, Tom?« Sie eilte zu ihm, als sie sah, wie aufgeregt er war. »Was ist passiert?«

»Mann verletzt … da vorne … Motorrad zerschmettert! Ich bringe ihn her … muss einiges vorbereiten … muss Dad finden!«

»Gott schütze uns!«, rief Mrs. Baggert. »Was ist denn geschehen? Wer ist verletzt? Ist er tot?«

»Ich habe keine Zeit!«, antwortete Tom, der schon wieder losgelaufen war. »Dad und ich bringen ihn her.«

Tom fand seinen Vater in einer der drei kleinen Werkstätten auf dem Grundstück der Swifts. Der Junge erzählte hastig, was geschehen war.

»Natürlich bringen wir ihn sofort hierher!«, stimmte Mr. Swift zu und legte die Arbeit beiseite. »Hast du Mrs. Baggert Bescheid gesagt?«

»Ja, und sie ist ganz aufgeregt.«

»Nun, dagegen kann sie nichts machen, vermute ich, sie ist schließlich eine Frau – aber wir schaffen das. Kennst du den Mann?«

»Habe ihn nie zuvor gesehen, erst als er mich beinahe überfahren hätte. Ich glaube, er weiß nicht viel über Motorräder. Aber los jetzt, Dad. Er verblutet sonst.«

Vater und Sohn hasteten an die Stelle, wo der Fremde lag. Als sie sich über ihn beugten, öffnete dieser die Augen und fragte leise:

»Wo bin ich? Was ist passiert?«

»Sie sind in Ordnung und in guten Händen«, sagte Mr. Swift. »Sind Sie stark verletzt?«

»Nicht sehr, eher erschrocken, glaube ich. Was ist passiert?«, wiederholte er.

»Sie haben versucht, mit ihrem Motorrad einen Baum hochzuklettern«, bemerkte Tom mit makaberem Humor.

»Oh ja, jetzt erinnere ich mich. Ich konnte ihm wohl nicht ausweichen. Ich konnte den Motor nicht rechtzeitig drosseln. Ist das Motorrad stark beschädigt?«

»Das Vorderrad ja«, berichtete Tom nach einer Inspektion, »und es sind noch einige andere Dinge beschädigt, aber ich denke, …«

»Ich wünschte, alles wäre kaputt«, rief der Mann energisch. »Ich will es nie wieder sehen!«

»Warum denn, mögen Sie es nicht?«, fragte Tom interessiert.

»Nein, niemals mehr«, sprach der Mann leise, aber bestimmt.

»Machen Sie sich jetzt nichts draus«, unterbrach Mr. Swift. »Regen Sie sich nicht auf. Mein Sohn und ich werden Sie zu uns nach Hause bringen und einen Doktor rufen.«

»Ihr Motorrad bringe ich Ihnen, wenn wir Sie hingetragen haben«, fügte Tom hinzu.

»Macht euch um das Motorrad keine Sorgen, ich will es nie wieder sehen!«, fuhr der Mann fort, während er sich aufsetzte.

»Es hat mich heute zweimal fast umgebracht. Ich werde es nie wieder fahren.«

»Sie werden sich anders fühlen, wenn der Doktor Sie aufgepäppelt hat«, sagte Mr. Swift mit einem Lächeln.

»Doktor! Ich brauche keinen Doktor!«, rief der Fremde. »Ich habe nur ein paar Prellungen und bin etwas aufgewühlt.«

»Sie haben eine böse Schnittwunde am Kopf«, sagte Tom.

»Die ist nicht tief«, meinte der verletzte Mann, während er seine Finger draufhielt. »Glücklicherweise habe ich den Baum nur gestreift. Wenn ihr erlaubt, ruhe ich mich bei euch zu Hause etwas aus. Gebt mir ein Pflaster für den Schnitt, schon ist alles wieder in Ordnung.«

»Können Sie gehen, oder sollen wir Sie tragen?«, fragte Toms Vater.

»Oh, ich kann gehen, ihr müsst mich nur etwas stützen.«

Der Fremde trat den Beweis an, indem er sich hinstellte und einige Schritte machte. Mr. Swift und sein Sohn hielten seine Arme und führten ihn nach Hause. Der Fremde wurde auf einem Sofa platziert und von Mrs. Baggert mit kleinen Stärkungsmitteln versorgt, die, als sie hörte, dass der Unfall nicht so schlimm war, ihre Gelassenheit schnell wiedergefunden hatte.

»Ich muss für ein paar Minuten ohnmächtig gewesen sein«, meinte der Mann.

»Sie waren ohnmächtig«, erklärte Tom. »Als ich Sie sah, dachte ich, Sie seien tot, doch dann stellte ich fest, dass Sie atmeten. Ich stellte den Motor ihres Motorrades ab und lief zu Dad. Das Motorrad steht draußen. Sie können es bald wieder fahren. Ich befürchte nur, Mr. – äh …« Tom hielt verwirrt inne, da er feststellte, dass er noch nicht einmal den Namen des Fremden wusste.

»Ich bitte um Verzeihung, dass ich mich noch nicht vorgestellt habe«, warf der Fremde ein. »Ich bin Wakefield Damon aus Waterfield. Aber macht euch nicht so viele Gedanken. Ich werde diese Maschine nie wieder fahren, niemals wieder.«

»Oh, vielleicht doch, …«, begann Mr. Swift.

»Nein, niemals mehr«, fuhr Mr. Damon bestimmt fort. »Mein Arzt riet mir dazu, weil er meinte, Ausflüge in die Natur würden meiner Gesundheit gut tun. Ich sollte ihm mitteilen, dass seine Ratschläge mich fast umgebracht haben.«

»Und mich auch«, fügte Tom mit einem Lachen hinzu.

»Wie? Warum? Bist du etwa der junge Mann, den ich heute Morgen fast überfahren hätte?«, fragte Mr. Damon, der sich plötzlich hingesetzt hatte und den Jungen anstarrte.

»Der bin ich«, antwortete unser Held.

»Gott schütze meine Seele! Du bist das!«, rief Mr. Damon. »Ich fragte mich schon, wer das gewesen sein könnte. Das ist ja ein Zufall. Aber ich war in einer solchen Qualmwolke unterwegs, dass ich nicht erkennen konnte, wer es war.«

»Sie hatten ihre Auspuffklappe geöffnet, und das qualmt schon mal«, erklärte Tom.

»Daran lag es? Gott schütze mich! Ich wusste, dass irgendetwas falsch war, aber ich wusste nicht was. Ich habe die Gebrauchsanweisung komplett durchgelesen und habe den Händler gefragt, doch ich konnte die Ursache nicht finden. Ich habe alles Mögliche ausprobiert, um weniger Qualm zu erzeugen, aber nichts half. Es wäre bestimmt noch sonst was passiert, wenn die Maschine nicht gleich, nachdem ich dich fast umgefahren hatte, ausgegangen wäre. Ich habe über eine Stunde am Motorrad herumgeschraubt, bevor ich es wieder in Gang bekam. Dann fuhr ich gegen den Baum. Und mein Arzt sagt mir, die Maschine würde meiner Leber gut tun! Gott behüte mich! Wenn ich damit weitermache, habe ich bald gar keine Leber mehr. Ich höre mit dem Motorradfahren auf!«

In Toms Kopf blitzte ein Gedanke auf, aber er sagte nichts, jedenfalls nicht gleich. Nach kurzer Zeit fühlte sich Mr. Damon so gut, dass er nach Hause gehen wollte.

»Ich fürchte, Sie müssen ihr Motorrad hier lassen«, sagte Tom.

»Sie können es so lange hier lassen, wie Sie wollen«, fügte Mr. Swift hinzu.

»Gott schütze mein Hutband!« erklärte Mr. Damon. Er schien ganz versessen darauf zu sein, dass Gott seine Organe und alles, was er bei sich trug, schützen solle. »Ich will das Ding niemals wieder sehen. Wenn ihr so freundlich seid, es für mich aufzuheben, werde ich einen Schrotthändler vorbeischicken, der es abholt. Ich werde keinen Penny dafür bezahlen, es reparieren zu lassen. Mit der Geschichte bin ich durch – Leber oder keine Leber, Arzt hin oder her!«

Er wirkte sehr entschlossen. Tom entwickelte schon Vorfreude. Mr. Damon war jetzt ins Bad gegangen, um sein Gesicht und seine Hände von dem Schmutz zu befreien.

»Vater, ob ich ihm die Maschine abkaufen darf?«, fragte Tom ernsthaft.

»Was? Ein kaputtes Motorrad?«

»Ich kann es leicht wieder zusammenbauen. Es ist eine feine Marke, und es ist in einem guten Zustand. Ich kann es reparieren. Ich wünsche mir schon lange ein Motorrad, und hier ist eine gute Chance, günstig eins zu bekommen.«

»Du musst das nicht tun«, antwortete Mr. Swift. »Du hast genug Geld, dir ein neues Motorrad zu kaufen, wenn du das möchtest. Ich wusste gar nicht, dass du dich für so etwas interessierst.«

»Das wusste ich bis vor Kurzem auch nicht. Ich würde lieber dieses nehmen und es wieder zusammenbauen als ein neues kaufen. Außerdem habe ich eine Idee, wie man die Kraftübertragung verbessern könnte, und vielleicht kann ich sie an dieser Maschine ausprobieren.«

»Oh, wenn du es zum Experimentieren benötigst, wird es so gut sein wie jedes andere, denke ich. Also frag ihn und nimm es, wenn du willst, aber zahl nicht zu viel dafür.«

»Werde ich nicht. Ich glaube, ich kriege es billig.«

Mr. Damon kehrte ins Wohnzimmer zurück, wohin man ihn zuerst gebracht hatte.

»Ich kann euch gar nicht genug dafür danken, was ihr für mich getan habt«, sagte er. »Ich muss dort eine ganze Weile gelegen haben. Gott schütze meine Existenz! Ich glaube, ich bin dem Tod nur knapp entronnen. In Zukunft werde ich immer, wenn ich ein Motorrad sehe, meinen Blick abwenden. Die Erinnerung ist zu schmerzhaft.« Als er das sagte, berührte er das Pflaster, das seine Schnittwunde am Kopf bedeckte.

»Mr. Damon«, sagte Tom rasch, »wollen Sie mir Ihr Motorrad verkaufen?«

»Gott schütze meine Fingerringe! Ich soll dir diesen Schrotthaufen verkaufen?«

»Nicht alles ist schrottreif«, meinte der junge Erfinder. »Ich kann es leicht wieder zusammenbauen, obwohl es natürlich einiges kosten wird. Wie viel wollen Sie dafür haben?«

»Nun, ich habe letzte Woche 250 Dollar dafür bezahlt und bin 100 Meilen damit gefahren. Das macht zwei Dollar fünfzig pro Meile – eine ziemlich teure Fahrt. Aber wenn du es ernst meinst, lasse ich dir das Motorrad für 50 Dollar hier, und denke, dich damit nicht über den Tisch zu ziehen.«

»Ich gebe Ihnen die 50 Dollar«, sagte Tom schnell. Mr. Damon schien etwas überrascht und stieß aus: »Heilige Leber, und ich habe noch eine! Meinst du das ernst?«

Tom nickte. »Ich werde Ihnen das Geld sofort bringen.« Dann ging er in sein Zimmer.

»Ich habe das Geld für das Motorrad.« Er zog die Scheine aus der Tasche. »Sind Sie sicher, dass Sie den Handel nicht bedauern werden, Mr. Damon? Die Maschine ist neu und benötigt nur kleine Reparaturen. 50 Dollar sind …«

»Ach was, junger Mann! Es kommt mir ja eher so vor, als nehme ich dich aus. Gott schütze mein Taschentuch! Ich hoffe, dir passiert damit kein Unglück.«

»Ich werde versuchen, vorsichtig zu sein«, versprach Tom mit einem Lächeln, als er das Geld überreichte. »Ich werde eine andere Übersetzung wählen und noch einige andere Verbesserungen anbringen, dann kann ich es statt meines Fahrrades benutzen.«

»Das Motorrad müsste in vielen Punkten sehr stark verbessert werden, bevor ich mich wieder darauf setzen würde«, erklärte Mr. Damon. »Nun, ich schätze es sehr hoch ein, was du für mich getan hast, und wenn ich mich jemals mit einem Gefallen erkenntlich zeigen könnte, würde es mich sehr freuen. Doch Gott schütze meine Seele! Ich hoffe, ich muss dich nicht retten, weil du versucht hast, einen Baum zu erklimmen.« Mit einem Lachen trat er den Beweis an, sich vollständig von seinem Missgeschick erholt zu haben, dann schüttelte er die Hände von Vater und Sohn und ging.

»Ein sehr netter Mann, Tom«, kommentierte Mr. Swift. »Irgendwie eigentümlich und ungewöhnlich, aber unterm Strich ein sehr feiner Charakter.«

»Da bin ich ganz deiner Meinung«, antwortete sein Sohn. »Dad, jetzt wirst du mich auf einem Motorrad herumfahren sehen. Ich wollte immer eins haben, und jetzt habe ich tatsächlich eins gekauft.«

»Glaubst du, dass du es reparieren kannst?«

»Sicher, Dad! Ich habe schon schwierigere Sachen gemacht. Ich werde es sofort zerlegen und nachsehen, was zu tun ist …«

Tom hatte an der örtlichen Schule seinen Abschluss mit Auszeichnung gemacht, und als es darum ging, ob er studieren solle, hatte er sich dafür entschieden, eine Lehre bei seinem Vater anzufangen. Mr. Swift war ein sehr fachkundiger Mann, und mit dieser Entwicklung war er sehr zufrieden, da Tom so mehr zu Hause sein würde und ihm bei der Arbeit helfen und selbst Dinge planen könnte. Tom zeigte großes Interesse an Technik, und sein Vater entschied klug. Das Wissen, das sein Sohn benötigte, konnte er ihm besser zu Hause vermitteln.

Waren die Lehrstunden vorbei, eilte Tom in seine eigene Werkstatt und begann damit, sein beschädigtes Motorrad auseinanderzunehmen.

»Zuerst werde ich den Lenker richten, dann werde ich den Motor und das Getriebe bearbeiten«, entschied er. »Das Vorderrad kann ich in der Stadt neu kaufen, da sich eine Reparatur kaum lohnen wird.«

Tom war bald mit Schlüsseln, Hämmern, Zangen und Schraubendrehern beschäftigt. Er war ganz in seinem Element und pfiff fröhlich vor sich hin. Der Motor befand sich in einem guten Zustand, aber die Übersetzung zu ändern war keine so leichte Aufgabe. Schließlich musste er seinen Vater bitten, ihm das richtige Verhältnis zwischen dem vorderen und dem hinteren Kettenrad zu errechnen – anders als viele andere Maschinen war dieses Motorrad mit einer fortschrittlichen Antriebskette statt eines Riemenantriebs ausgerüstet.

Mr. Swift zeigte Tom, wie man die Anzahl der Zähne an jedem Kettenrad wählen musste, um die Geschwindigkeit zu steigern. Als ein Kettenrad von einer nicht benutzten Maschine übrig war, durfte Tom dies benutzen. Er hatte es schnell montiert und probierte daraufhin sofort den Motor aus. Zu seinem Entzücken war die Übersetzung um ganze 15 Prozent gestiegen.

»Ich glaube, ich kann aus der Maschine ein bisschen mehr Geschwindigkeit herausholen«, kündigte er seinem Vater an.

»Dann wird der Motor aber mehr Benzin verbrauchen, vergiss das nicht. Du kennst doch das wichtigste Prinzip der Mechanik: Aus einer Maschine bekommt man niemals mehr heraus, als man reingesteckt hat. Es ist sogar eher etwas weniger, da man immer Reibungsverluste hat.«

»Gut, dann werde ich den Benzintank vergrößern«, erklärte Tom. »Wenn ich fahre, will ich auch schnell sein.«

Er baute die Maschine zusammen, und nach mehreren Arbeitsstunden hatte er sie so weit, dass sie lief – nur das Vorderrad fehlte noch.

»Ich denke, ich gehe in die Stadt und kaufe eins. Es regnet grad nicht so stark.«

Trotz einiger Einwände seines Vaters nahm Tom sein Fahrrad, kürzlich hatte er dessen Kette noch repariert, fuhr in die Stadt und fand dort genau das Vorderrad, das er brauchte. Am selbem Abend war sein Motorrad startbereit. Es war jedoch zu dunkel, um es noch auszuprobieren; schließlich hatte er keinen guten Scheinwerfer – der des Motorrades war kaputtgegangen und der seines Fahrrades war nicht stark genug. Also musste er seine Probefahrt auf den kommenden Tag verschieben.

Am folgenden Morgen war er früh wach, sodass er noch vor dem Frühstück eine Runde drehen konnte. Mit roten Wangen und strahlenden Augen kam er zurück, als sich Mr. Swift und Mrs. Baggert gerade an den Tisch gesetzt hatten. »Nach Reedville und zurück«, verkündete er stolz. »Eine Rundreise über 30 Meilen!«, bemerkte Mr. Swift.

»So ist es! Den größten Teil der Strecke fuhr ich wie ein geölter Blitz. Durch Mansburg hindurch musste ich etwas langsamer werden, aber die restliche Strecke konnte die Maschine alles geben.«

»Sei vorsichtig«, ermahnte ihn sein Vater. »Du bist noch kein Profi.«

»Stimmt, das habe ich bemerkt. Manchmal trat ich die Pedale rückwärts, wenn ich langsamer werden wollte. Ich hatte vergessen, dass ich nicht mehr auf dem Fahrrad sitze. Dann drehte ich das Gas zurück und betätigte die Bremse. Es macht wahnsinnig Spaß. Sobald ich etwas gegessen habe, werde ich wieder losfahren – es sei denn, du brauchst meine Hilfe, Dad.«

»Heute Morgen brauche ich dich nicht. Lerne du nur, Motorrad zu fahren. Ich bin mir sicher, du wirst es bald können.«

Zu diesem Zeitpunkt ahnten weder Tom noch sein Vater, welche wichtige Rolle diese Maschine bald in ihrem Leben einnehmen würde.

3

Geschwindigkeits-süchtig

Der **Rennsport verdient besondere Beachtung** – gleichgültig, ob es um ihn selbst oder um seine außergewöhnlichen Werte geht. Euer Sport erfordert einen besonders starken Charakter, eine

harmonische Kraft

des **gesamten Körpers,** deren Energie sich vor allem in Lebensmut und Lebensfreude ausdrückt. (…) Noch wichtiger und bedeutungsvoller ist euer symbolisches Rennen in Richtung des ewigen Lebens. Als gute Christen wollt ihr **schließlich nicht nur eine Trophäe erobern,** die jeder anfassen kann, sondern eine heilige und

unzerstörbare Krone.

Papst Pius XII., in den 1950er-Jahren, bei einer Ansprache zu Motorrad-Rennfahrern

Wie viele Leben müssen der Geschwindigkeit noch geopfert werden?

Von Arthur Davidson

Arthur Davidson benötigt keine große Einführung – schließlich ist es sein Familienname, der unsere Tanks schmückt.

Arthur, seine Brüder Walter und William sowie Bill Harley hatten unterschiedliche Auffassungen vom Umgang mit der Geschwindigkeit. Während Walter seine Harley-Davidson bei unterschiedlichen Rennen fuhr, wies Arthur auf die Gefahren des Motorrad-Rennsports hin. In einem Beitrag des *Harley-Davidson Dealer-Magazins* verdammte er Motodrom-Rennen und warnte Händler davor, Rennfahrer zu unterstützen.

Dieser Artikel aus dem Jahre 1914 beschreibt einen schrecklichen Motodrom-Unfall, dem zwei Rennfahrer und sechs Zuschauer zum Opfer fielen, und der für landesweite Empörung sorgte. Er fasst Arthurs Ansichten zum Rennsport zusammen – und die der noch jungen Harley-Davidson Motor Company. Damals, in den frühen Jahren.

Die Nachricht, dass Eddie Hasha, John Albright und sechs Zuschauer am 8. September im Vailsburg-Motodrom von Newark, New Jersey, zu Tode gekommen sind, schreckte zweifellos alle auf. Doch am allermeisten mich, da Eddie Hasha seit Langem ein enger Freund von mir war. Uns verband eine Freundschaft, die in Dallas, Texas, begann, am Anfang von Hashas Rennfahrerkarriere.

Zu jener Zeit hatten wir eine Rennmaschine nach Dallas verfrachtet, und Eddie Hasha hatte die Chance, gegen Robert Stubbs anzutreten, und besiegte ihn. Von diesem Zeitpunkt an verlief sein Aufstieg im Renngeschehen sehr schnell, und als Rennfahrer feierte er beeindruckende Erfolge.

Es ist noch nicht lange her, da übernahm Mr. Hasha den Verkauf von Harley-Davidson-Motorrädern in Dallas. Doch das Rennfieber packte ihn erneut, und er kehrte auf die Strecke zurück. Obwohl ich mit tiefem Bedauern von seinem sowie John Albrights Tod erfuhr, war ich nicht wirklich überrascht. Insgeheim hatte ich immer damit gerechnet. Der Tod der Zuschauer überstieg jedoch das, was wir uns hätten vorstellen können, bei Weitem.

In den Geschichtsbüchern wird uns von den Streitwagenrennen der Römer berichtet, bei denen sie verbissen und mit nur einem einzigen Gedanken im Kopf gegeneinander antraten. Der Gedanke hieß: »Gewinnen!«. Selbst, wenn es auf dem Weg dorthin ein paar Tote gab – was machte das schon aus? Schließlich musste das Publikum unterhalten werden. Je größer die Todesverachtung war und je mehr Nervenkitzel es gab, desto besser war die Show.

Das, wobei so viele Leben geopfert wurden, nannten die Römer »Sport«. Wenn die Gladiatoren in die Arena traten, sagten sie: »Wir, die bereit sind zu sterben, grüßen dich!« Ob ein besiegter Kämpfer geschont oder getötet werden sollte, entschieden die Zuschauer. »Daumen hoch« bedeutete »Lasst ihn leben«, und »Daumen runter« hieß »Tötet ihn!«.

Wir betrachten uns als zivilisiert und zudem als höher zivilisiert als die Römer. Doch vielleicht sind wir nur etwas weniger blutrünstig. Auch heute will das Publikum immer noch Nervenkitzel, und es gibt genügend Förderer und waghalsige Geister, die dieses Verlangen befriedigen. Tatsächlich wird dieses Verlangen erst durch entsprechende Veranstaltungen und deren Darsteller stimuliert.

Was ist das Ergebnis nach dem Newark-Unfall? Zeitungen nennen die Rennstrecken nun »Mörderdrome«, und ein Blatt in Ohio erklärte Motorräder zu »Mörderrädern«. Tausende derartiger Zeilen wurden dieser Sache gewidmet, und es wird mindestens die gleiche Menge an guten brauchen, um die schlechten vergessen zu machen – wenn dies überhaupt möglich ist.

Wenn Eltern diese grässlichen Zeitungsmeldungen lesen und ihr Sohn Motorrad fährt, werden sie sich Sorgen machen. Schon mehrfach wurde uns zugetragen, dass Fahrer gezwungen waren, mit dem Motorradfahren aufzuhören, da sich der Rest der Familie zu sehr sorgte.

Die Harley-Davidson Motor Company wurde oft gefragt, warum sie nicht an Rennen teilnimmt. Unsere Antwort lautet stets: »Wir glauben nicht daran.« Für diese Antwort haben wir gute Gründe.

Bevor wir zu diesen Gründen kommen, sei betont, dass die Harley-Davidson Motor Company genauso gute und genauso schnelle Rennmaschinen bauen kann wie jede andere Firma. Dies ist eine gewagte Aussage, doch wir können sie belegen. Bis zu dem Zeitpunkt, an dem wir mit Rennen aufhörten, war genau dies der Fall.

Wir können außergewöhnliche Rennmaschinen bauen, mit acht Ventilen und speziellen Gabeln. Ebenso sind wir in der Lage, das Gewicht der Bauteile zu reduzieren und die Maschinen extrem abzuspecken. Doch welchen Nutzen sollte das für uns haben? Wir verkaufen diese Maschinen nicht.

Sie bringen unseren Konstrukteuren nicht mal neue Erkenntnisse, weil sie sich konstruktiv generell von den Straßenmaschinen unterscheiden. Sie würden uns keine Dienste erweisen, außer vielleicht einige Renn-Fans amüsieren, etwas

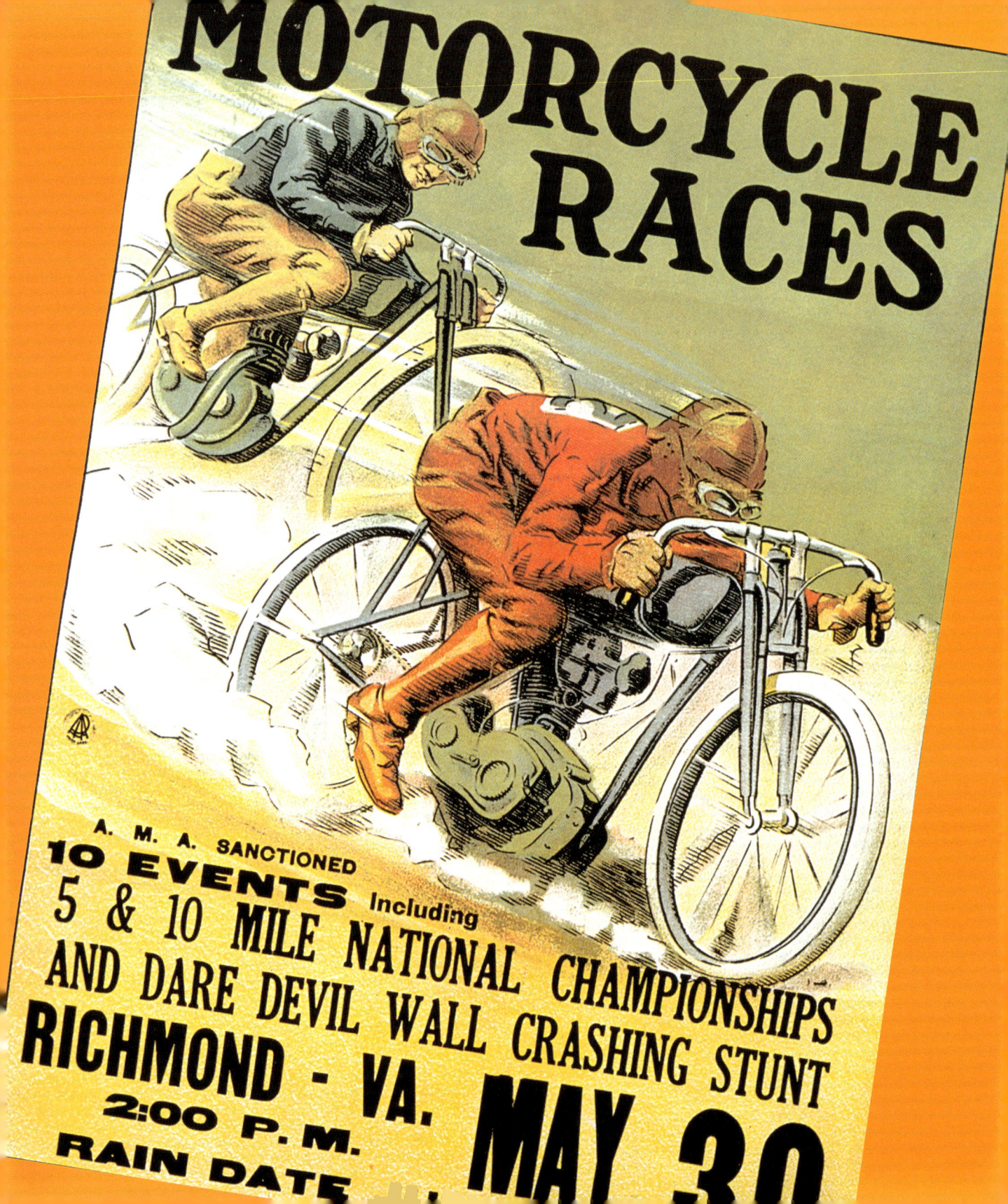

Geld für die Organisatoren und Förderer einfahren und ein paar Rekorde sichern, die uns vielleicht beim Verkauf der Serienmaschinen helfen könnten.

Vielleicht wundern Sie sich, warum es mir wichtig ist, dies alles ausführlich zu beschreiben. Es dient nur einem Zweck: Wir wollen unseren Standpunkt zu Motorradrennen deutlich machen, inklusive der Vor- und Nachteile für die Motorradindustrie. Schon vor einem Jahr zweifelten wir an Motorradrennen, heute glauben wir noch viel weniger daran; wir hoffen, wir erleben den Zeitpunkt, an dem sie vollständig abgeschafft sind.

Zweifellos werden noch weitere Menschen ihr Leben opfern müssen, bevor der Geschwindigkeitswahn ausgestorben ist. Wir arbeiten für den sicheren, vernünftigen Fahrer, der sein Motorrad sowohl für den Weg zur Arbeit wie auch in der Freizeit nutzt und die Maschine für Zwecke einsetzt, für die sie geschaffen wurde.

Dieser Vortrag wird uns unsere Freunde nicht zurückbringen. Der Tod von Mr. Hasha bedeutet für mich einen großen persönlichen Verlust. Wir waren enge Freunde, und sein tragischer Tod traf mich sehr. Bei vielen Gelegenheiten hatten Mr. Hasha und ich über Rennen diskutiert. Er freute sich auf den Tag, an dem er aus dem Renngeschäft aussteigen würde.

Nun ist Hasha tot, geopfert auf dem Altar des Geschwindigkeitswahns. Als sein Freund predige ich nun die Moral. Manche mögen denken, dass es geschmacklos sei, wenn ich Hashas Tod zum Anlass nehme, auf die Moral hinzuweisen, doch ich weiß, wie sich Eddie Hasha bei den Rennen fühlte – und ich weiß mit Sicherheit, wie ich mich dabei fühlte.

Wie viele gute Freunde müssen noch ihr Leben auf diese Weise opfern? Es bleibt nur zu hoffen, dass die acht in Newark geopferten Menschenleben nicht völlig vergebens waren.

Rennplakate, etwa aus dem Zeitraum der Jahre 1910 bis 1920.

Bert Wilsons Zweizylinder-Rennmaschine

Von J. W. Duffield

Bert Wilson hieß der Protagonist einer zwischen 1910 und 1920 von J. W. Duffield verfassten Buchreihe. Wie die Stars in den »Vom-Tellerwäscher-zum-Millionär-Geschichten« von Horatio Alger oder den *Hardy-Boys*-Krimis überwand Bert alle Widrigkeiten und war somit ein fiktionaler Beweis für die typisch amerikanische Idee, dass alle Träume Wirklichkeit werden können.

Duffields Held unterschied sich jedoch von den Alger- und Franklin W. Dixon-Büchern dadurch, dass er tollkühne Geschichten in der Welt des Sports erlebte. Im Gegensatz zu anderen Motorradbüchern dieser Zeit – darunter *Big Five Motorcycle Boys* oder *The Motorcycle Chums* – waren die Abenteuer um Bert Wilson wirklich gut und spannend geschrieben.

Im Jahre 1914 veröffentlicht, endet *Bert Wilsons Zweizylinder-Rennmaschine* mit einem großen Rennen auf einer der Holz-Rennbahnen, vor denen schon Arthur Davidson gewarnt hatte. Duffields Schilderung wirkt sehr realistisch und scheint die einzige überlebende Beschreibung dieser extremsten aller Motorsportarten zu sein.

Das riesige Motodrom war wegen des Feiertages farbenfroh mit Flaggen und Wimpeln dekoriert, und es herrschte gerade genug Wind, um sie etwas in Bewegung zu bringen. Eine große Militärkapelle spielte patriotische und populäre Stücke, und als die Zuschauer sich in einer endlosen Prozession zu ihren Sitzen begeben hatten, lag schon eine gespannte Erwartung der Dinge in der Luft, die diesen Abend zu einem unvergesslichen Erlebnis machen sollte.

Eine Stunde vor dem ersten Rennen waren alle Sitze auf der Haupttribüne und den nicht überdachten Bereichen besetzt, und die Leute drängelten sich im grasbewachsenen Innenfeld um die letzten Plätze. Schon bald war auch dieses so stark überfüllt, dass die Organisatoren nicht mehr für die Sicherheit garantieren wollten. Die Leute waren dort in einer Umzäunung gefangen, welche aus mehreren stabilen Seilen bestand. Schließlich war auch im Innenfeld jeder Quadratzentimeter belegt, sodass die Tore geschlossen wurden. Tausende mussten draußen bleiben, obwohl schon mehr als 60 000 Menschen im Stadion waren.

Das Motodrom war so konstruiert, dass es eine große Menschenmenge fassen konnte, doch mit einem solchen Ansturm hatten seine Erbauer nicht gerechnet. Das Interesse an der Veranstaltung war so groß, dass sich die meisten derer, die nicht mehr hineingelassen worden waren, in der Nähe der Eingänge niederließen, um so schnell wie möglich Meldungen über den Fortgang des Rennens zu erhalten und die neuesten Informationen zu erhaschen.

Es war ein idealer Abend für eine solche Veranstaltung. Die Luft war warm und von sommerlich milden Düften durchzogen. Die Band brachte das Blut der Menschen mit ihrer mitreißenden Musik in Wallung. Die Rennstrecke war um etwa 38 Grad überhöht und eine drittel Meile lang. Für viele war es unvorstellbar, dass irgendetwas auf Rädern es schaffen könnte, diese Steilwand hinaufzukommen – um die selbst eine Fliege einen großen Bogen gemacht hätte, weil ihr die Wand zu gefährlich erschienen wäre.

Eine weiße Linie war zur Begrenzung der Rennstrecke im Inneren des Motodroms auf den Boden gepinselt, sie markierte die tatsächliche Drittelmeile. Am unteren Rand befand sich eine etwa vier Fuß breite ebene Bahn, davor weicher Rasen und die Umzäunung, mit der die Zuschauermassen zurückgehalten wurden. Oberhalb der Strecke erhoben sich die Sitzreihen der Tribünen.

Gegenüber der Ziellinie stand der Pavillon, in welchem der Starter und die Jury beheimatet waren. Hier versammelten sich alle Fahrer mit ihren Maschinen, und es ging ziemlich hektisch zu. Tom und Dick waren da, inspizierten jede Mutter und Schraube der »Blue Streak« und warteten ungeduldig auf Bert, der noch im Umkleideraum war. Trotz der vielen Neuerungen war das treue Motorrad noch die sehr zuverlässige und sichere Maschine, die sie vorher gewesen war – nur deutlich schneller.

Natürlich gab es viele, die behaupteten, dass Bert ohne eine Maschine, die speziell für Rennen gebaut war, nie eine Chance haben würde, und sie drängten ihn, sich ein solches Gerät zu beschaffen. Doch er hatte dies stets vehement und mit Nachdruck abgelehnt.

»Warum?«, fragte er dann immer und betonte: »Ich weiß, wie sich die alte Maschine verhält, und ich weiß genauso, zu was ich imstande bin. Ich kenne jede Marotte und Laune des Bikes, und ich weiß, wie ich das letzte Quäntchen Leistung herausquetschen kann. Ich habe sie tausendmal getestet. Sie gibt mir alles wieder, was ich an Arbeit in sie hineinstecke, und ich mag nicht einmal daran denken, eine andere Maschine auszuwählen, genauso wenig, wie ich ein neues Trainingssystem ausprobieren würde – zwei Tage von dem Rennen. Nein danke, ich bleibe lieber bei meiner alten Blue Streak.«

Dick und Tom waren noch mit der Ölkanne und den Schraubenschlüsseln beschäftigt, als Bert die Umkleidekabine verließ. Er war in blaues Jersey gekleidet, mit einer auf Brust und Rücken aufgestickten amerikanischen Flagge. Sein Kopf steckte in einem dicken Lederhelm, und auf der Stirn saß eine stabile Schutzbrille.

Rennplakate aus den Jahren 1910 bis 1930.

Er schritt rasch hinüber, wo seine Freunde an seinem Gefährt arbeiteten, und sie schüttelten sich herzlich die Hände. »Nun«, erklärte er fröhlich, »wie läuft die alte Karre heute Abend? Ich hoffe, alles ist okay, oder?«

»Natürlich!«, antwortete Dick. »Tom und ich haben jeden Zoll überprüft, und sie scheint tipptopp in Ordnung zu sein. Wir haben deinen Öltank mit einem Öl befüllt, das wir vorher getestet haben und von dem wir wissen, dass es gut ist. Wir gehen kein Risiko ein.«

»Das ist gut. Es gibt nichts Wichtigeres als gutes Öl. Schließlich wollen wir nicht ausgerechnet heute Abend an einem festgegangenen Lager scheitern.«

»Bloß nicht!«, stimmte Tom zu. »Jetzt muss es bald losgehen. Es ist bereits nach acht Uhr.«

Er hatte es kaum ausgesprochen, da erklang ein Gong, und im Stadion kehrte Ruhe ein. Aufregung, große Freude und Atemlosigkeit machten sich breit. Ein kräftiger Kerl nahm ein Megafon, baute sich auf einer kleinen Plattform in der Mitte des Feldes auf und erklärte mit lauter Stimme das Reglement des Rennens.

Sieben Fahrer vertraten die Länder USA, Frankreich, England und Belgien. Sie mussten über eine Distanz von 100 Meilen gegeneinander kämpfen. Das Rennen begann mit einem fliegenden Start, der mithilfe eines Pistolenschusses angekündigt wurde. Die Zeiten wurden auf einer beleuchteten Uhr nahe der Rennleitung angezeigt.

Der Mann mit dem Megafon war kaum mit seinen Erläuterungen fertig, als am Start der Lärm mehrerer Motorradmotoren aus offenen Auspuffrohren dröhnte und die Band einen neuen Marsch anstimmte.

Dann tauchte ein Motorrad auf, das eine Rennmaschine anzog. Es kam nur langsam voran, doch

Jay Springsteen versucht auf seiner Harley-Davidson XR-750, dem Fahrtwind so wenig Angriffsfläche wie möglich zu bieten.

Harley-Davidson-Rennfahrer
der Jahre 1910 bis 1920.

schließlich brachte der Fahrer die Maschine zum Zünden. Der Motor hustete einige Male und kam dann in Fahrt. Die Maschine schoss mit einem mächtigen Dröhnen vorwärts und gewann mit jeder Umdrehung an Tempo, bis sie schließlich das Zug-Motorrad überholte, als würde dieses auf der Stelle stehen.

In schneller Abfolge erschien nun ein Motorrad nach dem anderen. Als Bert an der Reihe war, zog er sich die Brille über die Augen und sprang rittlings auf die wartende »Blue Streak«.

»Du schaffst es, Alter!«, schrien Dick und Tom, und jeder von ihnen schlug Bert auf den Rücken. »Zeig ihnen, was du kannst!«

»Überlasst das mir«, brüllte Bert, der bereits auf seiner »Blue Streak« vom Zug-Motorrad auf die Strecke gezogen wurde – zwar erst im Schneckentempo, dann aber immer schneller.

Als er ins Blickfeld der Zuschauer kam, brach ein Geschrei aus, das die Betonkonstruktion erzittern ließ. Dies wiederholte sich zweimal, dann beruhigten sich die Zuschauer wieder und warteten auf den Start.

Als Bert merkte, dass er schnell genug war, senkte er mit dem rechten Drehgriff die Auspuff-Ventile ab und spürte in der nächsten Sekunde, wie seine alte »Blue Streak« vorwärtsspurtete, als sei sie von einer Kanone abgefeuert worden. Um sich auf der Steilwand halten zu können, benötigten die Fahrer eine Geschwindigkeit von 50 Meilen pro Stunde, doch nach weniger als 100 Metern Fahrt hatte er dieses Tempo bereits erreicht. Er lenkte sein Vorderrad in die Schräge, und die Maschine schien wie ein Vogel aufzusteigen.

Niemals hatte er unter sich eine solch gigantische Kraft gespürt, und er fühlte sich, als ob er in den Himmel erhoben würde. Im Rausch der Geschwindigkeit, bei diesem gewaltigen und wahnsinnigen Tempo, vergaß er alles um sich herum. Jedes Mal, wenn er das Gas etwas mehr öffnete, merkte er sofort, wie er schneller wurde. Begierig und unwiderstehlich riss es ihn nach vorn, pfeilschnell schoss er durch die Luft. Nach we-

nigen Sekunden hatte er zu den vor ihm gestarteten Fahrern aufgeschlossen. Die Fahrer hatten kaum Zeit, ihre Maschinen in Position zu bringen, schon waren alle ziemlich eng beieinander. Da ertönte der Schuss der Startpistole, das Rennen hatte begonnen!

Sofort fand sich Bert im Wettbewerb mit den besten Fahrern der Welt wieder. Jeder von ihnen saß auf dem besten Motorrad, welches die Genies seines Heimatlandes hatten bauen können, und jeder war zum Sieg entschlossen. Die »Blue Streak« und ihr Fahrer waren ein schnelles Team, aber bei diesem einmaligen und strapaziösen Rennen wartete eine anspruchsvolle Aufgabe auf sie.

Beim Start war Bert weit oben auf der Bahn gefahren, und er war entschlossen, diese Position auszunutzen, um in Führung zu kommen. Er gab Vollgas, und die »Blue Streak« antwortete sofort. Der Schub nach vorn war so stark, dass seine Hände fast den Halt am Lenker verloren. Doch er hielt ihn fest umschlossen, und am Ende der zweiten Runde war er gleichauf mit dem führenden Franzosen.

Bert lenkte sein scheußlich schlingerndes Motorrad nach unten und steuerte auf die innere flache Bahn zu. Mit diesem Manöver jagte er dem dichtgedrängten Publikum einen riesigen Schrecken ein. In letzter Sekunde, nur einen Fuß vom unteren Rand der Schräge entfernt, startete Bert wieder durch, schoss mit dem durch die Abfahrt gestiegenen Tempo wieder hinauf zum oberen Bahnrand und berührte kurz das weiße Band.

Meile um Meile spulte er mit einem Tempo von fast 100 Meilen pro Stunde ab. Er beugte sich so weit herunter, dass sein Körper das obere Rahmenrohr berührte, und holte so aus der feuerspeienden Maschine noch etwas mehr Geschwindigkeit heraus.

Der Franzose blieb beharrlich dran, war keine drei Meter hinter ihm, und nur wenige weitere Meter zurück zog der Engländer seine Bahn. In dieser Reihenfolge passierten sie die 50-Meilen-Marke, die Zuschauer standen, brüllten und schrien. Der Rest des Feldes konnte dieses wahnsinnige Tempo nicht halten und fiel zurück. Der Belgier musste das Rennen aufgrund eines Motorschadens sogar kurz unterbrechen.

Die Führenden rauschten weiter und entfernten sich immer mehr von den drei Verfolgern. Der Vorsprung wuchs – erst betrug er eine viertel, dann eine halbe und schließlich eine dreiviertel Runde, bis Bert unter dem Gebrüll der Massen den ersten Fahrer überrundete.

Der Engländer und der Franzose blieben an ihm dran, keine drei Meter zurück. Sie spulten Meile für Meile ab, ohne dass sich die Abstände großartig veränderten. Plötzlich gab es einen lauten Knall, der sogar noch den Auspufflärm übertönte, und eine Sekunde später fiel Bert zurück. Sein Vorderreifen war geplatzt! Nun musste er all seine Fähigkeiten einsetzen, um einen schrecklichen Unfall zu vermeiden.

»Es ist vorbei. Alles ist vorbei«, stöhnte Tom. »Er ist aus dem Rennen. Er hat keine Chance mehr.«

Dick sagte nichts, aber sein Gesicht war kreidebleich. Er raste ins Versorgungszelt und kam rasch mit einem kompletten Vorderrad zurück, als Bert vor ihnen ausrollte und abstieg. Seine Augen waren hohl, und darunter hatten sich dunkle Ringe gebildet, seine Mimik war starr und streng, wie bei einem Toten.

»Ran damit, Dick, ran damit«, sagte er mit leiser, gepresster Stimme. »Gib mir den Schlüssel, Tom, halt die Gabel hoch, schaffst du das?«

Sie arbeiteten verzweifelt, und sie brauchten keine 40 Sekunden, um das defekte Rad zu ersetzen.

Bert schleuderte den Schraubenschlüssel weg, sprang in den Sattel, und sauste mithilfe von Dick und Tom wieder auf die Strecke. Er passte den richtigen Moment ab, um die Zündung anzuschalten, und der immer noch heiße Motor startete sofort. Innerhalb einer Sekunde war er weg und nahm die Verfolgung der Führenden auf.

Kaum war er wieder auf der Strecke, sah man Bert an der Luftdrossel seines Vergasers herumfummeln. In der Regel

brachte das nicht viel, doch für Bert bedeutete es diesmal den entscheidenden Unterschied. Der Motor hatte zuvor schon enorme Kraft, doch jetzt schien sie sich fast zu verdoppeln. Die Maschine bebte und schüttelte sich unter den mächtigen Schlägen der Kolben, und das Summen des Schwungrades ging in ein Heulen über. Unaufhörlich schlugen violette Flammen aus dem Auspuff.

Die Fahrbahn rauschte unter den wirbelnden Rädern dahin wie ein Wildfluss. Die Lichter der Rennstrecke blitzten über Bert auf, und sein Motorrad warf einen grotesken Schatten, der unruhig flackerte und zuckte, wenn er unter den surrenden Bogenlampen hindurchfuhr.

Die Zuschauer wurden zu einer tobenden, schreienden Meute. Der Franzose und der Engländer hatten die 80-Meilen-Marke passiert, Bert war immer noch eineinhalb Runden hinten ihnen. Er fuhr wie der Teufel, redete der Maschine gut zu, tätschelte sie und versuchte in jedem Moment, das letzte Quäntchen Leistung aus dem gequälten Haufen Metall herauszuholen.

Langsam, aber beharrlich verringerte er den Abstand zwischen sich und den Führenden. Unter tosendem Jubel der durchdrehenden Zuschauer überholte er sie. Nun musste er auf den verbliebenen 15 Meilen noch eine ganze Runde aufholen. Kurz darauf war er an den drei zurückhängenden Fahrern dran, die verzweifelt darauf hofften, durch den Ausfall der Führenden noch gewinnen zu können.

Plötzlich und ohne Vorwarnung passierte es: Die drei Fahrer verkeilten sich ineinander, sodass ein Knäuel aus Maschinen und Menschen entstand. Bert war keine sechs Meter hinter ihnen, Frauen im Publikum wurden ohnmächtig und Männer blass. Es erschien unausweichlich, dass Bert mit hoher Geschwindigkeit in das Chaos hineinfahren und die Katastrophe mindestens ein Todesopfer fordern würde.

Berts Kopf arbeitete blitzschnell. Er befand sich weit unten auf der Bahn und war deswegen nicht mehr in der Lage, oben an diesem Trümmerhaufen vorbeizufahren, um die Kata-

Rennplakate aus den Jahren 1950 bis 1980.

MOTORCYCLE RACES
CLASS A-
EVERY Wed. NITE
Sat

STARTING at
8:30 PM

SPEEDWAY

WINDY CITY
MOTORCYCLE CLUB
4th ANNUAL
HILL CLIMB
at the FAMOUS JANDUS HILL.
200 Ft. Hill-75 Percent Grade-at CARY, ILL.
Thrilling Amatuer CHAMPION PROFESSIONALS
and Novice Events
MAY 25
Rain June 8 Date
THRILLS AND SPILLS
Come and see riders like Joe Petrali, Art Erlenbough, Swede
Anderson, Ed Wagner, Dynamite Smith, Squibby and many others.
ACTION GALORE
A. M. A. Sanction 1101
1:00 p. m.
ral Standard Time
→ Take Illinois State Highway 19 or 22 to Cary. Then Follow 80-Mile Per-Gallon Arrow One Mile S

strophe zu vermeiden. Unten daran vorbeizufahren, schied als Option ebenfalls aus, da Menschen und Maschinen diagonal nach unten über die Strecke rutschten.

Mit einem Gebet auf den Lippen nutzte er die letzte Chance, die ihm sein Schicksal ließ. Er verließ die Steilwand komplett und lenkte die Maschine auf den mit Gras bedeckten Randstreifen.

Das Gras war zwar weich, doch das hohe Tempo ließ kleine Hindernisse zu Bergen werden. Die »Blue Streak« keilte und hüpfte und erhob sich zeitweise vollständig in die Luft. Was Bert wie Minuten vorkam, dauerte in Wirklichkeit nur wenige Sekunden. Bert nahm alle Kraft zusammen und steuerte wieder auf die Strecke zu. Sollte seine Maschine jetzt noch die kleine Kante schaffen, wäre für ihn alles gut gegangen, wenn nicht – er mochte gar nicht daran denken …

Das Vorderrad berührte die Kante, Bruchteile einer Sekunde später auch das Hinterrad. Das Motorrad flog seitwärts durch die Luft, und Bert spannte die Muskeln an, bis sie hart wie Stahl waren, um den Stoß der Landung abfangen zu können. Dabei riss er den Lenker beinahe aus der Verankerung, doch es dauerte nicht lange, bis er die Maschine wieder unter Kontrolle brachte und mit kaum verminderter Geschwindigkeit seine Bahn zog.

Die in den Unfall verwickelten Fahrer waren wie durch ein Wunder nicht ernsthaft verletzt worden, und sie humpelten unter Schmerzen und von Zuschauern gestützt zum Sanitätszelt – ihre Maschinen waren nur noch Schrott.

Bert lag noch eine halbe Runde hinter den Führenden, aber ihm blieben nur noch vier Meilen, um den Rückstand aufzuholen. Er beugte sich nun regelmäßig herunter, um zusätzliches Öl in den Motor zu pumpen. Dadurch stand ihm noch ein klein wenig mehr Leistung zur Verfügung, und er stürmte wie verrückt mit seiner »Blue Streak«, die ihrem Namen (Blauer Blitz) alle Ehre machte, über die Bahn. Als die letzte Meile anbrach, war er nur noch drei Längen zurück. Im Publikum hielt es niemanden mehr auf den Sitzen, es wurde gebrüllt, man warf Hüte und gestikulierte wild, die Zuschauer waren in Ekstase, es war unbeschreiblich.

Als Bert der Spitze immer näher kam, wurde das Stadion endgültig zu einem Tollhaus. Jetzt hatten die Fahrer die letzte Runde erreicht. Es war nur noch eine drittel Meile zu fahren, und Bert lag noch eine Maschinenlänge zurück. Die Auspuffgeräusche der Rennmaschinen bellten heiser, und ihr Getöse schien die ganze Welt zu erschüttern.

Dann beugte Bert sich herunter, und knapp 100 Meter vor dem Ziel öffnete er die Luftdrossel des Vergasers vollständig. Seine Maschine hob beinahe ab, als er am führenden Franzosen vorbeizog. Als er die Ziellinie überquerte, hatte Bert einen Vorsprung von einer Radlänge!

Der Aufruhr, der jetzt losbrach, war unbeschreiblich. Nachdem Bert die »Blue Streak« schließlich zum Stehen gebracht hatte, stürmte eine begeisterte Menschenmenge auf ihn zu, die Menschen winkten vor Begeisterung mit Mützen und Flaggen und feierten ihn überschwänglich.

Niemals hatte er unter sich eine solch gigantische Kraft gespürt, und er fühlte sich, als ob er in den Himmel erhoben würde. Im Rausch der Geschwindigkeit, bei diesem gewaltigen und wahnsinnigen Tempo, vergaß er alles um sich herum.

J. W. Duffield, *Bert Wilsons Zweizylinder-Rennmaschine*, 1914

MOTORCYCLE

3 ★ *RACES*

CLARK COUNTY FAIRGROUNDS
SPRINGFIELD, OHIO
SATURDAY NIGHT - 8:00 P. M.
MAY 22

9 EVENTS - TIME TRIALS 6 P.M.

Admission $1.50 tax included

Children under 12 admitted FREE
when accompanied by Parents

SPONSORED BY
Springfield Pirates Motorcycle Club

AMA Sanction No. 21104

Rennplakate der Jahre
1950 bis 1980.

Der Podiums-Komplex

Von Horace McCoy

Horace McCoy war einer der abgebrühten Begründer des »knallharten« US-Krimi-Genres der 1930er-Jahre. Zusammen mit Dashiell Hammett, Raymond Chandler und anderen begann McCoy mit Geschichten in billigen Schundmagazinen für Männer. Mit der Zeit wandelte sich jedoch seine »Ein-Penny-pro-Wort-Prosa« in echte Poesie.

McCoys erster Roman hieß *They Shoot Horses, Don't They? (Nur Pferden gibt man den Gnadenschuss)* und wurde in Amerika zum Klassiker; ein kurz und bündig geschriebener, handwerklich guter und beeindruckend trostloser Einblick in die Herzen und das Denken der Amerikaner während der Zeit der Weltwirtschaftskrise.

Für Hefte wie *Detective Action Stories, Battle Aces, Western Trails* und das berühmte *Black Mask* schrieb McCoy über alle möglichen Themen – angefangen bei Doppeldecker-Gefechten im Ersten Weltkrieg über Studien über abgehalfterte Detektive aus düsteren Gegenden bis hin zu Indianergeschichten aus Wild-West-Zeiten. McCoy selbst hatte Derartiges nie erlebt.

Der Podiums-Komplex (im Original: *The Grandstand-Complex*) folgt diesem Schema. Obwohl McCoy wahrscheinlich niemals Speedway gefahren ist, konnte er auf jeden Fall mitreden.

Tony Lukatovich hatte die Florida-Saison mit einigen Punkten mehr vor mir abgeschlossen, doch ich hatte sie mir (inklusive eines guten Vorsprungs) in den ersten vier Wochen in Los Angeles zurückgeholt. Diese L. A.-Strecke war wie für mich gemacht. Ich fühlte mich auf ihr sicher und vertraute meinem JAP-Motor so sehr, dass ich nach der ersten Woche auf die Stahlkappe an meinem linken Fuß und den Polo-Gurt, mit dem ich meinen Unterleib schützte, verzichtete. Dies machte die Sache im Falle eines Sturzes gefährlicher, aber für die Zuschauer sah es spektakulärer aus. Wenn du beim Motorradrennen Erfolg haben willst, musst du eine gute Show abliefern.

Um meinem Bekanntheitsgrad zu steigern, habe ich mich darum bemüht, dass mein Name öfter in der Zeitung auftauchte, und um zu beweisen, dass mein letztjähriger Sieg in der US-Meisterschaft kein Zufall war, ersetzte ich meinen Sturzhelm gegen einen einfachen Lederhelm, einen, wie ihn Piloten tragen. Alle hielten mich deswegen für einen echten Idioten. Sollte mein Kopf bei 55 oder 60 Sachen den Boden oder die Leitplanken berühren, böte ein Lederhelm absolut keinen Schutz, und mein Schädel würde zersplittern wie eine Eierschale. Ich weiß das – und das Publikum weiß es auch. Die Mehrheit kommt doch überhaupt nur zu den Rennen, um irgendeinen Schädel zerbrechen zu hören (vielleicht schwer vorstellbar, dass man in all dem Motorenlärm einen Schädel platzen hören kann, aber das kann man, und ob …) und die Hirnmasse eines Fahrers in den Dreck spritzen zu sehen – doch bislang ist das Publikum enttäuscht worden. Nach den ersten vier Wochen war ich in L. A. der große Favorit, ich hatte die meisten Punkte. Mit den vor mir liegenden Wettkämpfen in Long Beach sowie den nationalen Preisen in einem Monat sah es so aus, als wäre eine Wiederholung des Meistertitels ein Kinderspiel.

Tony Lukatovich war sehr eifersüchtig auf meine Popularität. Man hätte glauben können, jeder Punkt für mich kostete ihn ein Jahr seines Lebens. Er war im vergangenen Jahr Zweiter geworden, und er hatte sich mit Sicherheit einige Gedanken darüber gemacht, wie er in diesem Jahr ganz nach vorn kommen konnte. Ich bin überzeugt davon, dass es ihm dabei weniger um den Meistertitel selbst, sondern eher um den Ruhm ging, den der Gewinn mit sich brachte. Er war einer, der gern ganz oben auf dem Podium stand. Natürlich war er auch ein großartiger Fahrer, doch er fuhr in erster Linie für den Beifall der Massen. Er benötigte ihn wie die Luft zum Atmen. Es genügte eine ausreichend große Menschenmenge, die ihm Applaus spendete, schon war er der größte Motorradfahrer aller Zeiten. Dann konnte er die Kurven so schneiden und Drifts hinlegen und siegen, dass niemand überhaupt nur daran zu denken wagte, ihn zu schlagen. Als er in Florida im Ranking führte, war er die Hauptattraktion. Die Meute jubelte ihm zu, und er wagte die verrücktesten Schräglagen. In solchen Momenten ist er nicht nur Fahrer, dann ist er ein Genie.

Doch die Florida-Strecke war kurz, nur eine sechstel Meile, und die L.A.-Strecke war länger, eine fünftel Meile. Diese 75 Meter machen den Unterschied aus. Tony hatte auf der längeren Strecke weniger Erfahrung, durch intuitives Fahren konnte er das nicht ausgleichen. Das Timing machte ihm Probleme – keine gewaltigen Probleme, aber doch so große, dass sie ihn beständig vom Siegen abhielten.

»Das ist nur eine Frage der Einbildung, der Fantasie«, log ich ihn eines Tages an, um ihn aufzumuntern.

»Ich habe keine Fantasie. Du bist der Kerl, der all die Fantasie hat. Fahr zur Hölle«, sagte er.

»Okay, wenn du dich dann besser fühlst«, sagte ich. »Ich habe nur versucht, dir zu helfen.«

»Von dir brauche ich keine Hilfe. Fahr zur Hölle.«

Danach wurde er immer ekliger und fieser, und schließlich hörte ich ganz auf, mit ihm zu reden. Daraufhin begann er mit waghalsigen Fahrmanövern in den Kurven und schrägen Tricks auf der Zielgeraden – ein Versuch, uns andere dumm aussehen zu lassen. Doch anstatt die Zuschauer mit seinen

Fähigkeiten zu beeindrucken, wirkte er auf sie nur wie der sprichwörtliche wilde Mann, der seine Konkurrenten im Zweifelsfall auch mal ganz aus dem Weg räumte.

Wirklich beleidigt war ich deswegen nicht, ich wusste ja, was Sache war. Er wollte einfach nur der Publikumsliebling sein und angefeuert werden. Er dürstete nach Ruhm. Doch je härter er fuhr, desto weniger gelang ihm. In jedem Rennen gab es von mir was auf die Ohren. Ich konzentrierte mich darauf, möglichst viele Punkte zu sammeln, sodass ich auch im Falle eines Unfalls genügend Zähler für die Meisterschaft zusammenbekam. Ich rechnete nicht damit, ins Krankenhaus zu müssen; ich meine, ich war wirklich nicht darauf erpicht, doch bei Motorradrennen weißt du nie – besonders wenn du einen Wilden hinter dir hast, der dich abgrundtief hasst.

Mit aller Verzweiflung versuchte Tony zu gewinnen. Dabei trat er so böse auf, dass die Kommission ihn ermahnte. Sollte er nicht bald wieder der Alte sein, müsse man ihm eine Strafe aufbrummen. Tony rastete aus, er brüllte und schrie, und er markierte vor der Haupttribüne den starken Mann – ständig forderte er die Kommission heraus. Er trat Steine beiseite und warf seine gesamte Ausrüstung über das Innenfeld. Er rannte zum Lautsprecher-Mikrofon und wollte zu den Leuten sprechen, als Jack Gurling, der Organisator, ihn am Kragen packte und ihm mit dem Rausschmiss drohte. Das kühlte Mr. Lukatovichs Mütchen zwar ein wenig ab, aber in seinem Blick lag weiterhin die pure Mordlust.

Am Abend nach dem Rennen kam er dann zu mir aufs Zimmer. Ich ließ ihn rein, weil ich dachte, er wollte möglicherweise einige Dinge besprechen.

»Die Mannschaftsrennen in Long Beach sind kommende Woche«, sagte er.

»Das ist richtig«, erwiderte ich.

»Und wir beide fahren zusammen als das Nummer-eins-Team?«

»Das nehme ich an, ja«, sagte ich.

»Wenn wir diesmal gewinnen, können wir die Pokale dann behalten?«

»Können wir. Wir haben schon zwei Mal gesiegt, und wenn wir diesmal wieder gewinnen, gehören sie uns. Hast du den Pokal von deiner Mutter zurück?«

Tony schickte alle Trophäen und Pokale, die er gewann, zu seiner Mutter nach Ohio. Damit sie den Nachbarn zeigen konnte, wie toll er war.

»Nein, habe ich nicht«, antwortete er.

»Hast du nicht? Meinst du nicht, du solltest ihn holen?«

»Das kann ich nicht machen«, sagte er. »Damit würde ich ihr das Herz brechen. Sie denkt, es sei bereits meiner.«

»Es ist auch wahrscheinlich, dass es deiner wird. Doch wenn wir verlieren, sieht es peinlich für dich aus, wenn du die Schale nicht dabeihast.«

»Wir werden nicht verlieren«, meinte er. »Aber ich bin nicht gekommen, um mit dir darüber zu sprechen. Ich will über uns reden – über dich und mich.«

»Dann mal los«, sagte ich ihm.

»Glaubst du, du bist der bessere Fahrer?«, fragte er.

»Was glaubst du, wie ich die Meisterschaft letztes Jahr gewonnen habe – mit Zigaretten-Coupons?«

»Also denkst du, du bist besser?«

»Darüber denke ich nicht nach. Ich weiß verdammt noch mal, dass ich es bin.«

»Glaubst du, deine Nerven sind so gut wie meine?«

»Das kann ich nicht sagen. Aber was viel wichtiger ist: Ich habe mehr Erfahrung.«

»Du bist ein Dickkopf, das ist es«, sagte er. »Warum hast du es auf mich abgesehen?«

»Du bist verrückt«, sagte ich. »Ich habe nichts gegen dich. Das einzige Problem ist deine Eitelkeit. Solange du für die Fans der adrette junge Mann bist und die Aufmerksamkeit der Zeitungen hast, ist alles toll. Wenn ein anderer in den Fokus der Öffentlichkeit gerät, nimmst du die Fäuste hoch. So etwas kannst du einfach nicht ab, Tony.«

»So ist das also?«, fragte er, sprang auf und packte mich am Jackenaufschlag.

»Setz dich!« Schon wieder hatte er diesen aggressiven Blick. »Ich weiß nicht, was dich umtreibt«, sagte ich, »aber was es auch immer ist, ich will nichts davon abhaben. Ich schlage vor, du verziehst dich.«

Er sagte nichts, stand da und sah mich mit funkelnden Augen an.

»Los, hau ab«, sagte ich. »Welchen Groll wir auch immer gegeneinander hegen, so etwas sollten wir auf der Rennstrecke austragen.«

»Das ist doch genau das, was ich will! Genau deswegen bin ich hergekommen. Ich will dir ein Angebot machen. Ich will sehen, wie gut deine Nerven wirklich sind.«

Ich wusste, dass jetzt irgendetwas Verrücktes kommen würde.

»Es gibt keinen Zweifel, dass wir beiden die besten Motorradrennfahrer der Welt sind.«

»Das stimmt. Ich bin der beste und du der zweitbeste«, sagte ich.

»Okay, lass uns wetten.«

»Du weißt, dass ich nicht wette«, sagte ich.

»Nicht um Geld«, sagte er lächelnd und schüttelte den Kopf. »Nicht um Geld. Um dich. Du selbst bist der Einsatz!«

»Ich versteh dich nicht«, sagte ich.

»Dein Leben. Du und ich, wir fahren zusammen bei den Mannschaftsrennen. Gewinnst du, bringe ich mich um. Gewinne ich, bringst du dich um. Der Gewinner bleibt der große Star.«

»Nichts tue ich«, sagte ich.

»Warum nicht? Duelle sind nichts Neues – sie werden seit Hunderten von Jahren ausgekämpft. Vor ein paar Tagen las ich in der Zeitung, dass Bergleute in Europa ein Duell mit Vorschlaghämmern ausgekämpft haben. Es ist doch nur ein Duell. Mit Motorrädern.«

»Das ist die dämlichste Idee, die ich jemals gehört habe«, sagte ich. »Ich werde das nicht tun.«

»War ja klar, dass ich bessere Nerven habe«, sagte er.

»Das ist keine Frage der Nerven …«

»Oh doch, das ist es.«

»Oh nein, ist es nicht. Du hast einem Podiums-Komplex. Du bist lieber tot als Zweiter.«

»Für mich ist das Leben sowieso ein langsames Sterben«, sagte er.

»Wenn du so weitermachst, wirst du genau dies tun: sterben«, erzählte ich ihm. »Ich hingegen werde noch lange und glücklich leben.«

»Gut, dann ist ja alles besprochen. Lass uns einander die Hand drauf geben«, sagte er und streckte seine Hand aus.

»Warum sollten wir uns die Hände geben?«, fragte ich. »Du hasst mich doch abgrundtief.«

»Ja, natürlich hasse ich dich. Aber das hat damit überhaupt nichts zu tun. Ehrenleute geben sich immer die Hände, wenn sie eine Wette abschließen.«

»Ich habe nicht gewettet«, sagte ich. Ich wurde langsam ein wenig sauer.

»Oh doch, hast du. Das Mannschaftsrennen Freitagabend – das Rennen ums Leben. Wer verliert, bringt sich selbst um.«

Er stand lächelnd da, streckte die Hand aus und wartete auf meinen Handschlag.

»Raus hier, zum Teufel«, sagte ich.

»Heißt das ja oder nein?«, fragte er, ohne sich zu bewegen.

»Raus!«

»In Ordnung, ich verschwinde. Aber dies wird dich ruinieren. Ich werde allen erzählen, dass du feige bist, allen, den Zeitungsreportern und allen anderen. Ich erzähle ihnen von dem Vorschlag, ein Duell mit Motorrädern auszufahren, und davon, dass du zu feige warst, einzuschlagen, nur weil du dachtest, du könntest verlieren und müsstest dich umbringen. Es wird dich ruinieren.«

Plötzlich dämmerte es mir, dass er recht hatte. Es würde mich ruinieren. Die Leute würden nicht erkennen, wie grotesk dieser Vorschlag war, sie würden vermutlich denken, ich sei feige. Und über kurz oder lang würden sie mich dazu bringen, es selbst zu glauben.

»Du dämlicher Polacke …«

Während ich dies sagte, trat ich an ihn heran und schlug ihm ins Gesicht. Er fasste mich und versuchte, nicht loszulassen, doch ich riss mich los, und begann ihm meine Fäuste um die Ohren zu hauen. Er fasste mich wieder, und wir fielen zusammen auf einen Stuhl, der zerbrach. Wir rangen auf dem Boden weiter. Schließlich kam ich auf die Füße, zog ihn mit hoch und begann erneut, ihm ins Gesicht zu schlagen. Dann griff er wieder zu und versuchte, mich zu packen. Ich traf ihn direkt hinter dem Ohr, sodass er bewusstlos zu Boden ging, die Arme unter dem Bauch.

In meinem Kopf kreisten die Gedanken: »Nun hast du ihn niedergeschlagen, und was hast du davon? Die Bedrohung ist dadurch nicht geringer geworden. Du müsstest ihm die Zunge herausschneiden, das wäre die einzige Möglichkeit, das Ganze zu stoppen. Denn wenn er zu reden beginnt, werden alle denken, du bist feige, und sie werden sich auf seine Seite schlagen … Es scheint so, als ob du die Herausforderung annehmen musst.«

»Es scheint so«, antwortete ich mir selbst.

»Was du tun musst, ist zu gewinnen«, sagte mein Verstand.

»Ich werde gewinnen, natürlich«, sagte ich. »Ich habe ganz sicher keine Lust, Selbstmord begehen zu müssen.«

Ich holte mir ein nasses Handtuch aus dem Bad, rollte Tony auf den Rücken und begann, sein Gesicht und seine Hände abzureiben. Bald kam er wieder zu sich.

»Ich bin okay«, sagte er, während er sich hinsetzte.

»Da ist nur eine Sache«, bemerkte ich, »wenn ich das Rennen gewinne, woher weiß ich, dass du nicht dein Wort brichst?«

»Mach dir keine Sorgen«, sagte er, während er sich vom Boden erhob. »Ich werde mein Wort halten, genauso wie du. Wir geben uns die Hände wie Gentlemen.«

Er streckte seine Hand aus. Ich ergriff sie.

»Alles klar, du polnischer … Verschwinde jetzt!«

Es waren eine Menge Zuschauer zu den Mannschaftsrennen erschienen, viele von ihnen kamen aus Long Beach, um ihre eigenen Fahrer zu unterstützen. Die Fans hatten dieses Jahr eine Menge Geld verwettet, weil unser zweites, drittes und viertes Team schwächer als üblich waren. Die Männer, die im vergangenen Jahr unser Nr.-2-Team gebildet hatten, waren beide auf der Strecke in Florida ums Leben gekommen. Für Tony und mich war es ein Kinderspiel, die uns bekannten Gegner zu schlagen, aber bei den anderen Teams waren wir uns nicht sicher.

Tony kam gegen halb acht in den Schuppen, ich zog gerade eine Kette auf.

»Wie fühlst du dich?«, fragte er. Seit dem Kampf im Hotelzimmer hatte er nicht mehr mit mir gesprochen.

»Prima, geradezu perfekt, famos. Wie geht es dir?«

»Mir geht's gut«, sagte er.

»Es wird dir nicht mehr so gut gehen, wenn Gurling dich findet«, sagte ich. »Er hat mich nach dem Pokal gefragt.«

»Alles kein Problem, wenn wir gewinnen. Einer von uns muss gewinnen. Ich habe Gurling erzählt, meine Mutter hätte den Pokal schon abgeschickt, aber er sei noch nicht angekommen.«

»Meinst du, wir verlieren?«, fragte ich.

»Wir können nicht verlieren«, sagte er. »Einer von uns muss gewinnen. Nicht nur wegen des Pokals, sondern auch aus einem anderen Grund. Hast du dein Abendessen runterbekommen?«, fragte er mich, während er sich herüberbeugte.

»Was war das?«, fragte ich plötzlich, drehte mich um und tat so, als ob ich etwas gehört hätte. »Da war ein merkwürdiges Geräusch. Spielt hier irgendjemand Würfel? Oh, entschuldige«, dann sah ich Tony an. »Das bist ja du.«

»Ich?«, fragte er überrascht.

»Es sind deine klappernden Zähne, die ich höre«, sagte ich.

»Fahr zur Hölle«, sagte er und ging hinüber, wo seine Mechaniker seinen Motor überprüften.

Die erste Veranstaltung im Programm war ein Hindernisrennen für Fahrer der Klasse B, also Leute, die erst wenige Rennen mitgemacht hatten. Es folgte ein Lauf über vier Runden, bei dem die ersten drei in Rennen sieben weiterkamen, das Halbfinale. Ich gewann dieses Rennen in 1:05:10, einer ziemlich guten Zeit. Die dritte Veranstaltung war eine Vorstellung einiger lokaler Motorrad-Artisten. Tony fuhr im Lauf vier, bei dem die ersten drei sich ebenfalls für Lauf sieben qualifizierten. Er gewann mit 1:06. Die Rennen fünf und sechs waren für Anfänger.

Tony und ich standen bei Lauf sieben, einem der beiden Hauptrennen dieses Abends, ganz vorn an der Startlinie. Dieses Rennen wurde in zwei Läufen gefahren, die ersten drei kamen schließlich in den Endlauf über vier Runden, dessen Punkte für die nationale Meisterschaft gewertet wurden.

Tony und ich saßen in den Sätteln der zwei Meter voneinander entfernt stehenden Motorräder an der Startlinie und sagten nichts, während der Sprecher uns ankündigte. Ich erhielt den meisten Applaus. Winkend schaute ich Tony an.

»Es wird nicht mehr lange dauern«, sagte er und winkte zurück.

»Lass dich nicht von ihm verrückt machen«, sagte mir mein Gehirn.

»Sehr unwahrscheinlich«, antwortete ich.

Die Startpistole knallte, und meine beiden Mechaniker schoben. Mein Motor zündete beim ersten Schubs.

»Guter alter JAP«, sagte ich zu mir selbst und ging in Führung. Zwei Leute waren vor mir, beides sogenannte Hindernis-Männer. Einer war 30 Meter vor der Startlinie losgefahren und der andere 25 Meter davor. Ich machte mir um sie keine große Sorge; das waren Kids auf dem Weg nach oben, und ich wusste, dass ich sie bald erwischen würde. Dennoch blieb ich ohne eine Chance zum Überholen hinter ihnen. Ich verfolgte sie über eine volle Runde, bevor ich in einer Kurve eine Lücke erblickte. Einer von ihnen kam etwas ins Rutschen, und ich schoss hindurch. Ich verfolgte den Führenden, nahm ihn mir in der nächsten Kurve vor und fuhr davon. In diesem Moment blitzte etwas in meinem Augenwinkel auf, und ich wusste, dass es Tony war. Ich fuhr so nah wie möglich an der inneren Begrenzung und hoffte, dass er nicht den Kopf verlieren und mich umfahren würde. Tony war ein Wahnsinniger, wenn er verzweifelt war. Mit vielen Fahrern kann man sich ein enges Rennen liefern, fair bleiben und den Fans für ihr Geld eine gute Show liefern, aber nicht mit Tony. Mein Motto lautete: Bleib so weit du kannst vor ihm.

Auf der Ziellinie lag ich eine Länge vor ihm. Ich fuhr noch eine weitere Runde, um durch das Tor ins Fahrerlager zu kommen.

Vor dem Mannschaftsrennen stand noch eine Veranstaltung an — vor jenem Rennen also, welches das Ende für mich oder für Tony bedeuten sollte. Ich hatte daher noch sechs oder sieben Minuten Zeit, bevor es weiterging. Also lief ich herum und versuchte mir einzureden, dass es nichts gab, weswegen ich nervös werden müsste. Ich holte mir einen Hotdog und eine Flasche Limo und versuchte meinen Kopf dazu zu bringen, an Filme oder Frauen zu denken, an irgendetwas, das nicht mit dem Ausgang des Duells zusammenhing. Der Geschmack des Senfs im Hotdog widerte mich jedoch an, und für einen Augenblick dachte ich, ich würde mit dem Gegessenen ein baldiges Wiedersehen feiern. Also hielt ich mich an die Limonade, doch schließlich warf ich auch diese weg.

»Was zur Hölle ist los?«, fragte ich mich selbst. »Warum bin ich so nervös? Nie zuvor war ich so nervös. Ich kann den Kerl doch jederzeit schlagen.«

FIFTH STRAIGHT YEAR

HARLEY-D WINS SPRING NATIONAL CHAM

Mike Long

Mike Long Wins 5-STAR CLASS "A" SHORT TRACK RACE on HARLEY-DAVIDSON *Sprint*

AVIDSON
ELD 50-MILE
PIONSHIP

Carroll Resweber

SPRINGFIELD, ILL. • AUGUST 20, 1961

rroll Resweber FIRST in 33 minutes and 54.41 sec.

rt Markel .... TIES FOR SECOND SPOT

e Leonard .... FOURTH PLACE

L ABOVE RIDING HARLEY-DAVIDSONS

SILK SCREEN PRINTED IN U.S.A.

Dieses Händler-Plakat aus dem Jahre 1961 prahlt mit auf den Rennstrecken errungenen Harley-Davidson-Siegen.

»Lass uns gehen«, sagte einer meiner Mechaniker.

»Einen Moment haben wir noch«, meinte ich.

»Haben wir nicht. Das andere Rennen ist zu Ende. Komm schon.«

Als ich auf die Strecke kam, brandete noch mehr Applaus auf. Tony und die Long-Beach-Fahrer waren bereits da, Red Dooley und Paul Jarvis, zwei erstklassige Fahrer, die noch keine Meister waren, aber Jungs, die von Tag zu Tag besser wurden. Ich übergab mein Motorrad meinen Mechanikern und ging zur Startlinie, wo sie darauf warteten, dass die Positionen ausgelost wurden. Tony und ich verloren, wir mussten um die zweite und vierte Position losen. Die Long-Beach-Fans begannen mit ihren Schlachtrufen.

»Wirf die Münze für uns«, sagte Tony zum Starter. »Sag was«, sagte er zu mir.

»Mir egal, du kannst Platz zwei haben.«

»Okay«, sagte er, ohne sich dafür zu bedanken.

»Das war nicht besonders klug von dir«, sagte mein Gehirn in dem Moment, als ich die Worte ausgesprochen hatte. »Warum lost du die Plätze nicht mit ihm aus? Nummer vier ist außen, die schlechteste Startposition überhaupt. Du hast dich im wichtigsten Rennen deines Lebens absichtlich ins Abseits gestellt.«

Es gab eine Menge Gejohle um uns herum … und wir nahmen es mit einem Mal nicht mehr wahr.

Die anderen kamen gut weg. Mein Motor zündete nicht sofort.

»Oh mein Gott!«, dachte ich.

Meine Mechaniker schoben heftiger, dann sprang der Motor an. Die anderen waren schon 20 Meter vor mir in der Kurve. Das war auch für gute Fahrer ein mächtiges Handicap, und ich wusste, dass es schwer werden würde.

Ich konzentrierte mich aufs Geschäft, befahl mir, nicht in Panik zu geraten, und ließ mich in die erste Kurve fallen. Auf der Gegengeraden drehte ich auf und ließ mich nach oben tragen, damit ich den Dreck, den die anderen Fahrer hoch-schleuderten, nicht auf die Brille bekam. Paul Jarvis fuhr direkt vor mir. Ich spekulierte darauf, dass er ins Schlingern geriet, seine Line verlassen musste und ängstlich wurde, weil er die Kurve zu schnell angefahren hatte. Es kam genau so. Zwischen ihm und der Innenbegrenzung tat sich eine Lücke von einem halben Meter auf, und ich fuhr mit Vollgas hindurch. Doch jetzt drückte mich die Fliehkraft wieder nach außen, und ich musste das Gas schließen und driften, um nicht gegen die Wand zu fahren. Ich setzte meinen linken Fuß auf den Boden und zog meine Maschine um etwa 30° herum. Auf der Tribüne hielten alle die Luft an. Ich ließ den Lenker locker und zog auf die Zielgerade.

Tony fuhr an zweiter Stelle, eine volle Länge hinter Dooley. Ich befand mich immer noch 20 Meter hinter Tony. Ich war in einer schlechten Position. Es waren nur noch drei Runden zu fahren und ich wusste, dass ich alles geben musste, um dieses Rennen zu gewinnen. Mein Motorrad lief perfekt – es hatte den schnellsten JAP-Rennmotor der Welt. Es lag ausschließlich an mir.

Ich nahm die nächste Kurve in einem weiten Bogen, legte die Maschine über mein linkes Knie und achtete auf das erste leichte Schwirren, das eine nachlassende Traktion ankündigt. Wenn du das hörst, musst du die Maschine schnell aufrichten, ansonsten ist das Rennen gelaufen.

… Ich kämpfte und kämpfte, nutzte Chancen, die ich niemals zuvor als Chancen wahrgenommen hätte, hoffte auf all meine Erfahrung und all mein Gefühl – aber ich erreichte nichts. Ich hatte es geschafft, ein paar Meter aufzuholen, aber es reichte nicht, um die Sache erfolgreich zu Ende zu bringen. Dennoch war ich zufrieden, denn dies war das beste Rennen meines Lebens. Ich wäre um den gleichen Abstand vor ihnen gewesen, den ich nun hinterherfuhr, wenn ich nicht die ein bis zwei Sekunden am Start verloren hätte.

In der dritten Runde nahm Tony eine Kurve im weiten Bogen, wodurch er ein paar Meter beim Driften verlor, ein ziemliches dummes Manöver. Ich nutzte es aus und fuhr die

Gerade so schnell herunter, dass mein Vorderrad fast sein Hinterrad berührte. In der ersten Kurve der letzten Runde machte Dooley seinen ersten Fehler – er durchfuhr eine weiche Stelle, die er schon zuvor hätte sehen müssen, und rutschte weg. Es war nur ein kleiner Ausrutscher, doch sein Hinterrad drehte kurz durch, und schon waren Tony und ich neben ihm. All dies geschah im Bruchteil einer Sekunde.

Wir gingen mit Vollgas auf die Gegengerade. Tony wusste, dass ich hinter ihm war, und er versuchte, mich abzuschütteln. Aber ich blieb dran und hoffte, dass er in der Kurve rutschen würde, sodass ich ihn überholen könnte. Dies war meine letzte Chance zu gewinnen; wenn er keinen Fehler mehr machen würde, wäre es vorbei.

Ich zog leicht nach rechts, um mich auf den Moment vorzubereiten. Dooley holte jetzt weit aus und wählte die sichere Linie, und ich sah, dass Tony ihm folgte.

»Der ist ja verrückt, so ein Risiko einzugehen«, dachte ich.

In diesem Moment berührte Tonys Vorderrad Dooleys Hinterrad, und beide Maschinen rutschten mitsamt ihren Fahrern weg. Eines der Räder stieß gegen die Betonmauer, Funken sprühten, und plötzlich waren überall Flammen. Das alles geschah direkt vor mir.

»Oh Gott, ich werde hineinrasen!«, dachte ich noch, während ich meinen Lenker verriss und mein Gesicht wegdrehte, um nichts in die Augen zu bekommen. Meine Maschine geriet ins Schleudern und brach aus. Ich hatte dieses schrecklich klamme Gefühl im Magen, das man spürt, wenn man erkennt, dass das Ding unter dem Hintern außer Kontrolle gerät … Doch dann griffen meine Reifen wieder, und ich konnte die Maschine aufrichten. Ich sah den Starter vor mir die karierte Flagge schwenken, die Siegerflagge für mich.

»Kann ich Sie irgendwo absetzen?«, fragte ein Reporter, der mit mir zusammen aus dem Leichenschauhaus kam.

»Nein, danke«, sagte ich.

»Schlimm das mit Tony. Jesus, von seinem Gesicht war nicht mehr viel übrig. Radspeichen sind schlimmer als ein Fleischwolf.«

Ich sah ihn an, aber eigentlich eher durch ihn hindurch.

»Tony hatte mich erst heute Nachmittag angerufen«, sagte er. »Ist ja seltsam, aber er hatte eine Vermutung, dass irgendetwas Derartiges passieren würde.«

»Tatsächlich?«, fragte ich.

»Ja, es war eine gute Geschichte. Ich habe sie im *Bulldog* veröffentlicht. Lesen Sie das mal. Nüchtern betrachtet, ist es speziell für Sie geschrieben.«

»Mach ich«, sagte ich.

»Also, sind Sie sicher, dass ich Sie nicht mitnehmen soll?«

»Ich denke, ich werde etwas zu Fuß gehen«, erwiderte ich.

An der Ecke blieb ich an einer Ampel stehen. Daneben lag ein Stapel Morgenzeitungen. »ZWEI TOTE BEI MOTORRADRENNEN« lautete die Schlagzeile. »Tony Lukatovich und Red Dooley wurden beim Mannschaftslauf in Long Beach, L. A., getötet.« Ich las weiter: »Motorradchampion beendet nach fatalem Unfall seine Karriere; er schwört, niemals wieder Rennen zu fahren.« Das stand da tatsächlich.

»Das habe ich nie gesagt«, murmelte ich erstaunt und versuchte, die Sache zu verstehen. Im nächsten Moment wusste ich, was der Reporter meinte. »Mein Gott!«, sagte ich zu mir selbst, bog um die Ecke, und ging sehr schnell die Straße herunter …

Harley-Davidson-Rennfahrer, etwa aus den 1920er- bis 1930er-Jahren.

Der Ausbruch des Bösen

Am 4. Juli fielen 4000 Mitglieder eines Motorradclubs für ein dreitägiges Treffen in Hollister, Kalifornien, ein.

Sie hatten den normalen Motorrad-Nervenkitzel bald satt und wandten sich aufregenderen Dingen zu.

Sie rasten mit ihren Fahrzeugen die Hauptstraße hinunter, ignorierten rote Ampeln, stürmten Restaurants und Bars und zerbrachen Möbel und Spiegel ...

Die Polizei verhaftete viele ... konnte aber die Ordnung nicht wiederherstellen.

Life Magazine, 1947

Die perfekten Harley-Davidson-Rebellen der 1950er-Jahre.

»*Eine schockierende Geschichte*«: Der Wilde – und die Wilden, die gar nicht so wild waren.

Von Michael Dregni

Der Film *The Wild One* basierte sehr frei auf Ereignissen, die ein paar Motorradfahrer angeblich während der Feierlichkeiten zum amerikanischen Unabhängigkeitstag 1947 in einem kleinen, verschlafenen Städtchen namens Hollister, Kalifornien, zu verantworten hatten. Die Wahrheit hinter dieser Story war damals zwar schon diskutiert worden, doch waren Fotos im Umlauf, und immer wieder erschienen aufgeblähte Reportagen, die die Ereignisse weiter verzerrt haben.

In diesem Essay erörtert Michael Dregni die verschiedenen Versionen eines Ereignisses, das zu den prägendensten bei der Erschaffung des Motorrad-Outlaw-Mythos gehört.

Es war ein Film mit hoher Reputation über eine, wie man früher sagte, »gefallene« Frau und einen jugendlichen Delinquenten.

Ich sah ihn das erste Mal fast 40 Jahre nach seinem Erscheinen. Er wurde in einem Revival-Kino aufgeführt, das eine schrullige Auswahl von Klassikern und vergessenen Filmen vergangener Jahre zeigte. Das Filmtheater war genauso alt wie manche der vorgeführten Filme, und einige von ihnen wurden dort tatsächlich schon gezeigt, als sie neu waren. Der rote Samt der Bestuhlung war abgewetzt, die Sitze quietschten, wenn man sich setzte, und die Luft roch nach jahrzehntealtem Popcorn. Doch wenn das Licht gedimmt wurde, war die Umgebung vergessen. Auf der Leinwand erschien in prächtigem Schwarz-Weiß das Eröffnungsbild einer Landstraße, und es erklangen die Geräusche von fernen Motorrädern. Mit Blitzen im Hintergrund erschien der Titel *The Wild One* auf der Leinwand.

Obwohl er vor Jahrzehnten sein Debüt feierte, hatte der berühmte – vielmehr berüchtigte – Film nichts von seiner Ausstrahlung verloren. Er war gefährlich und subversiv. Er begann sogar mit einer Warnung, in der die ersten Zeilen von Dantes Reise durch die Hölle zitiert wurden: »Dies ist eine schockierende Geschichte. Sie kann in den meisten amerikanischen Städten niemals stattfinden – aber in dieser einen wurde sie Wirklichkeit. Für die Öffentlichkeit ist es eine Herausforderung, dass so etwas nie wieder geschieht.«

Es war ein Tag der Schande. Pearl Habour war Geschichte und der Zweite Weltkrieg endlich beendet, aber in den Tagen nach dem Krieg hatten einige junge Kerle, die aus den Schlachten zurückgekehrt waren, das Verlangen nach etwas anderem als dem ordinären Leben und dem Amerikanischen Traum, für den sie gekämpft hatten. Ein Motorrad anzukicken und loszufahren, um den Horizont zu finden, war genau das Richtige für sie. Genau um einen solchen Ausflug handelte es sich, der eine Gruppe Motorradfahrer dazu brachte, am 4. Juli 1947 in der verschlafenen Kleinstadt Hollister, Kalifornien, nach Zerstreuung zu suchen.

Was wirklich in Hollister geschah, lässt sich heute nicht mehr nachvollziehen. Es gibt viele Versionen dieser Geschichte, die das Image des Motorradfahrens für immer veränderte – und keine lautet wie die andere. Die Story, welche das Magazin *Life* und der Film *The Wild One* mit Marlon Brando zum Besten gaben, entspricht jedenfalls nicht der Wahrheit.

Es begann alles mit einem Foto. Dies erschien in der Spätausgabe des *San Francisco Chronicle* vom 5. Juli 1947, und mit ihm war die erste Version der Geschichte geboren: Eine Bande betrunkener Motorradfahrer, die sich »Boozefighter« nannten, war am allerheiligsten amerikanischen Tag, dem 4. Juli, in Hollister eingedrungen. Sie rasten mit ihren motorisierten Rössern durch die Straßen und terrorisierten brave Bürger. Sie tranken Bier und belästigten junge Mädchen. Das Leben in Hollister sollte nie wieder so sein wie früher.

Ein einfaches Foto wurde an die Pressemedien des ganzen Landes gekabelt. Auf diesem von Barney Peterson geschossenen Bild war ein dicker, schlampig angezogener Motorradfahrer zu sehen, der auf seiner Harley saß, rund um ihn herum lagen jede Menge leere Flaschen. In seinen bösen Händen hielt er ein paar Bier, und er schielte in die Kamera. Sein Blick signalisierte: »Verbarrikadiert eure Türen und schließt eure Töchter weg!«

Ein Bildredakteur von *Life* sah das Foto und gab es zur Veröffentlichung frei. Zu dieser Zeit hatte *Life* bei den Amerikanern einen enorm guten Ruf. *Life* hatte die furchtbare Geschichte des Zweiten Weltkriegs in Worten und Fotos so verpackt, als ob Opa – nach einem opulenten Truthahn-Essen am Lagerfeuer sitzend – alte Geschichten von früher erzählen würde. Erst durch die allabendliche Präsenz von Walter Cronkite auf den amerikanischen Mattscheiben wurde der Stimme der Nachrichtenmedien noch mehr Gewicht verliehen.

Life berichtete: »Am 4. Juli fielen 4000 Mitglieder eines Motorradclubs für ein dreitägiges Treffen in Hollister, Kalifornien, ein.

Sie hatten den normalen Motorrad-Nervenkitzel bald satt und wandten sich aufregenderen Dingen zu.

Sie rasten mit ihren Fahrzeugen die Hauptstraße hinunter, ignorierten rote Ampeln, stürmten Restaurants und Bars und zerbrachen Möbel und Spiegel ...

Die Polizei verhaftete viele ... konnte aber die Ordnung nicht wiederherstellen.«

Nachdem *Life* das Foto zusammen mit der Geschichte des Hollister-Tumults brachte, hatte das schreckliche Ereignis seinen Platz im Herzen und Gedächtnis aller Amerikaner gefunden. Die Story von Hollister bot alles, was für die Geburt eines Mythos benötigt wird. Es war ein moderner Western, mit gesetzlosen Männern in Schwarz, die in eine Stadt ritten, um die brave Bürgerschaft herauszufordern, und die von einem furchtlosen Mann des Gesetzes nach einem Duell wieder vertrieben werden konnten. Es hatte etwas von einem heldenhaften Kriegsfilm, ein Blitzkrieg von Gefolgsleuten des bösen Imperiums gegen friedliche Stadtbewohner. Fast über Nacht entstand eine neue Bedrohung, und plötzlich wurde jeder Motorradfahrer zu einem gefürchteten Boozefighter.

Dann kam der Film. 1953 wurde *The Wild One* mit Hauptdarsteller Marlon Brando in allen Kinos aufgeführt. Produzent Stanley Kramer und Regisseur Laslo Benedek hatten ein Näschen für gute Geschichten. Sie nahmen den Hollister-Vorfall auf, lasen die Zeitungsberichte, schüttelten noch einmal ihre Köpfe angesichts des Fotos und modellierten eine fiktive Geschichte dieses Ereignisses.

Marlon Brando spielt dabei den Anführer des Black Rebel Motorcycle Clubs, einen coolen Kerl namens Johnny Strabler, der seine schwarze Lederjacke wie eine Rüstung trägt. Auf seiner Triumph Thunderbird führt er seine Gang bei einer Ausfahrt am 4. Juli 1947 an die Küste Kaliforniens. Bevor sie die ahnungslose kleine Stadt Hollister terrorisieren, stoppen sie, um bei einem Motorradrennen Chaos und Verwüstung anzurichten.

In einer Szene am Anfang des Films versucht Hollywood mittels einer bemühten soziologischen Analyse die Nachkriegs-Unzufriedenheit zu ergründen, die für das Entstehen der Motorradgangs verantwortlich war. Ein Highway-Polizist, der gerade Brandos Bande verfolgt hat, warnt einen Kollegen.

»Wo kommt dieses Pack her?«, fragt ihn ein anderer Polizist und spielt dabei für einen Saal voller Kinogänger, die sich die gleiche Frage stellen, des Teufels Advokaten.

»Ich weiß es nicht«, antwortet der andere Polizist – die Stimme der Allwissenheit. »Von überall. Ich glaube nicht, dass sie wissen, wohin sie wollen. Verrückt. Zehn Kerle wie diese bringen die Leute dazu zu glauben, dass jeder, der ein Motorrad fährt, verrückt sei. Was wollen die beweisen?«

»Das ist mir zu hoch«, antwortet der erste Officer – die Stimme des gemeinen Volkes. »Sie suchen sich jemanden, der sie herumschubst, nur um provoziert zu werden und dann zeigen zu können, wie hart sie sind.«

Als die Gang in der Stadt eintrifft, fällt sie direkt in die *Bleeker's Cafe and Bar*-Räumlichkeiten ein. Die Clubmitglieder bestellen eine Runde Bier nach der anderen. Ein Mädchen erliegt dem Reiz der Gang und sagt: »Black Rebels Motorcycle Club, das ist scharf! Hey Johnny, gegen was rebelliert ihr denn?«

Johnny antwortet lässig: »Was hast du denn zu bieten?«

Dann erklärt er der Kellnerin namens Cathy, gespielt von Mary Murphy, seine Lebensphilosophie. Sie ist neugierig auf Johnny und seine Gang und fragt ihn: »Wohin fahrt ihr, wenn ihr hier abhaut? Wisst ihr das schon?«

Johnny: »Wir fahren einfach.«

Cathy: »Ich mach nur Konversation, ich muss es nicht unbedingt wissen.«

Johnny: »Schau, an den Wochenenden gehen wir los und haben einfach Spaß.«

Cathy: »Was macht ihr? Ich meine, fahrt ihr einfach umher, macht ihr ein Picknick oder was?«

Johnny: »Ein Picknick? Bist du spießig. Ich muss dich wohl aufklären. Hör zu: Zu einem speziellen Ort zu fahren ist was für Trottel. Du fährst einfach los!«, sagt er und schnippt dabei mit den Fingern. »Nach einer Woche hat sich eine Gang einfach gebildet, sie entsteht von ganz alleine. Die Idee ist, einfach Spaß zu haben. Wenn dich das nicht berührt, wirst du weiter jammern. Du musst dich selbst von deinem Leiden erlösen. Dazu musst du etwas bewegen, verstehst du, wovon ich spreche?«

Es ist offensichtlich, dass sie keine Ahnung hat.

Kurz darauf lädt Johnny sie zu einer Ausfahrt auf seiner Triumph ein, um ihr eine Kostprobe der Freiheit auf zwei Rädern zu geben. »Ich hab nie zuvor auf einem Motorrad gesessen«, ruft Cathy entzückt aus. »Es ist so schnell, es hat mir Angst gemacht. Aber ich habe dabei alles um mich herum vergessen. Es fühlt sich gut an.«

Dann bekommt der böseste der Bösen seinen Auftritt. Lee Marvin und seine Bad Guy-Truppe fahren in die Stadt. Marvin führt auf der Harley-Davidson seine Gang an, auf dem Nachhauseweg kreisen sie Cathy ein. Wie Indianer, die im Western eine Wagenburg umzingeln, fahren sie mit aufheulenden Motoren auf ihren Maschinen um die junge Frau herum. Am Ende ist es Johnnys Job, sie zu retten. Wie ein Ritter in glänzender Rüstung auf seiner Triumph zieht er Cathy heraus.

Brandos Figur verwirrte das Publikum der 1950er-Jahre, war er doch der Böse und der Gute gleichzeitig. Dies machte für viele keinen Sinn: Jeder wusste genau, dass der Böse einen schwarzen Hut trägt und der Gute einen weißen. Dies wurde jeden Samstag im Western-Stück des örtlichen Theaters vorgeführt.

Nun gab es plötzlich diesen Johnny mit schwarzer Lederjacke und schwarzem Hut, der mit seinen nichtsnutzigen Bikern eine Stadt erschreckt, und mitten im Film zeigt er ein anderes Gesicht. Johnny ist gar nicht absolut böse. Nur verwirrt. Hinter der Maske der Emotionslosigkeit und unter der Leder-Rüstung ist er nachdenklich, zweifelnd und vielleicht genauso unsicher, was sein Lebensziel betrifft, wie das Publikum wegen seines Charakters. Johnny war der erste Anti-Held Hollywoods.

Marlon Brando hatte den Gesichtsausdruck aus dem Effeff drauf. »Die Rolle konnte kein Schauspieler versauen«, schrieb er vierzig Jahre später in seiner Autobiografie *Songs My Mother Taught Me*. Das war vielleicht nur selbstironische Koketterie, oder Brando hatte einfach noch nicht erkannt, dass er viel mit Johnny gemeinsam hatte.

Brando lieferte eine eigene Psychoanalyse von Johnny ab: »Mehr als bei den meisten anderen Rollen, die ich in Filmen und auf der Bühne spielte, fühlte ich mich mit Johnny in einer gewissen Weise verbunden. Deswegen, glaube ich, spielte ich ihn sensibler und sympathischer, als es im Drehbuch vorgesehen war. Es gibt eine Stelle, wo er mürrisch ›Niemand sagt mir, was ich zu tun habe‹ sagt. Genauso fühlte ich mich mein Leben lang. So wie Johnny habe ich mich immer über Autoritäten geärgert. Leute, die mir sagen wollten, was ich zu tun habe, bereiteten mir stets Unbehagen, und ich war immer der Überzeugung, dass Johnny sich in seinen Lebensstil geflüchtet hat, gerade weil er so verletzlich war und weil er als Kind keine Liebe bekam. Er musste versuchen, diese emotionale Unsicherheit zu überleben, die ihn zwang, seine Kindheit ins Erwachsenenalter mitzunehmen. Es schmerzte ihn, sich wie ein Niemand zu fühlen, deswegen wurde er arrogant und nahm eine gleichmütige bis kritische Haltung ein. Er tat alles, um stark zu wirken, während er im Inneren weich und verletzlich war, und er kämpfte hart darum, dies zu verbergen. Er hatte den Glauben an das gesellschaftliche Gefüge verloren und sich seine eigene Welt erschaffen. Er war ein Rebell, doch vor allem war er empfindlich und zart.

Damals sagte ich einem Reporter, dass ich den Leuten zeigen wollte, dass Freundlichkeit und Toleranz die einzigen Möglichkeiten seien, die Kräfte gesellschaftlicher Zerstörung zu verscheuchen. Ich sah Johnny als einen Mann, der innerlich zerrissen war, weil er keinen Ausdruck für seine Gefühle entwickeln konnte. Er war vom Leben enttäuscht, sodass es ihm schwerfiel, Liebe auszudrücken, doch hinter seinem feindseligen Verhalten steckte der verzweifelte Versuch, Liebe fühlen zu wollen, weil er so wenig davon erhalten hatte. Genauso gut hätte ich mich mit diesen Worten selbst beschreiben können. Es fühlte sich völlig natürlich an, diese Rolle zu spielen.«

Der Film war nach seinem Erscheinen kein Kassenschlager. Viele Kinobesitzer weigerten sich, einen solchen Schund zu zeigen. Andere, die sich trauten, wurden von besonders gesetzestreuen Bürgern der Ermunterung zum Landfriedensbruch oder ähnlicher Dinge bezichtigt. »Die Publikumsreaktion auf *The Wild One* war, glaube ich, ein Produkt ihrer Zeit und der Umstände«, schrieb Brando. »Der Film war nur 79 Minuten lang, nach heutigen Maßstäben also kurz, und er wirkt altmodisch und kitschig; ich glaube dennoch nicht, dass er als überholt betrachtet werden kann. Aber er ist eine Art Kultfilm geworden.«

Die Darstellung der unzufriedenen Horde, die sich an der Rebellion erregte, berührte die Leute ebenfalls. Johnny war ein umschwärmter Robin Hood auf einem Zweirad, der Möchtegern-Rebellen eine Projektionsfläche bot. Brando berichtet in seiner Autobiografie, dass der Verkauf von schwarzen Lederjacken rapide anstieg und sie plötzlich zu einem Symbol wurden, dessen Bedeutung nicht wirklich verstanden wurde. Es war der Beginn des Jugendkriminalitäts-Wahns, ein Horrorthema, das plötzlich in zahlreichen Taschenbuch-Schmökern und Hollywood-Filmen zu finden war. Ein neuer Star ritt auf dieser Welle, ein junger Schauspieler namens James Dean, der in seinem Film … *denn sie wissen nicht, was sie tun* gegen alles kämpfte, wofür die Gesellschaft stand.

Brando schreibt, dass er niemals erwartet hatte, dass *The Wild One* eine solche Wirkung haben würde. »Wie alle war ich überrascht, als T-Shirts, Jeans und Lederjacken plötzlich Symbole der Rebellion wurden. Im Film gab es eine Szene, in der Johnny gefragt wird, gegen was er rebelliere, er antwortet: ›Was hast du denn zu bieten?‹ Aber niemand der am

Film Beteiligten hätte sich vorstellen können, dass der Streifen zur jugendlichen Rebellion anstiften oder sie unterstützen könnte …

Nachdem *The Wild One* fertig war, wollte ich ihn mir vier Wochen nicht ansehen; als ich es tat, mochte ich ihn nicht, weil ich dachte, er sei zu gewalttätig.«

In Brandos Autobiografie wird zwischen den Zeilen offensichtlich, dass *The Wild One* auch eine wichtige Rolle für die Veränderung in Brandos Leben spielte – ob er es nun selbst erkannte oder auch nicht.

»Ich hatte keine Ahnung, dass es in unserer Gesellschaft heimliche Sehnsüchte gab, die mit diesem Film so plötzlich geweckt wurden. Im Nachhinein denke ich, dass die Leute auf den Film deswegen so reagierten, weil es soziale und kulturelle Strömungen gab, die einige Jahre später wie Vulkane an den Universitäten und auf den Straßen Amerikas ausbrachen. Ob richtig oder falsch – nach mehreren Jahren des Übergangs nach dem Krieg standen wir am Anfang einer neuen Ära; junge Leute begannen zu zweifeln, stellten ihren Eltern Fragen, forderten ihre Werte, ihre Moral und die etablierten Autoritäten heraus. Als wir den Film machten, brodelte es nur leicht unter der Oberfläche. Junge Leute waren auf der Suche nach Gründen, um rebellieren zu können. Es geschah alles einfach zur richtigen Zeit am richtigen Platz – und ich war in der passenden seelischen Verfassung für diese Rolle.«

John Cameron war am 4. Juli 1947 in Hollister dabei. Er war Gründungsmitglied der Boozefighters, ein Rädelsführer auf zwei Rädern. Er erinnert sich an das Ereignis, das den Mythos schuf – und nennt alles einen Scherz.

Cameron verbrachte die besten Jahre seines Lebens auf Motorrädern. Auf einem Video von 1995, das ein Interview mit dem Motorrad-Historiker Paul Johnson zeigt, gibt er sein Resümee ab: »Ich fahre seit 1928 Motorrad. Ich besaß mein Leben lang fast nur Harleys – außer einer Crocker, die einzige Maschine, die ich neu kaufte und immer noch besitze.«

Die Boozefighters waren nicht gerade eine Häkelrunde, doch es handelte sich auch nicht um halbstarke Pfadfinder, die sich zu Schwerverbrechern gewandelt hatten. Nach Camerons Meinung waren sie eine Truppe von etwas in die Jahre gekommenen Jungs, die Bier und Bikes mochten, so wie die Mitglieder anderer Motorradclubs auch, die sich etwa zur gleichen Zeit in Kalifornien bildeten – die 13 Rebels, Yellow Jackets, Galloping Gooses oder Hell's Angels. Die meisten von ihnen waren Weltkriegsveteranen, die im ersten Jahr außer Dienst wöchentlich 20 Dollar erhielten, den sogenannten »52/20-Verdienst« – und sie waren gierig danach, etwas von der Freiheit auszuprobieren, für die sie so hart gekämpft hatten. Doch wie ein anderer Boozefighter anmerkt, »haben wir niemals versucht, andere zu verletzen, denn wir sind im Krieg selbst verwundet worden. Glaub mir, Baby, wir mussten alle im Krieg leiden.«

Cameron berichtet von den Ursprüngen der Boozefighters: »Hast du von Wino Willie gehört?«, fragt er mit allerfeinster Oma-erzählt-ihren-Enkeln-ein-Märchen-Stimme. »Er war ein guter Freund von mir.« Eines Tages, kurz nach dem Ende des Zweiten Weltkriegs, schauten sich Wino Willie Forkner, Cameron und noch ein paar Kumpels in El Cajon, Kalifornien, ein Rennen der Klasse C an. »Wir gingen auf den Parkplatz hinaus, und der verrückte Willie sagte: ›Lass uns den Leuten eine Show bieten!‹

Willie fuhr also während einer Pause mitten durch einen Begrenzungszaun auf die Strecke. Der Streckenposten versuchte ihn von der Piste zu verscheuchen, doch Willie fuhr direkt auf ihn zu.« Cameron bekommt bei diesen Erinnerungen einen verklärten Blick. Rittlings auf seiner Indian Chief donnerte Willie mit Vollgas vor den verschreckten Zuschauern die lange Gerade herunter. »Ich wusste nicht, ob er die Kurve kriegen würde, denn er war bereits betrunken«, sagt Cameron. Doch wer hätte es gedacht: Willie schaffte die Kehre und fuhr eine weitere Runde – bis er sich in einer weiteren Kurve, wie vorhergesagt, hinlegte.

Cathy: »Ich hab niemals zuvor auf einem Motorrad gesessen. Es ist so schnell, es hat mir Angst gemacht. Aber ich habe dabei alles um mich herum vergessen. Es fühlt sich gut an.«

The Wild One, 1953

»Er versuchte, wieder aufzusteigen, aber ich lief zu ihm hin und zog ihm beide Zündkerzenstecker ab. Dann kamen die Gesetzeshüter, und Willie musste ins Gefängnis«, fährt Cameron fort.

Nach 90 Tagen wurde Willie wieder entlassen – und dann ging's mit den Boozefighters los.

»Willie gehörte zu einem Club, der sich 13 Rebels nannte«, erzählt Cameron. Er ging zu einem Clubtreffen, nachdem er aus dem Gefängnis entlassen worden war, und sie machten ihn wegen der Sache dumm an. Also zog er seinen Pulli aus und ging.«

Cameron und seine Kumpel tranken Bier in ihrer Stammkneipe, der *All American Bar* im südlichen Los Angeles, als der abtrünnige Willie hineinkam und seine 13 Rebels-Colors ablegte. »Wir saßen da und tranken etwas«, erinnert sich Cameron, »und Willie sagte, ›Wir sollten unseren eigenen Club gründen.‹ Jemand erwiderte: Ja, aber wie sollen wir ihn nennen? Ein anderer, ebenfalls schon gut betankter Motorradfahrer namens Walt Porter meinte bedächtig: ›Nennen wir uns Boozefighters – das ist doch das, wonach alle verrückt sind: saufen und kämpfen.‹

Es hatte einen guten Klang. Boozefighters, das war's.«

Allerdings war der Name nicht gerade geeignet für eine gute Öffentlichkeitsarbeit. Cameron erinnert sich: »Als der Name bekannt wurde, Junge, Junge, da waren wir völlig unten durch. Andere Clubs sahen regelrecht auf uns herab.«

Neben Wino Willie, Cameron und diversen Trinker-Veteranen bestanden die Boozefighters hauptsächlich aus Rennfahrern. Unter diesen Rennfahrern waren zwei Brüder: Ernie und John Roccio, die später in Europa Speedway-Meister der Klasse A werden sollten. In den 1950er-Jahren arbeiteten die Boozefighters an »The Brute«, einer getunten Harley, die auf dem Bonneville-Salzsee 227 mph (364 km/h) erreichen sollte und verschiedene Male von Bobby Kelton und Jim Hunter gefahren wurde. Zur gleichen Zeit gewann Camerons Bruder Jim das mörderische Wüstenrennen namens Big Bear Run.

Cameron selbst fuhr bei TTs, Endurorennen und allen anderen Veranstaltungen, bei denen er Vollgas geben konnte. Ihre Clubkleidung war ein weißer Pullover mit grünen Ärmeln – also weit entfernt von Marlon Brandos Lederjacke.

Am fraglichen Wochenende um den 4. Juli 1947 herum entschlossen sich die Boozefighters dazu, eine Ausfahrt zu unternehmen. Mit ihren Gedanken waren sie bereits bei Motorradrennen und kühlem Bier, und so fuhren sie mit ihren Maschinen nördlich aus San Diego heraus, die Schlafsäcke an den Motorrädern befestigt. Vor ihnen erschien Hollister wie eine Oase auf einer niemals endenden Straße. Also drehten sie ab Richtung Stadt und fuhren schnurstracks auf das örtliche Wasserloch zu.

»All das ist niemals passiert«, sagt Cameron, und schüttelt seinen Kopf, als er an das *Life*-Foto und *The Wild One* denkt. Andererseits war es, wie auch Marlon Brando im Film sagt, nicht gerade ein Picknick. »Es geschah nichts, was nicht auch bei anderen Treffen geschah«, führt Cameron fort. »Wir tranken viel, vielleicht fuhren auch einige mit ihrem Motorrädern in die Bar, solche Sachen eben.«

In Berichten unterschieden sich die Angaben über die der in Hollister eingefallenen Biker dramatisch, und in den Überlieferungen ging es weiter. Manche sagten, es seien über 4000 Motorradfahrer gewesen, die die Stadt überschwemmten, am Unabhängigkeitstag Hill-Climbing- und Motocross-Rennen fuhren, auf der Hauptstraße Beschleunigungsrennen veranstalteten und allerlei Verrücktheiten machten, von der Kunst, Motorräder durch überfüllte Bars zu bewegen, angefangen, bis hin zum Hänseln der Tambourstöcke schwingenden jungen Frauen, die Teil der Unabhängigkeitsparade waren.

Berichte über diese Streiche verbreiteten sich schnell, und irgendwie entstand ein Foto, das die Boozefighters – und alle anderen Motorradfahrer – in Verruf brachte.

»Der Krieg war zu Ende, und das *Life*-Magazin hatte sonst nichts Aufregendes«, berichtet Cameron, »also organisierten sie Leute, um ein gestelltes Foto zu machen. Das war ein Schauspieler. Er sah wie ein Boozefighter namens ›Fat Boy‹ Nelson aus; aber der war es nicht, denn Fat Boy fuhr zu der Zeit eine Crocker.« Der Kerl auf dem Foto saß auf einer Harley.

Dennoch war bei dieser Harley »Boozefighters MC« auf den Tank gepinselt.

»Niemand hätte am Straßenrand auf seinem Motorrad sitzen und so viel Bier trinken können; die Cops hätten ihn längst hopsgenommen.« Cameron schüttelt den Kopf und fügt ironisch hinzu: »So eine schnelle Sache wie in eine Bar hinein- und wieder herausfahren, das war vielleicht möglich …«

Wo auch immer die Wahrheit liegt – das Foto war mächtiger als eine Handvoll Boozefighters. Cameron weiß um die Wirksamkeit des Fotos und bemerkt mit sorgenvollem Kopfschütteln:

»Dieses Foto änderte das Image des Motorradfahrers für immer. Es war eines der prägendsten Ereignisse, die dem Motorradfahren jemals passiert sind. Es brachte uns die Hell's Angels und all diese Sachen. Die sagten sich, ›Wir werden Profit daraus schlagen. Wir werden die bösen Buben sein‹. Alles begann damit. Es ist eine gottverdammte Schande.«

Heutzutage *The Wild One* anzuschauen ist, wie auf eine 1912er-Harley-Davidson Silent Gray Fellow zu steigen und damit auf einer modernen Straße zu fahren – du wunderst dich, wofür all dieses Aufheben gemacht wurde. War das diese höllische Speed-Maschine, die die Menschen das Fürchten lehrte? Filme wie *The Wild Angels, The Leather Boys, Easy Rider* und viele andere Biker-Klassiker haben heute historischen Charme. Sie sind Zeitgeschichte, so wie viktorianische Salon-Dramen. Manchmal sind sie richtig putzig.

Das trifft jedoch nicht den Punkt. Sich *The Wild One* aus dem heutigen Blickwinkel in einem Revival-Filmtheater anzusehen macht es unmöglich, den Film und seine Botschaft aus der Sicht des Publikums von 1953 zu betrachten. Die auf Film gebannten Bilder von Angst und Schrecken, die *The Wild One* von Motorradfahrern und ihren unschuldigen Maschinen transportierte, waren real. Nachdem der Streifen angelaufen war, musste man schon sehr unerschrocken sein, wenn man eine schwarze Lederjacke trug und in ein Kleinstadt-Café gehen wollte. Viele Leute glaubten, dass ein Klappmesser die wichtigste Utensilie zum Fahren eines Motorrades sei. Nicht umsonst warb der Importeur der in den frühen 1960er-Jahren auf dem amerikanischen Markt erschienenen Honda-Motorräder mit dem Slogan »You Meet the Nicest People on a Honda« (du triffst die nettesten Leute auf einer Honda) und gab dafür sehr viel Geld aus; das Image der Motorradfahrer benötigte einen Haarschnitt, eine Rasur und einen Satz sauberer Klamotten.

Heute wird in Hollister ein jährliches Unabhängigkeitstags-Motorradrennen samt Treffen abgehalten; man zieht aus dem Aufruhr von 1947, der, wie wir wissen, als das nahende Ende der freien Welt angesehen wurde, kommerziellen Erfolg. Schwarze Motorradjacken sind so verbreitet wie Boxer-Shorts, und wenn du Börsenmakler oder Zahnarzt bist und keine Harley-Davidson besitzt, gehörst du nicht dazu. *The Wild One*, einst die Landplage der Filmtheater, ist als Video oder DVD erfolgreich. Und selbst die Hell's Angels haben einen eigenen Internetauftritt.

Das Motorrad ist voll akzeptiert. Der Outlaw-Biker-Mythos, welcher einst die Massen schockiert und terrorisiert hat, ist im Mainstream aufgegangen, von der Gesellschaft aufgenommen und als Mode wieder ausgespuckt worden.

Hollister, Roswell und eine schöne neue Welt – 1947

Von Paul Garson

Paul Garson lebt, was er predigt. Er hat Tausende Meilen auf Motorrädern zurückgelegt, und er hat Tausende Artikel über das Motorradfahren verfasst. Er war viele Jahre Mitarbeiter von *Easyriders,* außerdem der erste Herausgeber von *Hot Bikes* sowie Chefredakteur von *VQ*. Gesammelt hat er all seine Berichte über das Fahren und Forschen in seinem Buch *Born to Be Wild: A History of the American Biker and Bikes 1947–2002.*

In diesem Essay beschreibt Paul die sich verändernde Motorradszene nach dem Zweiten Weltkrieg – und den starken Einfluss, den sie auf jeden hatte, der sich in den folgenden Jahren auf ein Motorrad setzte.

Nehmen wir an, du wärst ein Weltkriegsveteran, der seinen Sold auf der Bank deponiert hätte, und jetzt, nach einer mehrjährigen Verzinsung bereit wäre, beim örtlichen Harley-Davidson-Händler shoppen zu gehen. Mit welchem nagelneuen Modell aus dem Ausstellungsraum des Jahres 1947 würdest du liebäugeln?

Das Programm der mit V2-Motoren ausgerüsteten Modelle reicht von der 750er-Flathead über die 1000er-OHV bis hin zur 1200er, die es sowohl als SV wie auch als OHV gibt. Die neu eingeführte 1000er-OHV kostet 605 Dollar. Milwaukee baute 4117 Stück dieser hoch verdichtenden Maschinen sowie 6893 von den großen OHVs. Was bringt eine schöne 47er-Panhead heute? Das zwanzig- bis dreißigfache der original Preisempfehlung?

Wir alle möchten wissen, wo unsere Wurzeln liegen. Der »Böse Biker« hat seinen Ursprung in der Zeit nach dem Zweiten Weltkrieg, als US-Soldaten nach ihrem Einsatz in einem weltweiten Flächenbrand heimkehrten, der mehr als 50 Millionen Menschenleben gekostet hatte. Es war ein guter Krieg, schön Schwarz gegen Weiß, und sie waren alle Helden – und Sachen wie das posttraumatische Belastungssyndrom existierten noch nicht. Dennoch waren die Jungs, nachdem sie ihre Thompson-Maschinenpistolen und Mustang P-51-Kampfflugzeuge zurückgelassen und ihre Zivilkleidung übergestreift hatten, nicht mehr diejenigen, die einst ihre Heimat verlassen hatten, um beim Krieg in Europa und im Pazifik persönlich dabei zu sein.

Nach ihrer Rückkehr fanden sie ihre Welt verändert vor. Manche von ihnen kletterten auf Motorräder und fuhren die Highways und Nebenstrecken Amerikas ab, auf der Suche nach Antworten auf ihre Fragen, für die es keine Antwort gab, oder sie taten sich mit ihren Kriegskameraden zusammen, weil sie sich in der Gemeinschaft der alten Waffenbrüder sicherer fühlten – oder weil sie sich nicht so rasch wieder in den Trott des Zivillebens eingliedern konnten. Motorräder gaben ihnen vielleicht wieder den nötigen Kick im Leben, den sie brauchten, jenen Adrenalinrausch, den sie so oft in den Schlachten erfahren hatten.

Wie dem auch sei: Auf keinen Fall fuhren sie in irgendwelche Städte, um sie bis auf die Grundmauern niederzubrennen. Das sollte später kommen – zumindest nach Aussagen der Medien. Die Medien mögen echte Storys, doch oftmals steht ihnen dabei die Wahrheit im Weg. Sie suchten nach Ärger, und sie fanden ihn.

Im Sommer 1947 suchten viele Leute Ärger, doch der Pilot Kenneth Arnold oder der Boozefighters MC waren nicht darunter. Aber beide lösten Revolutionen aus.

Im Falle von Mr. Arnold handelte es sich um einen Handelsreisenden, der es genoss, mit seiner eigenen Cessna zu fliegen. Nachdem ein anderes Flugzeug vermisst gemeldet wurde, bot er sich an, in den zerklüfteten Cascade Mountains nahe Seattle danach zu suchen. Er fand das verschwundene Flugzeug zwar nicht, wurde aber Zeuge, als neun Objekte in einer V-Formation vor dem Hintergrund des Mount Baker vorbeiflogen. Diese Geräte waren wie Bumerangs gebogen, und er schätzte, dass sie mit etwa 2700 km/h unterwegs waren – deutlich schneller als jedes Militärflugzeug zu dieser Zeit. Er berichtete den Medien von »über Wasser hüpfenden Untertassen«, was irgendeinen Reporter dazu brachte, den Begriff »Fliegende Untertassen« zu kreieren. Regierungsexperten erklärten, dass es sich nur um einen Vogelschwarm gehandelt haben könne, doch die Geschirrteile schwirren in der Welt der Fantasie bis heute umher.

Einige Wochen später, um den 4. Juli herum, krachte in der Nähe von Roswell, New Mexico, irgendetwas auf die Rinderfarm von Mack Brazel. Die örtlichen Militärs gaben bekannt, dass sie Teile von fliegenden Scheiben gefunden hätten – ja, ein Raumschiff –, damit standen die Schlagzeilen der Titelseiten fest. Am Tag darauf änderte sich die offizielle Version in eine etwas nüchternere Variante: Ein Wetterballon sei während eines Gewitters abgestürzt. So begann eine Kontroverse, die seit über 50 Jahren anhält.

Währenddessen fand am selben Tag und nicht weit davon entfernt, genauer in Hollister, Kalifornien, ein Ereignis statt, dass in der Folge ähnlich kontrovers diskutiert wurde. Dieses Ereignis wurde erfunden oder erlebt – je nachdem, wie man es betrachten will. Für manche war es die bahnbrechende Begebenheit, die zur Verkündung der »Biker-Kultur« geführt hat. Doch »Kultur« passte nicht ganz zu dem Bild, das in der Presse gezeichnet wurde.

Was geschah nun an diesem berüchtigten Tag in Hollister? Was waren die Fakten, die zu dieser Annahme führten? Oder war es nur Fiktion?

Es begann damit, dass die *AMA* (Amerikanische Motorradfahrer-Assoziation) entschied, ihre populäre Rennserie, Gypsy-Tour genannt, wieder aufleben zu lassen. Wie der Name schon andeutet, sollten zahlreiche »Enthusiasten«, angezogen von verschiedenen Flat-Track- und Hill-Climbing-Rennen, durch das Land touren. In diesen guten alten Tagen des billigen Benzins und der Nachkriegsentwurzelung gab es immer einen guten Grund, einfach loszufahren und ein Zelt für sich selbst, seine Brüder oder für die Familie motorisierter »Zigeuner« dort aufzuschlagen, wo einen die Dunkelheit überfiel. Manchmal waren diese kleinen Weiler überschwemmt mit Motorradfahrern, und ihre Infrastruktur (um ein modernes Modewort zu benutzen) war nicht in der Lage – oder unwillig –, sich mit dieser Meute, die sie »Outlaws« und »Outsider« nannten, zu beschäftigen. Hollister war als Teil dieser Gypsy-Tour Austragungsort eines Hill-Climb-Wettbewerbs. Harleys Topfahrer Joe Leonard sollte daran teilnehmen. Ab Freitagabend rollten die Leute an.

Damals, 1947, wurde Hollister als »Dorf« bezeichnet. Und man berichtete von »Biker-Gangs« und »Clubmitgliedern«, also Motorradfahrern – Gleichgesinnte, die sich zu Vereinen zusammengeschlossen hatten. Zu diesem scheinbar freundlichen Anstrich kam das sogenannte Outlaw-Element. Drei Tage lang terrorisierten diese »Outlaws« die Stadt – eine Szene unerhörter Frechheit, die unverzüglich zur Anforderung von 500 Mitgliedern der California Highway Patrol, der California State Police und lokaler Polizeibeamter führte, um die Gesetzesbrecher aus der Stadt zu bugsieren. Die Presse listete die angreifenden Clubs auf: die Boozefighters (Sauf-Kämpfer), die Galloping Gooses (Galloppierende Gänse), Satan's Sinners (Satans Sünder), Satan's Daughters (Satans Töchter) und die Winoes (Saufbrüder).

Scheinbar waren einige der Besucher an den offiziellen Rennen nicht interessiert und hielten ihre eigenen Burn-outs auf der San Benito Street ab, an der auch die Restaurants und Bars lagen. Etwa 50 Leute wurden wegen Trunkenheit in der Öffentlichkeit oder unsittlicher Entblößung verhaftet und ins Gefängnis gesteckt. Es handelte sich also nicht um die Plünderung der Stadt und die Ermordung seiner Einwohner, aber es war wohl zu viel für das kleine Hollister.

Was die Presse über die Ereignisse des 4. Juli schrieb, las sich aber so, als seien tobende, randalierende, vergewaltigende und plündernde Motorrad-Hooligans in einer kleinen Stadt unterwegs gewesen – Strolche auf Rädern, betrunkene, Bierflaschen werfende Wilde, alle in schwarzen Jacken und Arbeitsstiefeln und auf Motorrädern. In den Schilderungen der Leute wurden alle Maschinen zu Harley-Davidson-Motorrädern, was nicht stimmte, und folgende Gleichung war geboren: Hollister = Motorradgangs fahren Amok = Harley-Davidson als Treibstoff der Brandstifter.

Es hätte eine große Sache fürs Fernsehen sein können, wäre es denn dabei gewesen. Es hätte den tatsächlichen Verlauf zeigen können, keine aufgeblasenen Fiktionen, die als Realität verkauft den Absatz von Zeitungen und Magazinen ankurbeln sollten.

Die ganze Hollister-Hysterie ist eingefangen in dem berüchtigten Schwarz-Weiß-Foto, das vor *Johnnie's Bar* aufgenommen wurde, zuerst im *San Francisco Chronicle* erschien und dann auf dem Titel des *Life*-Magazins vom 21. Juli veröffentlicht wurde. Es zeigt einen offensichtlich ziemlich betrunkenen Kerl auf einer Harley, die zwischen leeren Bierflaschen

Umsatz mit der Niedertracht:
Presse-Begleithefte für Biker-Filme
aus den 1960er- bis 1980er-Jahren.

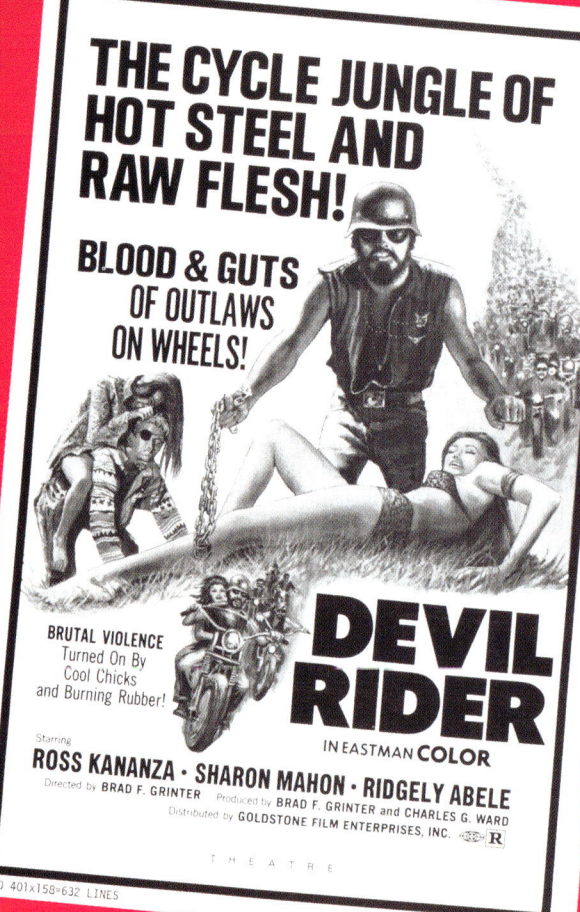

parkt. In Leserbriefen, die das Magazin veröffentlichte, wurde die Ausnutzung der Sportveranstaltung bedauert. Der Schauspieler Keenan Wynn, selbst Motorradfahrer, führte an, dass von den 4000 in Hollister anwesenden Motorradfans nur 500 an den Krawallen beteiligt gewesen wären und die Mehrheit der *AMA*-Mitglieder ein anständiges Verhalten gezeigt hätte. Doch das Image, das mithilfe einer solch angesehenen Zeitschrift wie *Life* geschaffen wurde, erwies sich als unauslöschlich. Die Öffentlichkeit hatte ein neues Feindbild – den »Bösen Biker«. Hollister brachte den Ball ins Rollen und kann sich zugute halten, für die Lawine entsetzlicher »Bad-Biker«-Melodramen verantwortlich zu sein, die in Hollywood zunächst fürs Kino und später fürs Fernsehen produziert wurden. Nachdem das Stigma einmal entstanden war, arbeiteten sich die Motorradfahrer ein halbes Jahrhundert lang daran ab, den üblen Ruf wieder loszuwerden.

Das Negativ-Image wurde noch einmal wiederbelebt, als man sich bei *Life* angesichts des 25-jährigen Magazin-Jubiläums im Juli 1972 dazu entschloss, dasselbe Bild erneut zu veröffentlichen – nur für den Fall, dass in der Öffentlichkeit in Vergessenheit geraten sein könnte, wie ein betrunkener Biker aussieht. Natürlich erinnerte das Bild jeden daran, dass »böse Biker« Harleys bevorzugen. So wurde die Marke gleich mit für den Schrecken verantwortlich gemacht. Schadete das Harleys Verkäufen? Fraglich.

Kulturelle Einflüsse waren irgendwo in der Nähe der Wirkung des Yucatan-Meteoriten auf die Dinosaurier angesiedelt. Harry V. Sucher, der offizielle Historiker der Harley-Davidson-Owners Association, bemerkt in seinem 1981 erschienenen Buch *Harley-Davidson: The Milwaukee Marvel* zum Wendepunkt von Hollister: »Andere behaupten, dass diverse asoziale Individuen die Bildmächtigkeit des Motorrades ausgewählt hätten, um ihre allgemeine Ablehnung der festgefügten sozialen Strukturen des derzeitigen ›American Life‹ auszudrücken.« Er führt zudem aus, dass die Wahl dieser »Elemente« eine abgestrippte Form der großen verkleideten Twins gewesen sei –

Maschinen, die einmal vollständig mit Windschutzscheibe, Taschen und Sicherheitsausrüstungen versehen waren – und die so eine weitere Ablehnung dokumentierten: gegen die konservativeren Motorradfahrer und die »Schwächlinge«, die ausländische Mittelklasse-Motorräder bevorzugten. Er führt zudem einen deutlichen Nebeneffekt an, der selbst seine eigene Subkultur erzeugte: die Ausbreitung der Spezialmaschinen-Hersteller – sogenannter Chopper-Shops. Es schien, als ob die regulären Händler nicht mit den Motorrad-Pennern bzw. ungewaschenen Bikern in Verbindung gebracht werden wollten. Also begannen die sogenannten Outlaws damit, ihre eigenen Läden zu eröffnen und »ihre« Leute zu unterstützen.

Was geschah nun wirklich in der verschlafenen kalifornischen Kleinstadt auf halber Strecke zwischen Monterey und Santa Cruz, als einige Jungs auf Motorrädern kamen, um den Unabhängigkeitstag der USA zu feiern? Jahre später wurde der Brief eines Augenzeugen an die Herausgeber des *Easyrider*-Magazins geschickt, in dem stand, wie es wirklich war.

Ein Mitglied der Gooses spricht über Hollister

»Hey, ich will direkt auf die Auseinandersetzung in Hollister zu sprechen kommen. Ich war einer der Galloping Gooses, und ich schreibe euch, um allen mitzuteilen, dass die *Life*-Version des Geschehens totaler Quatsch war.

Das Foto der zwei Kerle war von einem *Life*-Fotografen inszeniert worden (ich weiß aus zuverlässiger Quelle, dass die beiden Fotomodelle deswegen noch mal Besuch bekommen haben, der ihnen ihre Fehler klarmachte).

Der Ärger ging damit los, dass Mitglieder der *AMA* es ablehnten, die Gooses an ihren Veranstaltungen teilnehmen zu lassen, solange sie nicht ihre Patches von den Jacken entfernten. Das Symbol war eine große Faust mit ausgestrecktem Mittelfinger. Die *AMA*-Forderung ging den Gooses am Allerwertesten vorbei, und als Ergebnis waren die Gooses ›outlawed‹ (ausgeschlossen) und mussten sich von der Veranstaltung fernhalten. Dies ist wahrscheinlich der Ursprung der

Bezeichnung ›Outlaw‹ in diesem Zusammenhang. Die *AMA* hatte bereits zuvor andere Fahrer ausgeschlossen, doch diese Auseinandersetzung hat mit Abstand die größte Aufmerksamkeit erlangt.

Wir hatten zu dieser Zeit zwölf bis fünfzehn Mitglieder. Nachdem wir also von der Veranstaltung ausgeschlossen worden waren, fuhren wir zusammen mit einem anderen Club, den Boozefighters, in die Stadt. Ich glaube, die hatten damals etwa 25 Mitglieder. Es ist schon eine Weile her, sodass ich mich nicht erinnere, ob weitere Clubs dort waren, doch ich denke, dass ihr mit dem 13 Rebels falsch liegt. Ich glaube, die hatten der *AMA* schon vor Hollister den Rücken gekehrt.

Hier ist ein Foto von mir und meinem damaligen Motorrad. Es ist eine 1936er-VLH-Harley. Der Motor war auf gesunde 90,98 Kubikinches aufgemacht worden. Sie rannte wie die Hölle – irgendwann ist sie mir dann explodiert.

Old Goose

Los Angeles, Kalifornien.«

Wahrscheinlich hast du schon den Aufnäher auf einer Weste oder Jacke gesehen: »I %«. Man kann ihn als einen Badge der Ehre oder als Anfechtung des Status Quo verstehen. Er symbolisiert, wie glücklich der Outlaw darüber ist, am Rande der Gesellschaft zu stehen. Dieser Ausdruck wurde unbeabsichtigt von Lin Kuchler, dem Pressemann der *AMA* erfunden, als er die Ereignisse von Hollister beschrieb: »Die Unehrenhaften stellten wahrscheinlich nur ein Prozent aller Motorradfahrer, nur ein Prozent sind Rowdys und Unruhestifter.« Dies klang für eine Gruppe Hardcore-Biker irgendwie cool, und statt sich zu wehren, machten sie den Ausdruck zu ihrem Markenzeichen.

Jahre später konnte die japanische Firma Honda aus dieser Abgrenzung Kapital schlagen: »You Meet the Nicest People on a Honda«. In Hollister und bei anderen Rocker-Zwischenfällen waren diese »netten Leute« nach allgemeiner Auffassung nicht zu finden. Mittlerweile waren die meisten Motorrad-Polizisten der USA auf nahezu serienmäßige Harley-Davidsons gesetzt worden. Das stellte nicht nur Harley in ein positives Licht, sondern auch die »Outlaw-Elemente« auf ihren gechoppten und getunten Hot-Rod-Bikes zusätzlich in ein schlechtes.

Mädchen aus der Stadt: »Black Rebels Motorcycle Club, das ist scharf! Hey Johnny, gegen was rebelliert ihr denn?«

Johnny: »Was hast du denn zu bieten?«

The Wild One, 1953

Das Märchen von Großvater und der Flasche … hm … Milch …

Von Bill Hayes

Bill Hayes schreibt leidenschaftlich gern über die Dinge, die er liebt und kennt – über Motorräder, den Blues und asiatischen Kampfsport. Es ist nicht überraschend, dass seine Essays, Kolumnen und Geschichten in zahlreichen Magazinen wie *Easyriders*, *Thunder Press*, *Biker*, *Real Blues* und *Black Belt* erschienen sind.

Bills Buch *The Original Wild Ones: Tales of the Boozefighters Motorcycle Club* war vielleicht sein Meisterstück – zumindest bis heute. Zusammen mit Mitgliedern des ehrwürdigen Clubs gibt er deren Geschichten wieder, großartige Impressionen aus einer glorreichen Zeit.

Dieser Auszug beschreibt die Gründung der Boozefighters und den Aufruhr in Hollister, der sie zu jener Zeit noch berüchtigter machte als die Hell's Angels.

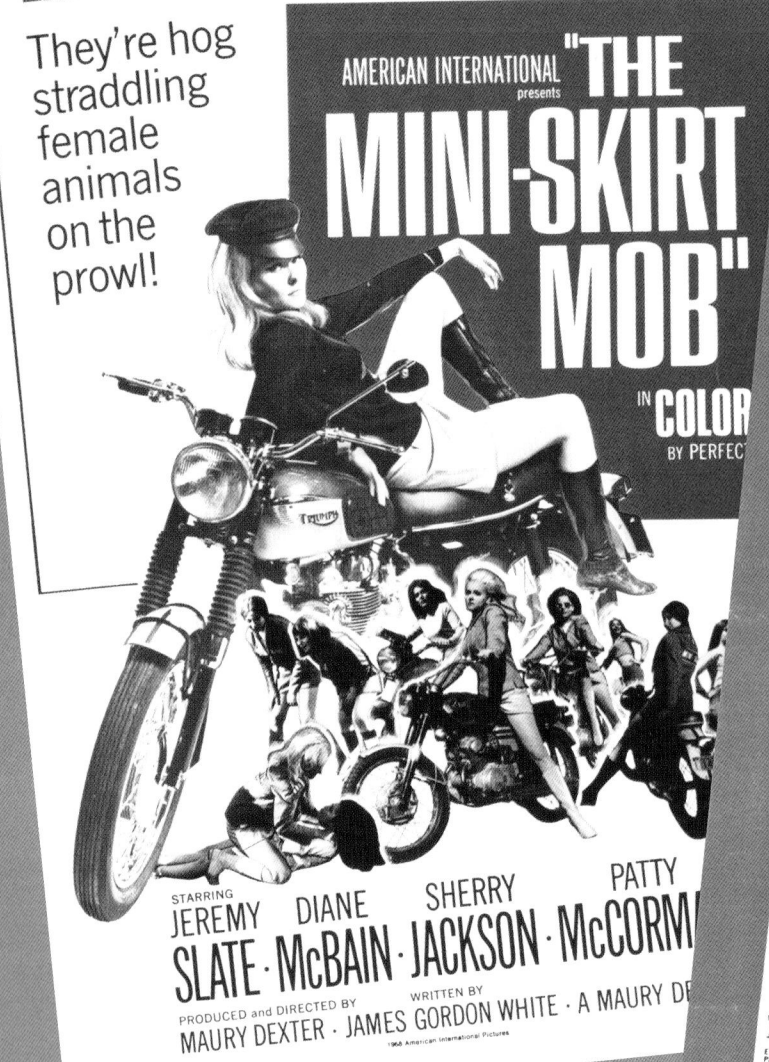

THEY PLAY AROUND WITH MURDER
LIKE THEY PLAY AROUND WITH MEN!

They're hog straddling female animals on the prowl!

AMERICAN INTERNATIONAL presents "THE MINI-SKIRT MOB"

IN COLOR BY PERFECT

STARRING
JEREMY SLATE · DIANE McBAIN · SHERRY JACKSON · PATTY McCORM

PRODUCED and DIRECTED BY MAURY DEXTER · WRITTEN BY JAMES GORDON WHITE · A MAURY DE

1968 American International Pictures

I'M GONNA GET MY GUN AND...
bury me an angel

SHE TOOK ON THE WHOLE GANG!

A howling hellcat humping a hot steel hog on a roaring rampage of revenge.

IN COLOR

A MEIER and MURRAY PRODUCTION
STARRING
DIXIE PEABODY · TERRY MACE · CLYDE VENTURA
WITH
JOANNE MOORE JORDAN · DIANNE TURLEY · ALAN De WITT · STEPHEN WHITTAKER AS THE KILLER
EXECUTIVE PRODUCERS RITA MURRAY and JOHN MEIER · ASSOCIATE PRODUCER CHARLES BEACH DICKERSON
PRODUCED BY PAUL NOBERT · WRITTEN AND DIRECTED BY BARBARA PEETERS · A NEW WORLD PICTURES RELEASE

R RESTRICTED

A New World Pictures Release

Presse-Begleithefte für Biker-Filme aus
den 1960er- bis 1980er-Jahren.

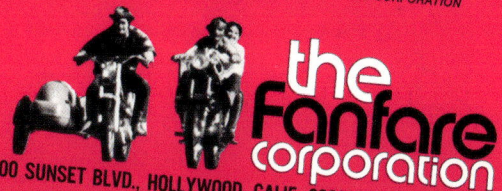

Lange bevor die vielen Chopper-Bauer-Serien über die Fernsehbildschirme flimmerten, lange bevor »One-Percenter«-Motorradclubs den Unterschied zwischen Ruhm und Schande verwischten, und noch bevor Outlaw-Clubs Ziele von Undercover-Agenten wurden, die auf der Suche nach Schmuggelware oder lukrativen Buchverträgen waren, schlug der Boozefighters Motorcycle Club (BFMC) – die original »Wild Ones« – in der amerikanischen Motorradszene ein wie der fett abgestimmte Harley-V2-Motor. Diese jungen Männer waren rastlose Weltkriegsveteranen, die endlich die Freiheit ausüben wollten, für die sie ihr Leben riskiert hatten. Sie begründeten, aufgestachelt von Schnaps und schönen Mädchen, mehr oder minder ungewollt die Urform des »Bikers«.

An einem Sommerwochenende des Jahres 1947 startete der BFMC die getunten Motoren seiner Indians und Harleys und begab sich auf die Suche nach etwas Spaß. Damit schrieben sie Geschichte. Eine sensationsgeile Presse bauschte ihre ausgelassenen Eskapaden am Unabhängigkeitstag in der verschlafenen Kleinstadt Hollister auf – so wurde der »Biker-Lifestyle« erfunden.

Einige ältere Biker – mittlerweile grauhaarig –, die an diesem grundlegenden Ereignis teilgenommen haben, sind heute noch am Leben. Ein paar von ihnen fahren sogar noch Motorrad und tragen das legendäre Patch des Boozefighters MC: die mit drei Sternen versehene Flasche.

Manchmal müssen sie einige Sachen erklären. Ein grauhaariger älterer Biker beobachtet die Welt normalerweise mit einem etwas anderen Blick als ein fünf Jahre altes Mädchen.

Normalerweise.

»Großvater, warum hast du diese Milchflasche auf dem Rücken deiner Weste?«

Dem alten Graubären war nicht danach, eine lange, moralisch geprägte Abhandlung über den Unterschied zwischen Milch und schwarz gebranntem Schnaps anzufangen und zu erklären, was gut für die Kleine sei und was nicht und warum.

Stattdessen antwortete er mit einem Lächeln und einem kindlichen Achselzucken, das ausdrückte: »Einfach so.« Dem kleinen Mädchen reichte dieser Grund nicht aus. Sein Großvater ist Mitglied der original »Wild Ones« – des Boozefighters MC. Die »Flasche« ist das Herzstück des Patches, ein heiliges grünes Zeichen, das Brüderschaft und ein Erbe symbolisiert, bei dem nur wenige das Glück hatten, mitmachen zu dürfen. Handelte es sich dabei wirklich um eine Milchflasche? Vermutlich nicht. Doch in der Fantasie ist alles möglich. Dieser Peter-Pan-Blick im Auge des Betrachters, in diesem Fall das fünfjährige Mädchen, steht in vielerlei Weise für das, was die Boozefighters antrieb.

Die Wahrheit ist, dass die Gründerväter der original »Wild Ones« auch nur große Kinder waren, die versuchten, Teile ihrer Jugend zurückzugewinnen, die plötzlich abgebrochen wurde durch die böse Sünde der Erwachsenen, auch Zweiter Weltkrieg genannt.

Es gab keine Entschuldigungen, kein Wehklagen, keine Proteste. Das Land brauchte junge Soldaten. Sie gingen. Der Krieg ändert jeden. Und alles. Als die jungen Veteranen Willie Forkner, Robert Burns und George Manker nach Hause zurückkehrten, fiel es ihnen schwer, den Horror, den sie gesehen hatten, zu vergessen. Der militärische Drill saß tief, es war schwer, ihn abzuschütteln. Unmöglich war es, den Angstschweiß und das Schuldgefühl loszuwerden, das entsteht, wenn man überlebt, während viele andere es nicht tun. Weil sie fast im Chaos ertrunken waren, stellte sich eine nervtötende Rastlosigkeit bei den Versuchen ein, die Ruhe und Gelassenheit des »normalen Lebens« zurückzugewinnen. Es war leicht, eine abwehrende Haltung dagegen anzunehmen. Für zurückgekehrte Veteranen war es viel einfacher, sich unter Gleichgesinnten wohlzufühlen, als unter denen von »draußen«.

Das Rezept war geschrieben. Alles, was noch gebraucht wurde, war eine potente Zutat, mit der die soziale Suppe gewürzt werden konnte. Etwas wie zum Beispiel das Fahren schneller Motorräder. Die von der *AMA* organisierten Rennen und Treffen der Gypsy-Tour 1947 machten die Suppe zu einem feurigen Peperoni-Eintopf.

Die aufgestickte grüne Flasche, die das Interesse des fünfjährigen Mädchens weckte, unterschied sich stark von den echten Flaschen, die an diesem berühmten Wochenende von einem eifrigen Fotojournalisten in Hollister festgehalten wurden. Das Motiv auf dem Patch unterscheidet sich sehr von den leeren und zerbrochenen Flaschen, die vom *San Francisco Chronicle*-Fotografen Barney Peterson um den scheinbar betrunkenen Nicht-Boozefighter (bei dem es sich je nach Quelle um Eddie Davenport oder Don Middleton handelt) drapiert worden waren.

Das entstandene Foto war nicht gerade ein Kunstwerk, wie es Ansel Adams, Norman Rockwell oder Grant Wood geschaffen hätten. Stattdessen mussten wir in das hässliche Gesicht eines besoffenen »Models« schauen, das auf einem »bösen und feuerspuckenden Drachen aus Milwaukee-Stahl« sitzt und von einem Flaschen- und Scherbenhaufen eingerahmt ist.

Als diese etwas sonderbare Abart amerikanischer Gotik am 21. Juli 1947 den Lesern des *Life*-Magazins präsentiert wurde, erschraken viele Bewohner des bis dahin stillen Paradieses. Ein Teil des Landvolks wollte in die Berge flüchten, andere wollten sich mit Mistgabeln und Sensen bewaffnen, um gegen das fremdartige Ungeheuer zu kämpfen.

Manche wollten auch die wahre Geschichte erzählen. Sozusagen. Der Filmemacher Stanley Kramer produzierte sechs Jahre später *The Wild One*, und damit war die Katze aus dem Sack. Die Frage bleibt natürlich, wie scharf die Krallen der Katze wirklich waren.

Über ein halbes Jahrhundert ist vergangen, und der Legende wurde immer mehr Bedeutung zugesprochen. Die aufgestickten grünen Flaschen entstanden 1946. In Hollister wurde der Scherbenhaufen 1947 zusammengefegt. »Der Wilde« rollte Ende 1953 auf schwarz-weißem Zelluloid über die Leinwand, und die immer sehr farbenfrohen Geschichten, Märchen und Tragödien haben niemals aufgehört.

Die überlebenden BFMC-Mitglieder sind heute, wie schon 1946, hauptsächlich an der wichtigsten Boozefighters-Tradition interessiert: Spaß haben. Jack Lilly, ein Gründungsmitglied, hat ein Credo, das in das heilige grüne Patch eingewebt zu sein scheint: »Tu es jetzt!« Wenn es ums Amüsieren geht, halten sie sich immer noch daran.

Als die Katze aus dem Sack sprang, erschreckte sie die Bevölkerung, weil sie zu einem alles zerfetzenden Raubtier gemacht wurde. In Wirklichkeit wollte das schnelle und geschmeidige Tier nur seinem Ruf gerecht werden und ein neugieriger und verspielter Herumtreiber sein. Es wollte an allem herumschnüffeln, wollte essen, trinken, Quatsch machen, gelegentlich eine Maus jagen, nach etwas übertriebenem Genuss ein oder zwei Haarknäuel auswürgen und im Allgemeinen einfach nur das Leben genießen.

»Alle Ur-Boozefighter, die ich traf«, so der Club-Historiker Jim »JQ« Quatlebaum, »also Wino, J. D. und Jim Cameron, Red Dog, Jim Hunter, Roccio, Les, Gil, Lilly und Vern Autrey, waren ganz ähnlich gestrickt: Es sind lebhafte, draufgängerische Charaktere mit Spaß am Wettstreit. Sie pflegen enge Freundschaften, sind von verlässlicher und großzügiger Natur, es verbindet sie die Liebe zu Motorrädern und die Brüderschaft unter Bikern. Sie sind ehrenwerte und gesetzestreue Staatsbürger, aber nicht das i-Tüpfelchen einer guten Story.« Auch im hohen Alter sind sie noch aktiv. Schaukelstühle mögen sie nicht! Sie fahren Motorrad, solange ihre Gesundheit und ihre Kräfte es zulassen.

»Ja, sie haben eine Menge Dampf abgelassen, herzlich gefeiert, sind wegen Trunkenheit verhaftet worden, haben eine Menge Tickets wegen Geschwindigkeitsübertretung erhalten und gelegentlich hatten sie mit spießigen Barbesitzern kleine Meinungsverschiedenheiten … und manchmal kämpften sie auch gegeneinander. Doch dann setzten sie sich wieder zusammen und lachten bei einem Bier über sich selbst.«

Aber keines der Gründungsmitglieder ging jemals wegen einer ernsthaften Straftat wie Mord oder Drogen ins Gefängnis. Wie alle anderen MC-Clubs unterstützten sie Rennen, Baseball-Spiele und andere Veranstaltungen. Sie betrachteten sich niemals selbst in der Art und Weise als Outlaws, wie der Begriff heute gebraucht wird. Dies war eine Bezeichnung, wie sie die *AMA* in den 1940er-Jahren bei Fahrern oder Clubs anwendete, die nicht dem strukturierten *AMA*-Rennreglement folgen wollten.

»Und die Gründungsmitglieder diskriminierten keine ethnischen, religiösen oder politischen Gruppen. Wino sagte: ›Wir kämpften Seite an Seite für die Freiheit aller Amerikaner.‹

Diese Freiheit betraf auch die Wahl des gefahrenen Motorrades, solange es mithalten konnte. Indians und Harleys waren am einfachsten zu bekommen, also wurden sie auch am häufigsten eingesetzt. Viele alte Boozfighter fingen allerdings irgendwann damit an, Triumphs zu kaufen, weil die schneller waren. Auch Hendersons und andere Vorkriegsmaschinen wurden benutzt. Als die BSA in den 1950er-Jahren importiert wurde, war sie für die weiterhin Rennen fahrenden Boozefighter wie Jim Hunter, Jim Cameron sowie Ernie und Johnny Roccio erste Wahl.

Heutzutage empfiehlt der BFMC seinen Mitgliedern, ein amerikanisches Motorrad oder eine Maschine der Weltkriegs-Alliierten zu fahren. Für besondere Zwecke werden in einzelnen Chapters Ausnahmen gemacht. ›Brooklyn‹ darf zu Ehren seines Großvaters, der im italienischen Widerstand gegen die Deutschen kämpfte, eine Moto-Guzzi-Tourenmaschine fahren.

Die heutigen Boozefighter verehren unsere Clubgründer und die Mitglieder der ersten Stunde für ihre Vorsätze, ihre Ziele und ihre Prioritäten: Familie, Job und Club-Brüderschaft. Wir sind Familienväter, haben seriöse Berufe, denen wir gerecht werden, genießen es, zusammen als gesellschaftliche Gruppe bei Partys, Ausfahrten und besonderen Ereignissen aufzutreten. Es geht uns dabei nur darum, harmlosen Spaß zu haben. Dinge wie ›Territorien‹ sind uns schnuppe.

Wir zwingen niemandem eine Religion auf, aber wir haben einen eigenen Geistlichen, ›Irish Ed‹ Mahan, der jeden Dienstagabend nicht konfessionsgebundene Bibelstunden abhält, offizielle Hochzeiten und Beerdigungen durchführt und Mitglieder besucht, die spezielle Beratung benötigen oder krank sind. Er leitet zudem jedes Jahr unsere Osterfeierlichkeiten im Clubhaus. Viele befreundete Clubs kommen dann dazu.

Wir sind auch an sozialen Veranstaltungen wie Spendensammlungen, Toy-Runs und so weiter beteiligt. Für unsere Mitglieder haben wir eine Blutbank. Wir beteiligen uns aktiv bei Organisationen für die Rechte von Motorradfahrern, und manche von uns sind Abgeordnete verschiedener politischer Parteien.

Wir glauben an friedliche Koexistenz aller Clubs, aber wir tragen keine Support-Patches für irgendeine andere Organisation, und wir tragen auch keine antiamerikanischen oder gegen irgendwelche Kreise gerichteten Abzeichen.«

Offensichtlich sind einige der ursprünglichen Prioritäten und die auf diesen Prinzipien basierenden Entwicklungen im Club bei *The Wild One* etwas falsch dargestellt worden. Doch auch das ist okay. Die Boozefighter können mit dem, was sie sind und waren, leben. Sie sind sehr stolz auf ihre Gründer und glücklich mit dem Fortbestand der überaus wichtigen »Spaß-Tradition«.

Sie sind damit zufrieden, irgendwo zwischen Brandos »Johnny« und Marvins »Chino« eingeordnet zu werden und vielleicht mit der Ungezwungenheit eines Red Skelton oder Jackie Gleason verglichen zu werden.

In einem auf den 18. September 1946 datierten Brief schrieb der Präsident der San Francisco Boozefighter, Benny »Kokomo« McKell, an das L. A.-Chapter, um vier Club-Pullover für seine neuen Mitglieder zu bestellen. Diese hatten gerade die strenge Serie von sieben Tests bestanden, um überhaupt zu Kandidaten zu werden. Folgende Punkte hatten sie zu erfüllen:

1. Betrinke dich bei einem Rennen oder einem Treffen.
2. Wirf Zitronentorte in die Gesichter der anderen.
3. Hol einen Wassersack raus, wo es alle anwesenden Frauen sehen, und trink Wein oder so etwas daraus.
4. Genehmige dir richtig einen und leg dich dann aufs Tanzparkett.
5. Wasch deine Socken in einer Kaffeedose.
6. Iss einen lebenden Goldfisch.
7. Wenn du dann völlig betrunken bist, sag mir (»Kokomo«), dass ich mit meinem Zweiundzwanziger Bierflaschen von deinem Kopf schießen soll.

Würden Johnny oder Chino all dies tun?
Nein.
Würden es Skelton oder Gleason tun?
Vielleicht.
Würden es die Boozefighters tun?
Frage sie einfach.

Sind nun all diese Geschichten und Legenden um die Boozefighters wahr? »JQ« beantwortet diese Frage — mehr oder weniger — in einer interessanten Diskussion über das, was das Gedächtnis ausmacht; und eine kleine Motorradkunde-Lektion gibt's noch dazu:

»Wenn du mich heute fragst, was ich gestern Abend gemacht habe, müsste ich schwer nachdenken, um mich an alle Details präzise zu erinnern. Ich weiß, dass ich mit 65 oder 70 Dollar in den Taschen losgezogen bin und mit etwa sieben wieder zurückkam. Ich weiß beim besten Willen nicht, wofür ich das Geld ausgegeben habe. Um die Geschichte vollständig zu machen: Ich weiß noch nicht einmal, ob ich die für den Notfall versteckten 100 Dollar noch habe …

Frage die original ›Wild Ones‹, was vor 50 Jahren geschah, und sie hätten genau die gleichen Schwierigkeiten, sich an die tatsächlichen Geschehnisse zu erinnern. Als ich einmal mit drei dieser alten Herren zusammensaß, wurde ich Zeuge einer hitzigen, aber freundschaftlichen Debatte. Es ging darum, welcher Club überhaupt mit dem Handgemenge in Hollister angefangen habe. Sie einigten sich schließlich darauf: Es waren weder die 13 Rebels noch die Yellow Jackets und auch nicht die Boozefighters. Die wollten alle nur Spaß haben und verzichteten gern auf eine Inhaftierung wegen Rowdytum.

Ich hatte gestern Abend auch meinen Spaß (außer, ich finde meine 100 Dollar nicht wieder).

Wenn Patrick Henry gesagt hätte: ›Wenn ich meinen Arsch hier nicht rausbekomme, werden sie ihn mir abschießen‹, und einige Geschichtsschreiber ihn daraufhin mit den Worten ›Gib mir die Freiheit oder den Tod‹ zitiert hätten — was für einen Respekt würden die wohl verdienen? Als Historiker musste ich tief graben, um an die Fakten in der Geschichte der Boozefighters zu gelangen. Es gab Zeiten, da habe ich mir gewünscht, ich hätte gar nicht herausgefunden, dass sich manche Storys anders zugetragen haben. Doch je tiefer ich grub, desto klarer wurde mir, dass es großartige Geschichten gab, die noch niemals erzählt wurden.

Sie müssen erzählt werden, also erzählen wir sie. Manche hören sich fantastisch an, doch ich überlasse den Zuhörern oder Lesern die Entscheidung, was sie davon glauben wollen. Wichtiger ist, dass der Kern der Wahrheit beim Erzählen dieser Geschichten enthalten ist, so, wie sich die alten Männer daran erinnern.«

Ist da nun Milch in der Flasche, 90-prozentiger Fusel oder ein Flaschengeist, der herausdrängt und uns direkt in ein exotisches Land entführt, tief hinein in einen grollenden Dschungel — eine Reise, für die manche Mitglieder unserer zugeknöpften, überversicherten und bestens geschützten Gesellschaft alles geben würden, um daran teilzunehmen?

Vielleicht ist alles drei drin.

5

Born to Be
Wild

Die Idee des »Motorcycle Outlaws« ist genauso uramerikanisch wie der Jazz. Beides hatte es noch nie zuvor gegeben. Irgendwie schienen sie eine Art Anachronismus zu sein, ein menschliches Relikt aus der Ära des Wilden Westens.

Hunter S. Thompson, *Hell's Angels: A Strange and Terrible Saga*, 1967

Die Motorradgangs: Verlierer und Außenseiter

Von Hunter S. Thompson

Hunter S. Thompson war in den frühen 1960er-Jahren ein relativ unbekannter Journalist, der am Hungertuch nagte, als er auf die Story stieß, die seinen Namen berühmt machte. Er wurde in Louisville, Kentucky, geboren und begann in Florida als Sportkommentator zu schreiben, bevor er sich selbstständig machte.

Dann traf er die Hell's Angels.

Erstmals veröffentlichte er am 17. Mai 1965 in *The Nation* einen guten und kurzen Artikel, in dem das Tun der Angels gerechtfertigt, zum Teil sogar gefeiert wurde. Offensichtlich fühlte sich Thompson auf eine gewisse Art und Weise mit ihnen verwandt.

Dieses Erlebnis inspirierte ihn dazu, undercover mit den Angels auf Touren zu gehen und das Buch zu produzieren, welches sein Meisterstück werden sollte: *Hell's Angels: A Strange and Terrible Saga.* Wie der biografischen Anmerkung im Buch zu entnehmen ist, »benötigten Hunters Forschungen mehr als ein Jahr enge Gesellschaft mit den Outlaws – Fahren, Herumgammeln, Verschwörungen und die Gefahr, zusammengeschlagen zu werden inbegriffen«. Seine Texte sind voller Leidenschaft, die Prosa ist nah und direkt, ungeniert und offensiv, durchdrungen von Whisky und Auspuffgasen. Mit *Hell's Angels* wurde der Gonzo-Journalismus aus der Taufe gehoben. Dieser neue Schreibstil zeichnete sich dadurch aus, dass der Autor sehr subjektiv von seinen Erlebnissen berichtete. Oft verwendete Stilmitttel waren Sarkasmus, Polemik, Humor und die Verwendung von Schimpfwörtern und Zitaten.

Hier ist das Original aus *The Nation,* ein Artikel, der zwei Legenden begründete – die der Hell's Angels und die von **Hunter S. Thompson**.

Letztes Labor Day-Wochenende berichteten alle kalifornischen Zeitungen auf der Titelseite über eine abscheuliche Massenvergewaltigung in den vom Mondlicht beschienenen Dünen nahe der Stadt Seaside auf der Halbinsel Monterey. Zwei Mädchen, 14 und 15 Jahre alt, seien angeblich von einer Gang unflätiger, wilder und betrunkener Motorradganoven namens »Hell's Angels« verschleppt und »wiederholt angegriffen« worden.

Ein Hilfssheriff, der von einem der Begleiter der Mädchen herbeigerufen wurde, sagte, er sei »am Strand angekommen und sah ein riesiges Lagerfeuer, um das herum Motorradfahrer beider Geschlechter standen. Dann rappelten sich die beiden schluchzenden Mädchen, die völlig fertig waren, auf, um in der Dunkelheit nach Hilfe zu suchen. Eine war völlig nackt, und die andere trug lediglich einen zerrissenen Pullover«.

Etwa 300 Hell's Angels hatten sich zu dieser Zeit in der Gegend von Seaside getroffen, um Spenden einzusammeln, damit die Leiche eines bei einem Unfall getöteten Mitglieds zu seiner Mutter in North Carolina überführt werden konnte. Einer der Angels, cool genug, um sich fälschlicherweise als »Frenchy aus San Bernardino« auszugeben, erzählte einem Reporter, der herausgefahren war, um die Motorradfahrer zu treffen: »Wir wählten Monterey aus, weil wir hier gut behandelt werden; an den meisten anderen Orten werden wir aus der Stadt geworfen.«

Doch Frency war etwas vorschnell. Die Angels waren noch keine 24 Stunden auf der Halbinsel, als schon vier von ihnen wegen Vergewaltigung im Gefängnis saßen und der Rest der Truppe von einem großen Polizeikontingent an die Bezirksgrenze geleitet wurde. Einige von ihnen wurden mit Aussagen wie »Diese Vergewaltigungsvorwürfe gegen unsere Jungs sind erfunden und werden bald zurückgezogen werden« zitiert.

Es stellte sich heraus, dass sie Recht behielten, doch dies war eine andere Story und natürlich keine Schlagzeile wert. Betrachtet man den Unterschied zwischen den Hell's Angels in der Zeitung und den echten Hell's Angels, so wundert man sich darüber, was Zeitungen bezwecken wollen. Es stellt sich zudem die Frage, wer die echten Hell's Angels wirklich sind.

Seit Ende des Zweiten Weltkriegs ist Kalifornien regelmäßig von sonderbaren wilden Männern auf Motorrädern heimgesucht worden. Üblicherweise reisen sie in Gruppen von 10 bis 30 Leuten, donnern über die Highways und halten hier und dort an, um sich zu betrinken und zu randalieren. Im Jahre 1947 liefen Hunderte von ihnen im kleinen Städtchen Hollister Amok, welches etwa eine Stunde südlich von San Francisco gelegen ist. Die Presse machte so viel Wind, dass sie den Film *The Wild One* mit Hauptdarsteller Marlon Brando anregte. Dieser Film hatte eine massive Wirkung auf Tausende Motorradfans in Kalifornien.

Das Klima Kaliforniens ist perfekt zum Motorradfahren, genauso gut eignet es sich für Surfboards, Swimmingpools und Cabriolets. Die meisten Motorradfahrer sind harmlose Wochenendbiker, Mitglieder der *American Motorcycle Association*, nicht gefährlicher als Skifahrer oder Sporttaucher. Doch einige gehören zu sogenannten Outlaw-Clubs, und diese sind es, die bevorzugt an Wochenenden und in den Ferien irgendwo im Staat auftauchen, um nach Action Ausschau zu halten. Ungeachtet der Tatsache, was Psychiater und freudsche Haarspalter über sie behaupten, sind sie so brutal, mies und potenziell gefährlich wie eine Rotte Wildschweine. Wenn du dich mit einer Gruppe von Outlaw-Motorradfahrern auf einen Streit einlässt, stehen deine Chancen schlecht. Dir bleibt gerade einmal die Zeit, die es braucht, eine Bierflasche zu zerschlagen, um dich nach neuen und schlagkräftigen Verbündeten umzuschauen. In dieser Liga ist Sportsgeist was für alte Liberale oder junge Dummköpfe. »Ich habe ihm die Fresse poliert«, sagte mir einer von ihnen und meinte einen Mann, den er niemals zuvor gesehen hatte, bevor das Gerangel losging. »Er ist mir dumm gekommen und nannte mich einen Dreckskerl. Er muss wohl ziemlich bescheuert sein.«

Die berüchtigtste dieser Outlaw-Gruppen sind die Hell's Angels, deren Hauptquartier anscheinend in San Bernardino, östlich von Los Angeles, liegt. Ableger davon gibt es in ganz Kalifornien. Als Ergebnis dieser berühmten »Labor Day-Massenvergewaltigung« hat der General-Bundesanwalt von Kalifornien kürzlich einen offiziellen Bericht über die Hell's Angels veröffentlicht. Gemäß dieses Berichts sind sie ziemlich leicht zu identifizieren:

Das Abzeichen der Hell's Angels, »Colors« genannt, besteht aus einem bestickten Aufnäher, der einen mit Flügeln versehenen Totenkopf zeigt, der einen Motorradhelm trägt. Direkt unter den Flügeln stehen die Buchstaben »MC«. Darüber sind die Worte »Hell's Angels« zu lesen. Unter dem Abzeichen steht auf einem weiteren Aufnäher der Name der Ortsgruppe, »Chapter« genannt, meistens eine Abkürzung der jeweiligen Stadt oder Region. Diese Aufnäher befinden sich üblicherweise auf dem Rücken einer ärmellosen Jeansjacke. Zusätzlich wurden bei einigen Mitgliedern verschiedene Abzeichen der Deutschen Luftwaffe oder nachgemachte deutsche Eiserne Kreuze entdeckt. (So etwas tragen die Hell's Angels zur Dekoration, um einen Schockeffekt zu erzielen. Die Gruppe ist unpolitisch und nicht rassistischer als andere ignorante junge Schlägertypen.) Viele von ihnen tragen Bärte, und ihre Haare sind üblicherweise lang und ungekämmt. Manche tragen einen einzelnen Ohrring an einem durchstochenen Ohrläppchen. Oft wurde beobachtet, dass sie aus polierten Motorradketten angefertigte Gürtel tragen, die sie abnehmen und als flexible Schlagwerkzeuge benutzen können … Der wahrscheinlich kleinste gemeinsame Nenner bei der Erkennung der Hell's Angels ist ihr allgemein schmutziger Zustand. Die ermittelnden Beamten haben übereinstimmend berichtet, dass diese Kerle, sowohl die Clubmitglieder selbst als auch ihr weiblicher Anhang, dringend ein Bad nötig hätten. Zur Identifikation eignen sich Fingerabdrücke bestens, da ein Großteil der Hell's

Bikertreffen in der »guten alten Zeit«, etwa im Jahre 1950.
Quelle: Kongress-Bücherei

Angels vorbestraft ist. Neben den Aufnähern auf dem Rücken der Hell's Angels-Jacken tragen diese »One-Percenter« einen weiteren, auf dem »I %er« zu lesen ist. Auf einem anderen Aufnäher, den manche Mitglieder tragen, steht die Zahl »I3«. Berichten zufolge soll diese für den 13. Buchstaben des Alphabets stehen, also für »M«, was wiederum für Marihuana steht und darauf hinweist, dass der Träger des Symbols ein Konsument dieser Droge ist.

Der Bericht des General-Bundesanwalts war farbenfroh, interessant, hochgradig unausgewogen und durchweg alarmierend – also genau das Richtige, um daraus einen mitreißenden Artikel für ein Nachrichtenmagazin zu machen. Was auch geschah, und zwar richtig. *Newsweek* kam zuerst mit dem Aufmacher »The Wild Ones« (Die Wilden); und *Time* zog mit dem unvermeidbaren Konter »The Wilder Ones« (Die Wilderen) nach. Die Hell's Angels verfluchten die erwartbaren Folgen dieses neuerlichen Angriffs, zogen sich in die Bar des *DePau-Hotels* nahe der Küste vor San Francisco zurück und planten eine Wochenend-Strandparty. Ich zeigte ihnen die Artikel. Hell's Angels lesen normalerweise keine Nachrichtenmagazine. »Ich würde durchdrehen, wenn ich dieses Zeug ständig lesen müsste«, sagte einer. »Alles Bullshit!«

Newsweek gab sich relativ zurückhaltend. Der Artikel bot Lokalkolorit, deftige Sprüche und »Beweise«, die sich auf den offiziellen Report bezogen, unerklärlicherweise aber wurde behauptet, dass die Hell's Angels im Report der Homosexualität bezichtigt werden, obwohl er genau das Gegenteil enthielt. *Time* zog mit einem großen Mix aus Blut, Schnaps und Spermaflecken ins Gefecht, das sich am Ende zu einem aufgebauschten Quatsch summierte: »Drogenbedingter Vollrausch … keine Tat ist erniedrigend genug … tauschen Mädchen, Drogen und Motorräder mit gleicher Hingabe … Raubzüge … fahren davon, um nach neuen Tiefpunkten schäbigen Verhaltens zu suchen …«

Was passierte nun mit den Hell's Angels und den (laut *Time*) Tausenden zitternden Kaliforniern, die sich mit ihnen herumquälten? Wurden die Outlaws wirklich verhaftet und verscheucht, so wie die Magazine es andeuteten? Sind die Highways Kaliforniens durch diese Veröffentlichungen sicherer geworden? Können ehrenwerte Kaufleute nun wieder friedlich auf die Straßen treten? Die Antwort ist: Es hat sich nichts verändert, außer dass einige Leute, die sich als Hell's Angels bezeichnen, sich ihrer Identität noch sicherer sind und sich noch wichtiger fühlten.

Nach zwei Wochen intensiver Beschäftigung mit dem Hell's Angels-Phänomen, dem gedruckten und dem, das durch die persönliche Begegnung mit ihnen entstand, bin ich davon überzeugt, dass durch die Aufregung und Publicity wirkliche Probleme verdeckt und unterlaufen wurden, indem man einen wilden Komplott schmiedete, Feindbilder heraufbeschwor und die Öffentlichkeit glauben ließ, alles werde wieder »Business as usual«, sollte diese furchterregende Schlange im Keim erstickt sein, und dies würde sicherlich bald durch tapfere Lakaien des Establishments erledigt werden.

Währenddessen lässt die ebenfalls von General-Bundesanwalt Thomas C. Lynch herausgegebene Kriminalitätsstatistik für Kalifornien die Hell's Angels wie eine Gruppe harmloser Kleinkrimineller dastehen. Die Polizei zählte 463 Hell's Angels: 205 im Bereich Los Angeles, und 233 in der Region San Francisco und Oakland. Von L. A. weiß ich nichts, aber in Wirklichkeit sind es im Bereich der Bay Area etwa 30 und in San Francisco genau elf – darunter einer, der ausgeschlossen werden soll. Diese Ungereimtheiten machen es schwer, anderen Polizeistatistiken zu glauben. Die dubiose Auflistung gibt die Zahl der Verurteilungen wegen Ordnungswidrigkeiten mit 1023 Amtsvergehen und 151 strafrechtlich relevanten Vergehen an – hauptsächlich Fahrzeugdiebstähle, Einbrüche und Körperverletzung. Das sind die Gesamtzahlen für alle Jahre und alle mutmaßlichen Mitglieder.

Die Zahlen für Kalifornien ergeben für das Jahr 1963 genau 1116 Tötungsdelikte, 12 448 Fälle schwerer Körperverletzung, 6257 Sexualdelikte und 24 532 Einbrüche. Im Jahre 1962 lag die Zahl der Verkehrstoten mit 4121 über der von 1961 mit 3839 Toten. Bei den Festnahmen jugendlicher Marihuanakonsumenten wurde 1964 eine Steigerung von 101 Prozent im Vergleich zum Vorjahr festgestellt, und eine kürzlich weit hinten im *San Francisco Examiner* publizierte Geschichte besagt, dass »sich die Rate der Geschlechtskrankheiten unter den [städtischen] Teenagern zwischen 15 und 19 Jahren in den letzten fünf Jahren mehr als verdoppelt hat«. Selbst unter Berücksichtigung des jährlichen Bevölkerungswachstums ist die Anzahl aller jugendlichen Straftäter pro Jahr in allen Kategorien um zehn Prozent oder mehr angewachsen.

Vor diesem Hintergrund ist nicht ersichtlich, inwiefern es irgendeinen Einfluss auf die Sicherheit und den Seelenfrieden des Durchschnittskaliforniers nehmen würde, wenn jeder Motorrad-Outlaw im Staat (laut Bericht insgesamt 901 Personen) innerhalb von 24 Stunden verhaftet werden würde. Womit nicht gesagt ist, dass eine Gruppe wie die Hell's Angels nicht von Bedeutung wäre. Der im Allgemeinen etwas bizarre Beigeschmack ihrer Vergehen und ihr stures Beharren auf ihrer Identität sorgen für Nachahmer, doch dass sie genau das repräsentieren, was im Kleinen und Großen um uns herum jeden Tag in der Woche geschieht und leise und anonym vor sich hin wächst, wird durch eine solche Berichterstattung überstrahlt.

»Wir gehen grob mit der Welt um, und sie geht grob mit uns um«, berichtet einer der Oakland-Angels einem *Newsweek*-Reporter. »Wenn du in der Öffentlichkeit irgendwo hingehst, willst du so widerwärtig und abstoßend wie möglich aussehen. Wir sind gesellschaftlich völlig ausgeschlossen – Außenseiter gegen die Gesellschaft.«

Vieles von dem Auftreten ist Pose, doch jemand, der glaubt, dies sei alles, begibt sich zumindest seit dem Tod von Jay Gatsby auf dünnes Eis. Die große Mehrheit der Motorrad-Outlaws sind ungebildete, unerfahrene Männer zwischen 20 und 30, und die meisten haben außer ihrem Vorstrafenregister

keinerlei Qualifikationen. Die Ursachen ihrer bedauerlichen Stellung gehen also über ein sehnsüchtiges Verlangen nach Akzeptanz in einer Welt, die sie nicht gemacht haben, hinaus: Ihre wirkliche Motivation ist, dass sie eine instinktive Gewissheit darüber haben, wie die Spielregeln wirklich sind. Sie sind vom Spiel ausgeschlossen, und sie wissen das – und genau das macht sie aus. Im Gegensatz zu den meisten anderen Verlierern in der heutigen Gesellschaft wissen die Hell's Angels nicht nur, wo sie stehen, sondern sie sind auch noch so gehässig, es kundzutun.

Neulich ging ich zu einem ihrer Treffen, und unterwegs in der Nacht dachte ich an Joe Hill, der auf dem Weg zum Exekutionskommando in Utah seine letzten Worte »Trauert nicht, organisiert!« sprach. Man kann mit Sicherheit behaupten, dass noch kein Hell's Angel jemals von Joe Hill gehört hat oder ein Gewerkschaftsmitglied von einer Giftschlange unterscheiden kann, doch gerade bei den Gewerkschaften und den Hell's Angels gibt es Gemeinsamkeiten. Zwar haben die Industriearbeiter-Gewerkschaften dieser Welt einen ernsthaften Gesellschaftsentwurf, während die Hell's Angels nur meinen, der weltweiten Maschinerie trotzen zu müssen. Doch anstatt dass jeder für sich still und leise verliert, haben sich beide Gruppierungen mit einer anspruchslosen Loyalität zusammengetan und bewegen sich außerhalb des üblichen Rahmens, das ist Tatsache. Es gibt nichts besonders Romantisches oder Bewundernswertes darüber zu berichten, nur dass sie ihre Stärke durch Einigkeit erzielen. Sie denken nicht dran, dir dies zu erzählen, während sie laut und schnell mit ihren frisierten 74er-Harleys unterwegs sind, die ihnen eine Macht verleihen, wozu nichts anderes in der Lage wäre, und ihr Tun mit Sinn erfüllen.

Abgesehen davon, hat ihre Position als selbsternannte Gesetzlose einen gewissen populären Reiz – wenn auch mit Abstrichen. Das gilt besonders im Westen und sogar in Kalifornien, wo die Outlaw-Tradition noch heute verehrt wird. Die unausgesprochene Verbindung zwischen den Hell's Angels und den Millionen anderer nicht Kutten tragender Loser und Outsider ist der Schlüssel zu ihrer berüchtigten Berühmtheit und den durch sie angeregten ambivalenten Reaktionen. Es gibt verschiedene andere Schlüssel, die mit Politikern, Polizisten und Journalisten zu tun haben, doch hierfür müssen wir nach Monterey und zur »Labor Day-Massenvergewaltigung« zurückkehren.

Politiker sind wie Redakteure und Bullen heiß auf aufregende Geschichten, und der Bundessenator Fred S. Farr aus dem Bezirk Monterey macht da keine Ausnahme. Er gehört in der Gegend um Carmel und Pebble Beach zu den einflussreichsten Leuten und ist generell kein Freund von Ganoven aller Art oder gar Massenvergewaltigungen, schon gar nicht in seinem Wahldistrikt. Senator Farr verlangte sofortige Ermittlungen gegen die Hell's Angels und Clubs dieser Art – gegen die Commancheros, die Stray Satans, die Iron Horsemen, die Rattlers (ein Club von Schwarzen) und die Boozefighters –, die als »weitere zwielichtige Personen« zusammengefasst wurden. In der Welt der Motorrad-Clubs mit ihren großen Maschinen, den langen Ausfahrten und stilvollen Schlägereien machte diese von staatlicher Seite neu festgelegte Schichtenbildung die Hell's Angels sehr groß. Sie waren jetzt der Staatsfeind Nummer eins. So wie John Dillinger.

General-Bundesanwalt Lynch, damals noch neu in dieser Position, ordnete schnell eine Art Untersuchung an. Er verschickte an über 100 Sheriffs, Bezirksanwälte und Polizeichefs Fragebögen, um Informationen über die Hell's Angels und das »andere Gesindel« einzuholen. Zudem bat er um Vorschläge, wie die Polizei mit ihnen umgehen könne.

Es dauerte sechs Monate, bis alle Antworten in einem fünfzehnseitigen Bericht zusammengefasst worden waren, der nach der Veröffentlichung in der Presse erneut für Schlagzeilen sorgte. Der Bericht las sich wie ein Entwurf von Mickey Spillanes schlimmsten Albträumen. Doch was Lösungen anging, war der Bericht nur vage und erinnerte in mancher Hinsicht an Madame Nhus Vorschläge zum Umgang mit dem Vietcong. Der Staat solle Informationen über dieses Thema zentral sammeln, strafrechtliche Verfolgungen energischer vorantreiben, sie wann immer möglich überwachen lassen und so weiter und so fort.

Ein aufmerksamer Leser gewann den Eindruck, dass die Polizei, selbst wenn die Hell's Angels die Gangster waren, die sie zu sein schienen, nur sehr wenig hätte ausrichten können. Und selbst Mr. Lynch war sich durchaus darüber bewusst, dass man ihn aus politischen Gründen auf eine ziemlich dürftige Fährte gesetzt hatte. Es gab zahlreiche verrückte Aktionen in dem Bericht – sinnlose Zerstörungen, Orgien, Prügeleien, Perversionen – und eine seltsame Versammlung »unschuldiger Opfer«, deren Aussagen, selbst auf Papier und in sorgfältigem Polizistenenglisch wiedergegeben, das Misstrauen sogar des dümmsten Polizeireporters weckte. Alle aus Polizeikladden stammenden Beiträge sind von einem bestimmten Standpunkt aus geschrieben, und Teile des Generalbundesanwaltschafts-Berichtes sogar recht witzig, wenn auch nur wegen der Sprache. Hier ein Beispiel:

Am 4. November 1961 fuhr ein möglicherweise unter Alkoholeinfluss stehender Einwohner San Franciscos durch Rodeo und streifte dabei das vor einer Bar geparkte Motorrad eines Hell's Angels. Eine Gruppe Angels verfolgte das Fahrzeug, zog den Fahrer heraus und versuchte, das ziemlich teure Auto zu demolieren. Der Barkeeper behauptete, nichts gesehen zu haben, doch eine Kellnerin beschrieb der Polizei einige der am Überfall beteiligten Personen. Am nächsten Tag wurde der Polizei berichtet, dass ein Mitglied der Hell's Angels der Kellnerin und einer weiteren weiblichen Bedienung gedroht hatte, sie umzubringen. Ein Kellner, der fünf Teilnehmer an dem Überfall, darunter den Präsidenten der Hell's Angels von Vallejo sowie der »Road Rats« zweifelsfrei identifiziert hatte, teilte den Polizisten mit, dass er sich aus Furcht vor Vergeltung durch Clubmitglieder weigere, die zuvor abgegebenen Aussagen zu beeiden.

Dies ist ein typischer Artikel aus dem Kapitel, das der Report »Gangster-Aktivitäten« nennt. Erstens passierte es in einer Kleinstadt – Rodeo liegt nördlich von Oakland an der San-Pablo-Bucht – wo die Angels an einer Kneipe hielten, ohne irgendwelche Probleme zu machen, bis sie dann selbst angegriffen wurden. In diesem Fall fuhr ein Autofahrer, von dem selbst die Polizei annahm, er könnte »möglicherweise« betrunken gewesen sein, eines ihrer Motorräder an.

Solche Unfälle passieren täglich überall im Land, doch wenn Outlaw-Motorradfahrer daran beteiligt sind, ist es natürlich etwas anderes. Anstatt die Dinge mit dem Austausch der Versicherungsnummern zu regeln oder schlimmstenfalls mit »schlagkräftigen« Argumenten auszutragen, schlugen die Hell's Angels den Autofahrer und »versuchten, das ziemlich teure Auto zu demolieren«. Ich fragte einen von ihnen, ob die Polizei diesen Aspekt vielleicht etwas übertrieben habe, doch er verneinte. Sie hätten das Naheliegendste getan: Scheinwerfer einschlagen, gegen die Türen treten, Fenster zerschlagen und diverse Teile abreißen.

Von all ihren Gewohnheiten und Vorlieben, die von der Gesellschaft als beunruhigend empfunden werden, ist die Abkehr vom altehrwürdigen »Auge-um-Auge«-Konzept das, was die Leute am meisten ängstigt. Die Hell's Angels versuchen, keine halben Sachen zu machen, und mit ihrem Hang dazu, es regelmäßig auf die Spitze zu treiben, sorgen sie zwangsläufig – ob sie es wollen oder nicht – für Probleme. Dies und der Glaube an die totale Vergeltung für jede Beleidigung oder Kränkung ist das, was die Hell's Angels für die Polizei unberechenbar macht und was auf die Öffentlichkeit eine morbide Faszination ausübt. Ihre Behauptung, keinen Ärger anzufangen, halten sie wahrscheinlich öfter ein, doch sie haben eine großzügige Auslegung dessen, was sie als »Provokation« ansehen, und ihr größtes Problem scheint zu sein, dass ihrer Interpretation niemand anderes folgt. Selbst wenn man friedlich mit ihnen umgeht, kann man sie schnell reizen.

Dies ist allgemein bekannt, doch noch nicht einmal dann, wenn sie unter sich sind, können sie damit umgehen. Bei Treffen sind ihre Unterhaltungen absolut offen und ehrlich. Sie sprechen mit und über Kameraden so ehrlich, dass die zivilisierteren Leute es nicht ertragen könnten. Bei einem Meeting, an dem ich (noch nicht als Journalist erkannt) teilnahm, wurde ein Angel öffentlich bewertet; einige Mitglieder wollten ihn aus dem Club werfen, andere wollten ihn behalten. Es klang wie die Konversation bei einer Gruppentherapie in der Klinik – und war nicht ganz das, was ich erwartet hatte, als ich kurz vor Mitternacht in eine Bar von De Pau in einer der trostlosen Gegenden von San Francisco ging. Mit der Zeit nahmen sie mich in ihre Gesellschaft auf: morgens um halb sieben, nach einem nächtlichen Trinkgelage in meinem Apartment.

Mich beeindruckten viele Dinge an ihnen, doch nichts so sehr wie ihre offensichtliche Gruppen-Loyalität. Die ist bewundernswert, doch es ist auch etwas, das ihnen Probleme bereitet: Bei einem Streit hat ein Angel immer recht. Das macht es unmöglich, mit einer Gruppe »beleidigter« Hell's Angels vernünftig umzugehen. Hier ist ein weiterer Vorfall aus dem Bericht der Generalbundesanwaltschaft:

Am 19. September 1964 versammelte sich ein größerer Trupp Hell's Angels und »Satan's Slaves« in einer Bar in South Gate im Bezirk Los Angeles. Sie parkten ihre Motorräder und Autos derart, dass sie die halbe Straße blockierten. Polizeibeamten erzählten sie, dass drei Clubmitglieder kürzlich in der Bar Hausverbot erhalten hatten und sie deswegen jetzt gekommen seien, um sie zu zertrümmern.

Der Barbesitzer hatte bei ihrer Ankunft die Türen verschlossen und die Beleuchtung ausgeschaltet. Niemand gelangte hinein, doch die Gruppe demolierte eine Beton-Umzäunung. Bei der Ankunft der Polizei lagen Clubmitglieder auf dem Gehweg und der Straße herum. Sie wurden gebeten, die Stadt zu verlassen, was sie auch widerwillig taten. Während ihres Aufbruchs kündigten mehrere an, dass sie zurückkehren würden, um die Bar zu zertrümmern.

Wieder das Ethos der totalen Vergeltung. Wird man gebeten, die Bar zu verlassen, schlägt man nicht einfach den Barbesitzer zusammen, sondern man kehrt mit einer Armee zurück und zerstört alles. Ähnliche Schilderungen – mit einer Vielzahl vager Anzeigen wegen Vergewaltigung – machten den Großteil des Berichts aus. 18 Vorfälle in vier Jahren, und außer den Vergewaltigungs-Anklagen nichts Gravierenderes als Überfälle auf Personen, die aus verschiedenen Gründen zuvor mit den Hell's Angels aneinandergeraten waren. Ich konnte keinen Fall von Angriffen auf völlig unbeteiligte Opfer finden. Es gibt einige Grenzfälle, wo Opfer körperlicher Gewalt laut der Polizei und der Presse als unschuldig galten, die sich später aber weigerten, dies aus Angst vor »Vergeltung« zu bezeugen. Der Report betont oft, dass die Hell's Angels schwer zu bestrafen und einzusperren seien, weil sie gewohnheitsmäßig Zeugen bedrohen und einschüchtern. Dies ist wahrscheinlich bis zu einem gewissen Grad wahr, doch in vielen Fällen verweigerten Zeugen ihre Aussagen deswegen, weil sie zur Zeit des Angriffs selbst in fragwürdige Aktivitäten verwickelt waren.

In zwei der am häufigsten publizierten Vorfälle wäre die Staatsanwaltschaft besser gefahren, wenn ihre Zeugen und Opfer stumm geblieben wären. Einer davon war die »Massenvergewaltigung« in Monterey und der andere eine »Vergewaltigung« in Clovis, nahe Fresno im Central Valley. Im zweiten Fall behauptete eine 36-jährige Witwe und Mutter von fünf Kindern, dass sie aus einer Bar herausgezogen wurde, wo sie mit einer Freundin ein Bier getrunken hätte. Sie sei in einen verlassenen Schuppen hinter der Bar gezerrt und dort zweieinhalb Stunden lang von 15 oder 20 Hell's Angels vergewaltigt und schließlich noch um 150 Dollar bestohlen worden. So erschien die Story am folgenden Tag in den Zeitungen von San Francisco, und einige Tage darauf wurde sie erneut zum Leben erweckt, als die Frau behauptete, dass sie Anrufe erhalten habe und ihr Leben bedroht sei, falls sie gegen ihre Angreifer aussagen würde.

Vier Tage nach dem Verbrechen wurde die Frau wegen »sexueller Perversion« verhaftet. Die Wahrheit kam dem Polizeichef von Clovis zufolge heraus, als das Opfer Zeugen gegenübergestellt wurde. »Unsere Untersuchungen haben ergeben, dass sie nicht vergewaltigt worden ist«, sagte der Beamte. »Sie hatte in der Taverne zusammen mit mindestens drei anderen Hell's Angels an anzüglichen Handlungen teilgenommen, bevor der Besitzer sie hinauswarf. Sie spornte die Annäherungen der Angels an und führte sie zu dem verlassenen Schuppen hinter der Bar … Eine Frau, die sie begleitete, sagte aus, das vermeintliche Opfer sei nicht ausgeraubt worden, vielmehr habe sie ihr Haus am frühen Abend mit fünf Dollar verlassen, um eine Kneipentour zu unternehmen.« Dieser Vorfall erschien nicht im Bericht des Generalstaatsanwalts.

Es war jedoch unmöglich, die »Massenvergewaltigung« von Monterey nicht zu erwähnen, denn diese war überhaupt der Grund dafür, die ganze Sache publik zu machen. Die Seite eins des Reports – die von *Times*-Reportern scheinbar übersprungen wurde – berichtete, dass die Monterey-Sache fallen gelassen wurde, weil »[…] weitere Untersuchungen Fragen aufwarfen, ob der gewaltsame Überfall tatsächlich stattgefunden hat oder ob die Identifikationen durch die Opfer aufrechterhalten werden konnten«. Die Anklage wurde am 25. September unter Mitwirkung einer großen Jury abgewiesen. Der stellvertretende Bezirks-Staatsanwalt sagte, »ein Arzt hat die Mädchen untersucht und keinerlei Hinweise entdeckt«, welche die Anklage unterstützt hätten. Weiter sagte er: »Abgesehen davon weigerte sich eins der Mädchen, seine Aussage zu bestätigen. Das andere wurde an einen Lügendetektor angeschlossen, nach dem Ergebnis wurde ihre Aussage für unzuverlässig erklärt.«

Dies war in der Tat das, was die Hell's Angels die ganze Zeit behauptet hatten. Hier ist ihre Version von dem, was geschah – erzählt von mehreren Leuten, die dabei waren:

»Ein Mädchen war weiß und schwanger, das andere eine Schwarze, und es waren fünf schwarze Kerle dabei. Sie hingen

Motorradfahrer mit Stil aus den
1930er- bis 1940er-Jahren.

diesen Samstagabend etwa drei Stunden in unserer Bar herum – *Nick's Place* an der Del Monte Avenue. Dort tranken und redeten sie mit uns, dann kamen sie mit zum Strand – die beiden und ihre fünf Freunde. Alle standen ums Feuer und tranken Wein, ein paar der Jungs haben mit ihnen geredet und haben sie auch angebaggert, na klar. Und bald fragte einer die beiden Chicks, ob sie sich anturnen wollten – du weißt schon, ob sie Pot rauchen wollten. Sie sagten Ja, und dann gingen sie mit einigen von uns in die Dünen. Die Schwarze ging mit einigen Kerlen los, doch dann wollte sie nicht mehr. Die Schwangere war jedoch ganz heiß: Über die ersten vier oder fünf Kerle ist sie richtig hergefallen, aber dann hatte sie auch genug. Währenddessen hatte jedoch einer ihrer Freunde Angst bekommen und war zu den Bullen gelaufen – das war alles.«

Noch nicht ganz. Anschließend erschienen Senator Farr, Tom Lynch und Hunderte Polizisten auf der Bildfläche sowie Dutzende Zeitungs-Storys und Artikel in den nationalen Nachrichtenmagazinen – und dann sogar dieser Artikel, der auch ein direktes Ergebnis der »Massenvergewaltigung« von Monterey ist.

Als der vielzitierte Bericht veröffentlicht wurde, behauptete die örtliche Presse – hauptsächlich der *San Francisco Chronicle,* der zuvor lange und ziemlich objektive Geschichten über die Hell's Angels gebracht hatte, dass die Monterey-Anzeigen gegen die Hell's Angels aus Mangel an Beweisen fallen gelassen wurden. *Newsweek* war so vorsichtig, Monterey überhaupt nicht zu erwähnen, aber die *New York Times* berichtete über »die an-

gebliche Massenvergewaltigung« in einer Art, die beim Leser keinen Zweifel daran ließ, dass sich irgendein Verbrechen zugetragen hatte. Es blieb *Time* überlassen, die Tatsache, dass die Vergewaltigungsanzeige von Monterey abgewiesen wurde, völlig zu ignorieren. Der *Time*-Artikel lehnte sich stark an die brisantesten und am wenigsten sachlichen Bereiche des Reports an und ignorierte den Rest. So wird darin beispielsweise berichtet, dass es bei den Hell's Angels Initiations-Riten gäbe, »wonach jedes neue Mitglied ein Mädchen [Schaf genannt] mitbringen muss, das sich jedem Clubmitglied willig dem Geschlechtsverkehr hingibt«. Dies ist unwahr, auch wenn ein Angel erklärt, dass man »hin und wieder eine Frau findet, die darauf steht, es mit der ganzen Truppe zu treiben. Und zur Hölle, ich bin bestimmt nicht prüde. Die Leute denken, Frauen würden so etwas nicht machen, aber viele von ihnen tun es«.

Über einen Pooltisch hinweg redeten wir über die große Publicity und wie diese sich auf das Verhalten der Angels auswirkt. Ich versuchte ihm zu erklären, dass der Großteil der Presse in diesem Land ein ausgesprochenes Interesse daran habe, den Status quo zu halten. Aus Angst, irgendetwas herauszufinden, was an den Grundfesten nagt, könne es sich die Presse nicht leisten, ehrliche Fragen zu stellen.

»Oh, ich weiß nicht«, sagte er. »Natürlich lese ich nicht gerne all diesen Bullshit, weil es die Leute gegen uns aufhetzt, doch seitdem wir berühmt geworden sind, kommen mehr reiche Schwuchteln und sexhungrige Frauen zu uns als je zuvor. Zur Hölle, heute haben wir mehr Action, als uns lieb ist.«

Kalifornien, Labor Day-Wochenende.
Früh am Morgen, der Nebel des Ozeans hängt noch in den Straßen, rollen **Outlaw-Motorradfahrer, Ketten, Sonnenbrillen und ölige Levis tragend, aus muffigen Garagen, Nacht-Imbissen und düsteren Absteigen in Frisco, Hollywood, Berdoo und East Oakland heraus. Sie sind auf dem Weg zur Spitze der Monterey-Halbinsel, nördlich von Big Sur.**

Die Landplage ist wieder da ...

Hunter S. Thompson, *Hell's Angels: A Strange and Terrible Saga,* 1967

Harleys, Chopper, Full-Dresser und geklaute Räder

Von Sonny Barger

Ralph »Sonny« Barger ist ein stolzer »One-Percenter«. In der glorreichen Zeit Präsident des Oakland-Chapters des Hell's Angels Motorcycle Club, war Barger eine der Gallionsfiguren, die das Bild der Outlaw-Biker unauslöschlich in das weltweite Bewusstsein einbrannten.

Sonny erzählt seine Geschichte in der im Jahre 2000 erschienenen Autobiografie *Hell's Angel: The Life and Times of Sonny Barger and the Hell's Angels Motorcycle Club.* Das Buch ist nicht vorsichtig geschrieben und enthält keine Entschuldigungen – als Anhang ist sogar eine Zusammenfassung seines Vorstrafenregisters beigefügt. Offensichtlich sind die Hell's Angels – heute ein eingetragenes Warenzeichen – angesagter als je zuvor.

Sonny publizierte 2002 *Ridin' High, Livin' Free: Hell-Raising Motorcycle Stories* und 2003 den Roman *Dead in 5 Heartbeats.* Heute bietet seine Webseite vom T-Shirt bis zum eigenen Bier ein umfangreiches Angebot markengeschützter Sonny-Produkte an.

Dieser Auszug aus *Hell's Angels* konzentriert sich auf die Motorräder – eine Hymne auf die Harley-Davidson, mit der die Hell's Angels ihren Weg machten.

Wenn sich irgendjemand in dieser ganzen Motorrad fahrenden Welt verdient gemacht hat, dann ist es Sonny.

Er wies uns den Weg.

Du siehst Leute mit diesem beschissenen Aufnäher »Ride to Live, Live to Ride«. Ja ja, alles klar. Sobald die Kacke am Dampfen ist, sind es ihre Motorräder, die sie zuerst verkaufen.

Sonny ist derjenige, der das Motorradfahren zum Lebensstil gemacht hat.

Den Outlaw-Lebensstil, den wir heute kennen, gäbe es nicht, **hätte er ihn nicht erfunden.**

Cisco Valderrama, Präsident der Oakland Hell's Angels

Ich war schon immer verrückt nach Motorrädern. Als ich klein war, parkten die Motorradpolizisten von Oakland immer vor unserem Haus und warteten darauf, Autofahrer zu erwischen, die nicht am Stoppschild an der Ecke anhielten. Das Oklahoma Police Department fuhr Harleys und Indians, Letztere als V2-Seitenventiler. Mann, ich bewunderte ihre Maschinen. Selbst wenn ich Cops nicht mochte. Ich ging hin und redete mit ihnen, nur um ihre Motorräder anschauen zu können. Einmal flippte mein Hund King aus, als einer der Polizisten seine Maschine ankickte – prompt biss er den Cop. Ich malte mir aus, wie sie King in den Hundeknast werfen würden, also schnappte ich ihn mir und lief davon. Am späten Abend klopfte die Polizei an unsere Tür. Glücklicherweise konnte mein Vater die Sache wieder ins Lot bringen, und man erlaubte mir, den Hund zu behalten. Wir mussten nur versprechen, ihn nicht aus dem Haus zu lassen, bis seine Tollwut-Quarantäne abgelaufen war.

Motorräder wurden nach dem Zweiten Weltkrieg zum großen Ding in Sachen Fortbewegung auf zwei Rädern. Viele GIs, die aus dem Pazifik zurückkehrten, wollten nicht mehr zurück in das langweilige Leben in Indiana oder Kentucky und entschieden sich dafür, in Kalifornien zu bleiben. Ein Motorrad war ein billiges Transportmittel, hatte was Gefährliches an sich und ließ sich prima sowohl für Rennen als auch zum Abhängen nutzen. Dazu kam, dass sie, wie vom Militär gewohnt, in Gruppen fahren konnten. Kalifornien mitsamt seinen vielen Sonnenstunden wurde zum Zentrum der Motorradkultur, über Jahre hinweg waren im Bundesstaat Kalifornien mehr Motorräder registriert als in allen anderen Bundesstaaten zusammen.

Mit 13 Jahren kaufte ich meinen ersten Motorroller, einen Cushman. Diese Scooter hatten kleine Räder, und der Motor saß in einem rollertypischen Blechrahmen. Ein ovaler Blechkasten auf dem Rahmen diente als Sitz. Nach dem Ankicken legte man mit einem winzigen Schalthebel einen der zwei Gänge ein, und los ging's. Wir konnten diese Lutscher auf bis zu 40 Meilen die Stunde bringen. Mustangs sahen aus wie Miniatur-Motorräder mit einem Briggs & Stratton-Motor und einem ziemlich kleinen Tank. In den frühen Fünfzigern, als Cushmans und Mustangs ziemlich populär waren, kostete ein nagelneuer Mustang ein paar hundert Dollar, ein gebrauchter Cushman war schon für etwa 20 Dollar zu kriegen. Also fuhren wir Cushmans.

In der Schule langweilte ich mich zu Tode. Ich wollte fahren. Ein Kerl namens Joe Madeo fuhr mit alten Autos Stockcar-Rennen für eine Tankstelle bei mir um die Ecke. Joe war 21 und wirkte auf einen 14-Jährigen wie mich alt und weise. Sie nannten die Autos »Hardtops« (Limousinen), dabei handelte es sich um diese hübschen kleinen 32er-Fords. Wir schweißten einen Überrollkäfig auf die Dächer der Fords, und niemand scherte sich darum, ob sie verschrottet wurden oder nicht. Joe und sein Kumpel Marty erlaubten mir, die Startnummern auf die Hardtops zu pinseln, und am Samstagabend gingen wir alle zu den Rennen am Cow Palace in San Francisco, um Joe beim Zerstören der Dinger zuzuschauen.

Mein Schwager Bud, der Mann meiner Schwester Shirley, kaufte alte Autos, richtete sie her und verkaufte sie wieder. Bud und Shirley hatten einen großen Hinterhof, auf dem sich billig erstandene Schrottlauben stapelten, die von uns aufgearbeitet werden sollten. Ich mochte die Arbeit an Autos, aber noch lieber mochte ich Motorräder. Verglichen mit einem Auto ist ein Motorrad persönlicher. Du kannst den Motor ausbauen und ihn auf deiner Werkbank ausbreiten. Du musst dabei nicht deinen Kopf unter die Haube eines riesigen Stahlhaufens stecken.

Direkt neben unserem Haus eröffnete ein Anhängerverleih, und der Kerl, der den Laden führte, nannte auch ein Motorrad sein Eigen. Ich durfte für ihn arbeiten, und einige Male nahm er mich auf seiner Norton mit. Die Norton hat mir deutlich vor Augen geführt, wie kräftig die Maschine gegenüber einem Cushman oder einem Mustang war.

Ich sparte meine Kröten und kaufte mir mein erstes echtes Motorrad, nachdem ich mit 18 Jahren aus der Armee entlassen wurde. Im Durchschnitt waren Motorradfahrer etwas älter als ich, also war ich immer der Jüngste, und zusammen mit den Freunden, die Mitte 20 waren, fuhr ich immer vorweg. Die großen Motorradhersteller dieser Zeit waren BSA, Triumph, Norton, Harley-Davidson und Indian. Ich entschied mich für eine Harley und kaufte schließlich für 125 Dollar ein 1936er-Modell, einschließlich Steuern und Zulassung. Benzin kostete gerade mal zehn Cent pro Gallone (3,78 l), so konnte ich billig die Straßen von Oakland erkunden. Endlich war ich frei.

Motorräder bauten seinerzeit auf stabilen und zumeist starren Rahmen auf, was bedeutete, dass sie während der Fahrt vibrierten. Beim Überfahren von Hindernissen und Schlaglöchern schluckte das Fahrwerk nicht viel. Das ständige Rütteln sorgte dafür, dass sich Teile lockerten und abfielen – manchmal auch während der Fahrt. Ständig musste man an seinem Motorrad herumschrauben, nur, um es am Laufen zu halten.

An Motorrädern herumbasteln gehört zu den Dingen, die ich am besten kann. Es kommt mir so vor, als ob ich mein Leben lang an Motorrädern gearbeitet hätte. Ich habe sie modifiziert, gechoppt, nach meinem Geschmack umgebaut, nur um danach meine Meinung zu ändern, sie wieder zu zerlegen und von Neuem zu beginnen.

Die typischen Harleys waren Flatheads, was schlicht bedeutet, dass der Kopf des Motors flach ist und die Ventile seitlich neben dem Zylinder stehen. Meine 1936er-Harley war jedoch eine OHV mit im Kopf hängenden Ventilen. Diese Modelle wurden bald »Knuckleheads« genannt, weil sich seitlich an den Zylinderköpfen ein großer Aluminiumblock befand, in dem die Stößelstangen und Kipphebel saßen, und diese sahen aus wie Fingerknöchel. 1948 ging Harley auf Blechdeckel über, »Panhead« genannt. 1966 wechselte man wieder zu einem Aluminiumteil, das wegen seiner Schaufelform bald »Shovelhead« hieß. Bei Harley gab es niemals zur gleichen Zeit unterschiedliche Motoren; änderten sie das Aggregat, galt dies für die gesamte Produktpalette. 1984 gab es wieder einen neuen Motor, der erstmals vom Werk einen Namen erhielt: »Evolution-Head«.

Harley hielt über Jahrzehnte hinweg einen großen Marktanteil bei den großen Maschinen. Sie kontrollieren etwa 50 Prozent des Cruiser-Marktes, während japanische Maschinen sich die andere Hälfte teilen. Als Resultat benehmen sie sich ihren Kunden gegenüber oft etwas arrogant und hochnäsig.

Ein hochrangiger Harley-Davidson-Mitarbeiter wurde einmal mit folgendem Satz zitiert: »Genug Motorräder sind zu viele, und wenn wir genug bauen, verlieren wir unseren Nimbus.« Während von Werksseite behauptet wird, es würden jedes Jahr mehr Motorräder gebaut werden, glaube ich, dass Harley-Davidson bis vor einigen Jahren die Produktion absichtlich zurückhielt, um die Nachfrage anzuheizen. Mittlerweile gibt es in den USA Firmen wie Titan, American Eagle und American Illusion, die Harleys Softail-Modelle imitieren. Dies ist das Motorrad im Fünfziger-Jahre-Stil, das alle haben wollen. Softail-Maschinen sehen aus, als hätten sie einen starren Rahmen, doch ihr Heck ist gefedert – auch wenn sie sich dadurch nicht wirklich »soft« fahren lassen. Obwohl sie Stoßdämpfer haben: Fährst du mit ihnen auf offener Straße schneller als 55 Meilen die Stunde, kommst du beileibe nicht in den Genuss einer geschmeidigen Fahrt. Der Motor ist nicht gummigelagert, beim Fahren unterscheiden sie sich kaum von einem 1936er-Modell. Wer zu schnell fährt, spürt weiterhin starke Vibrationen und riskiert abreißende Teile. Für Leute, die lediglich jeden Samstagabend in ihre Stammkneipe fahren wollen, ist die Softail erste Wahl und die meistgekaufte Harley, zudem bietet das Design den coolen Look eines Choppers. Erst im Jahre 2000 brachte Harley den Twin Cam 88B-Motor heraus, der dank Ausgleichswellen nicht mehr vibriert.

Titan, American Eagle und American Illusion nennen ihre Nachbauten selbst »Klon-Bikes«, und obwohl einige dieser Maschinen in Amerika produziert werden, bauen sie oft keine eigenen Motoren und kopieren einfach nur Harleys.

Their credo is violence.... Their God is hate and they call themselves 'THE WILD ANGELS'

AMERICAN INTERNATIONAL presents
PETER FONDA · NANCY SINATRA
THE WILD ANGELS
PANAVISION® & PATHECOLOR

Co-starring BRUCE DERN and DIANE LADD

PRODUCED AND DIRECTED BY ROGER CORMAN
WRITTEN BY CHARLES GRIFFITH

MEMBERS OF HELL'S ANGELS
OF VENICE, CALIFORNIA

WILD AND
WICKED

...living
with
no
tomorrow!

MOTORCYCLE GANG
starring ANNE NEYLAND · STEVE TERRELL · JOHN ASHLEY · CARL SWITZER
with RAYMOND HATTON · RUSS BENDER · JEAN MOORHEAD · SCOTT PETERS
ALEX GORDON · Produced by ALEX GORDON · Executive Producer SAMUEL Z. ARKOFF · Directed by EDWARD L. CAHN

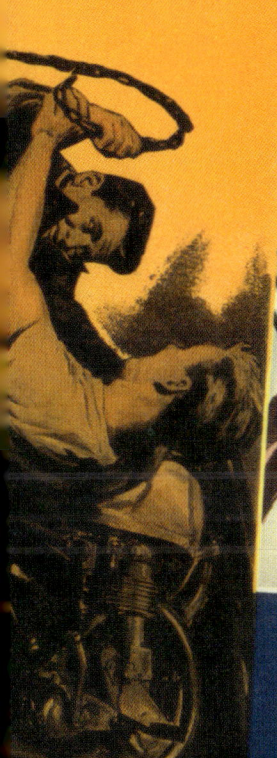

WILD AND WICKED

..living with no tomorrow!

MOTORCYCLE GANG

starring ANNE NEYLAND · STEVE TERRELL · JOHN ASHLEY · CARL SWITZER
with RAYMOND HATTON · RUSS BENDER · JEAN MOORHEAD · SCOTT PETERS
Screenplay by LOU RUSOFF · Produced by ALEX GORDON · Executive Producer SAMUEL Z. ARKOFF · Directed by EDWARD L. CAHN
AN AMERICAN-INTERNATIONAL PICTURE

»Wild und böse«: Werbeplakate für Biker-Filme aus den
1950er- bis 1980er-Jahren.

Der Grund, warum die Hell's Angels ihre Reise auf Harley-Davidsons begannen, ist einfach: Sie hatten kaum eine andere Wahl. 1957 setzte man sich entweder auf eine Harley, auf eine Triumph oder eine BSA. Indians wurden bereits nicht mehr gebaut. Die Hell's Angels hielten es immer für wichtig, in den USA gebaute Motorräder zu fahren. Hinsichtlich der reinen Verarbeitungsqualität mag ich persönlich Harleys nicht. Ich fahre sie, weil ich im Club bin, und da gehören sie dazu. Wenn ich könnte, würde ich ernsthaft mit dem Gedanken spielen, eine Honda ST 1100, oder eine BMW zu fahren. Wir haben wirklich den Anschluss verpasst und wechselten nicht auf japanische Motorräder, als sie begannen, größere Maschinen zu bauen. Ich sage immer: »Fuck Harley-Davidson. Du kaufst eine ST 1100, und das Scheißding läuft ab Werk 180 Sachen, und zwar den ganzen Tag lang.« Die neuesten »Reis-Raketen« bringen über 140 PS aufs Hinterrad und laufen fast 300. Obwohl es inzwischen für einen Wechsel wohl etwas spät ist, wäre es trotzdem eine schöne Sache, denn japanische Motorräder sind heutzutage deutlich billiger – und auch noch besser. Allerdings haben japanische Motorräder keine Persönlichkeit.

Ich fahre eine Harley FXRT, weil es ihre beste Maschine für Leute ist, die viele Meilen abreißen wollen. Harley baut dieses Modell nicht mehr, aber es vereint das Beste aus zwei Welten: Es ist eine gute Langstreckenmaschine, lässt sich gut durch Kurven lenken und auf Kurzstrecken gut handhaben. Sie ist nicht schwerer als die anderen Dresser-Modelle, dafür ist sie etwas schneller, und für die Reise hat sie Satteltaschen. Meine FXRT ist glücklich, wenn sie 150 km/h schafft – das heißt, solange ich noch nicht Hand an sie gelegt habe. Doch wenn man an ihr herumfummelt, wird sie unzuverlässig. Ich sage immer: Je schneller eine Harley ist, desto unzuverlässiger ist sie. Neue Triumphs schaffen die Viertelmeile in zehn Sekunden. Wenn du eine Serien-Harley dazu bringst, die 400 Meter in dieser Zeit abzureißen, wird sie zu einer Bombe. Das Schlimme ist: Wer einmal eine Harley schneller gemacht hat, kann damit nicht mehr aufhören. Im Augenblick hängen die

Hell's Angels an ihren Harleys, vielleicht hängen wir auch an uns selbst. Irgendwann werden wir so klug sein, uns davon zu trennen.

Eine Harley FXR ist heutzutage für die meisten Hell's Angels erste Wahl. FXRs haben einen gummigelagerten Motor in einem Schwingen-Rahmen. Diese Bauweise bedeutet, dass die Maschine sich rechts und links mit Stoßdämpfern gegen den Rahmen abstützt und sie dadurch besser auf der Straße liegt. Harley hat die FXR für Leute wie die Hell's Angels entwickelt, die Motorräder ohne viel Zierrat bevorzugen. Die FXR und die FXRT bauen auf der gleichen Basis auf, jedoch hat die FXR weniger Ausrüstung, während die FXRT mit Satteltaschen und Verkleidung als Reisemaschine konzipiert wurde. Verkleidung und Windschutzscheibe halten reichlich Wind vom Fahrer ab.

Die FXR ist gut für hohes Tempo und lange Strecken. Jahrelang fuhren die meisten Hell's Angels Starrrahmenmaschinen. Viele wechseln heute auf FXRs, weil sie noch weitere Distanzen abreißen und noch schneller fahren wollen.

Von dem, was Harley produzierte, hatte die FXR die besten Fahreigenschaften, also haben sie alle gekauft. Ab 1993 stellte Harley-Davidson jedoch die Produktion ein. Als 1999 eine limitierte Auflage erschien, stand diese mit 17 000 Dollar in der Preisliste. Aufgrund der hohen Nachfrage verkauften manche Händler die Maschinen jedoch für 25 000 Dollar. Aus diesem Grund ist die Dyna Glide an die Stelle der FXR getreten. Meiner Meinung nach ist sie jedoch nicht so gut, denn das Handling ist schlechter als das der FXR.

Was bei Harley-Davidson wirklich überragend ist, ist der Sound … alle lieben dieses fuckin' Grollen. Eine andere Sache, auf die Harley-Besitzer wirklich geil sind, ist dieses sagenhafte Drehmoment bei niedrigen Drehzahlen, diese rohe Kraft aus dem Keller. Die Dinger beschleunigen ziemlich gut, solange du es bei 140 km/h bewenden lässt. Die meisten Harley-Fahrer kümmern sich nicht großartig um die Höchstgeschwindigkeit, sie mögen vielmehr dieses Drehmoment aus dem Keller, das die Magengegend durchzuckt und das Gefühl von Power vermittelt. Die japanischen Motorräder bieten zwar Leistung, doch sie bringen das Gefühl für Power nicht richtig rüber. Du kannst an eine Harley ein Seil anbinden und einen Mack Truck damit ziehen. Mit einem japanischen Motorrad ist das unmöglich. Wenn die Leistung da ist, verglüht die Kupplung.

In den frühen 1960er-Jahren hatte Honda den Werbespruch »Du triffst die nettesten Leute auf einer Honda«. Das nervte die Hell's Angels extrem – und es erschütterte Harleys Einschätzung, was den durchschnittlichen Motorradfahrer betrifft. Honda hatte solch winzige Maschinen mit 50 oder 100 cm³, das größte war eine 450er. Als sie später 750er, 900er, 1200er und sogar 1500er rausbrachten, waren das Maschinen, an die eine Harley nicht mehr heranreichen konnte. Kawasakis und einige andere japanische Sportmaschinen hatten bessere Bremsen, mehr Leistung und ein besseres Handling.

Was Harley hatte, war brachiale Motorleistung. Eine neue Harley hat am Hinterrad zwischen 49 und 52 PS. Nachdem ich an meiner etwas herumgespielt hatte, stemmte die Maschine 81 PS in den Prüfstand.

Bis 1984 waren Harleys berühmt für ihren Ölverlust. Selbst nagelneu leckten sie bereits, und die Händler mussten Pappen unter die Maschinen im Laden legen. Frühe Harleys verloren Öl, weil das dünne Primärgehäuse mit einer ineffektiven Korkdichtung versehen war. Manchmal waren die Motoren nachlässig gebaut. Bist du deine Maschine eine Woche nicht gefahren, war das Öl durch die Pumpe ins Kurbelgehäuse gesickert; und wenn du sie dann gestartet hast, wurde es überall herausgedrückt. Nachdem im Werk schärfere Qualitätskontrollen eingeführt und zusätzlich Forschungs- und Entwicklungsarbeit investiert wurde, erledigten sich die Probleme schließlich mit dem neuen Evolution-Motor.

Baust du eine alte Harley richtig zusammen, leckt sie nicht. Unter meiner Maschine wirst du niemals einen Tropfen Öl finden. Ich weigere mich, zu glauben, dass Motorräder ölen müssen. Ich achte auf Qualitäts-Dichtungen und passe auf, dass sie korrekt sitzen. Wenn ich irgendwo Ölnebel sehe, wasche ich die Teile und ersetze die Dichtungen. Ich schätze, dass ich in diesem Punkt etwas fanatisch bin. Einen Tropfen Öl unter meinem Motorrad wirst du nur dann sehen, wenn ich es mit hohem Tempo gedroschen habe. Wenn die Maschine eine Weile gestanden hat, wird aufgrund der Kondensation ein Tropfen aus dem Schlauch der Motorentlüftung kommen. Ich könnte dies stoppen, indem ich ein Einweg-Ventil aus Plastik installiere, das dafür sorgt, dass der Motor nur Luft ansaugen kann und das Öl nicht mehr herausläuft. Doch den einen Tropfen lasse ich lieber weiterhin austreten, weil ich möchte, dass mein Motor auch ausatmet.

Wegen der in den Vereinigten Staaten immer strenger gehandhabten Geschwindigkeitsbeschränkungen habe ich kürzlich ein RevTech-Sechsganggetriebe von Custom Chrome in meine Maschine eingebaut. Der sechste Gang stellt gegenüber einem normalen Fünfganggetriebe einen Overdrive dar, und es ist wirklich angenehm, mit 95 mph zu fahren, ohne den Motor so hoch drehen zu müssen. Es entlastet den Motor enorm. Wenn du früher bei 150 km/h den Motor mit 5000 Umdrehungen pro Minute laufen lassen musstest, kannst du damit dasselbe Tempo mit 3500 U/min erreichen. Ich warte schon sehnsüchtig auf meinen 88 Kubikinch CCI RevTech-Motor, damit ich auch im sechsten Gang richtig Durchzug habe.

Harley-Davidson ist noch nicht zu Sechsganggetrieben übergegangen, während manche japanischen Maschinen schon sieben Gänge bieten. Ich glaube, dass die meisten Harleyfahrer gern ein Sechsganggetriebe hätten. Als wir drei Gänge hatten, wollten alle vier. Als Harleys vier Gänge hatten, träumten die Leute von Fünfganggetrieben. Harleys Sechsganggetriebe sind nur eine Frage der Zeit (mittlerweile gibt es Sechsganggetriebe ab Werk!).

Auch wenn der durchschnittliche Harley-Fan die Softail mag und nur kurze Strecken fährt, will er instinktiv genau das, was die Hell's Angels auch wollen – schnellere Maschinen und einen wirksameren Overdrive. Motorräder bekommen immer größere Motoren (von 80 über 88 auf 95 Kubikinch), weil Leute wie die Hell's Angels immer nach mehr streben. Wenn das Gummi den Asphalt küsst, verlangen die Yuppies und GUMmies (gutsituierte, urbane Motorradfahrer) eben nach genau dem, was wir auch wollen.

Die Hell's Angels-»Chopper« wurden geboren, als wir damit begannen, die Vorderradschutzbleche zu demontieren, die Hinterradkotflügel abzusägen und andere Lenker anzubauen. Schau dir *The Wild One* an, da siehst du es an den Motorrädern. Lee Marvin und seine Truppe fuhren Harleys und Indians mit abgesägten Schutzblechen. Sie hatten keine kleineren Tanks oder andere Räder. Als die Hell's Angels auf der Bühne erschienen, bauten wir unsere Maschinen auseinander, verbesserten sie und schissen auf Harleys Design-Schema.

Wenn du ein neues Motorrad gekauft hast, wurde das mit einer Standard-Ausstattung ausgeliefert. Wir entfernten als Allererstes die Windschutzscheibe, dann warfen wir die Satteltaschen weg, und schließlich tauschten wir den hässlichen, riesigen Sitz gegen eine kleine, schmale Sitzbank. Die vielen Lampen brauchten wir auch nicht. Also tauschten wir den übergroßen Scheinwerfer gegen eine kleine Leuchte, ersetzten den geraden Lenker durch einen in hoher Ausführung und montierten statt des großen Spritfasses einen zierlichen Teardrop-Tank. Bis in die 1950er-Jahre verwendeten wir Mustang-Tanks, dann nahmen wir die schmalen Sportster-Tanks. Die Tanks wurden nur aus optischen Gründen ausgetauscht, schließlich verdeckte der breite Serientank die Zylinderköpfe. Das Design der Maschine wurde radikal stromlinienförmig, die Rundungen des Bodys eng und schlank. Es sah einfach cooler aus, wenn die Front durch ein schmales Vorderrad länger wirkte. Außerdem konnte man den gesamten Motor sehen – ein dickes Plus bei einem Straßenmotorrad.

Als Nächstes rissen wir die Vorderradschutzbleche heraus, sägten die hinteren ab oder bauten aus den Radabdeckungen eines 1936er-Fords einen neuen Kotflügel. Dieser machte sich an einer Harley mit 16-Zoll-Rädern wirklich gut, und praktisch war er außerdem.

Harley-Rahmen wurden seit jeher schwarz lackiert. Der Tank und die Schutzbleche hatten andere Farben. Wenn wir unsere eigenen Maschinen aufbauten, lackierten wir die Rahmen in der Farbe des Tanks, zudem passten wir die Teile so aneinander an, dass keine Schweißnähte mehr zu sehen waren. Alles, was verchromt werden konnte, wurde verchromt; und wir verpassten den Motoren Doppelvergaser. Mit all diesen Umbauten gewannen wir viele Preise bei Wettbewerben.

An Halloween 1968 malte ich mich an wie ein Kürbis, um gut zu meinem frisch orange lackierten Motorrad zu passen. Jemand, der an der Bay Bridge arbeitete, brachte mir einige Sprühdosen mit, und so lackierte ich mein Motorrad mit dieser Farbe, die bald zu »Oakland Orange« werden sollte. Das war ein helles Renn-Orange. In den 1960er-Jahren wurde dieses Orange bei den Hell's Angels sehr populär, und viele Mitglieder aus Oakland lackierten ihre Maschinen genauso. Suche nicht nach irgendeiner Bedeutung – die Farbe war kostenlos.

Wir lackierten unsere Totenschädel und andere Sachen auf die Tanks. Tommy »The Greek«, ein alter Autolackierer aus Oakland, war unser Mann. Sein Design erkannte man sofort wieder, weil er sehr charakteristische Flammen draufhatte. »Big Daddy« Roth übernahm später Tommys Stil. Von Dutch war ein anderer Künstler, dessen Speziallackierungen besonders im sonnigen Kalifornien hoch geschätzt wurden. Da gab es noch weitere Leute wie Len Barton in der Bay Area, Gil Avery in Fresno oder Art Hemsel und Red Lee, die dafür bekannt waren, coole Designs auf die Tanks zu zaubern. Arlen Ness, heute einer der führenden Customer- und Spezialteilanbieter, fing ebenfalls als Motorrad-Lackierer an. Wenn eine Harley frisch aus der Fabrik kam, nahmen Kerle wie Arlen sie auseinander, um alles in einer Farbe zu lackieren. Dabei verwendeten sie gern ausgefallene Farbtöne wie »Liebesapfelrot«.

Im Gegensatz zu Choppern sind »Full-Dresser« Motorräder, die mit sämtlichem Serienzeugs sowie diversem Zubehör ausgerüstet sind: schicke Plexiglas-Windschutzscheiben, Schmutzfänger, Leder-Satteltaschen, Radioantennen mit Waschbärschwänzen, verlängerte Schutzbleche mit Chromblenden und jede Menge Lampen und so weiter. Zu viel nutzloser Kram, Mann! Viele Leute nennen sie deswegen auch »Müllwagen«, und früher hättest du niemals einen Hell's Angel auf einem solchen Ding erwischt. Es war der lässige Wochenendfahrer, der gelegentlich seine Schwiegermutter besuchte, der solche Dinger fuhr. Vielleicht auch noch Cops nach Dienstschluss.

Wäre ich heute ausschließlich auf langen Strecken unterwegs, würde ich mir eine Harley-Davidson Road King besorgen. Die Road King ist auf langen Strecken besser als die Dyna Glide. Die Road King ist ein abgespeckter Full-Dresser mit gummigelagertem Motor. Sie hat zwar Satteltaschen und eine Windschutzscheibe, aber weder ein Radio noch diesen riesigen Beifahrer-Sessel.

Die Hell's Angels schufen einen völlig neuen Motorrad-Typ. So wie die Corvette und der Thunderbird den Sportwagen-Look bei Chevrolet und Ford prägten, kreierten wir den Chopper-Look bei Harley-Davidson. Hell's Angels kauften nie viele Teile – wir machten sie selbst. Ich baute meinen ersten Hochlenker aus Stühlen, die zu den Tischen mit Resopal-Oberfläche gehörten, die für die 1950er-Jahre typisch waren. Du hast dir einfach so einen Stuhl besorgt: die Beine waren einen Zoll dick und bereits richtig gebogen. Der Rest des Stuhls wurde abgesägt, schon hattest du einen Hochlenker – fertig.

Eine andere Modifikation bestand darin, den Lenkkopf einer Maschine abzusägen, einen weiteren Lenkkopf hinzuzunehmen, diesen auch abzusägen, um dann die beiden Teile zusammenzuschweißen und den Frontrahmen sechs Zoll länger

zu machen. Durch die verlängerte Front wurde die Maschine niedriger. Dann installierten wir einen schmaleren Kotflügel, Haltegriffe und eine Sissy-Bar. Die Sissy-Bars und die Fußrasten stellten wir nach unseren eigenen Ideen selber her.

Ende der 1960er-, Anfang der 1970er-Jahre choppten wir ein Motorrad, um es niedriger wirken zu lassen. Den Rahmen ließen wir jedoch meistens unberührt. Dennoch sah es so aus, als würde die Maschine tiefer liegen, aber nur, weil wir fast direkt auf dem Hinterradkotflügel saßen.

Die einzigen Teile, die wir kaufen mussten, waren Motor- und Getriebe-Innereien. Ich habe wahrscheinlich mein halbes Leben in Werkstätten verbracht, sodass meine Garage halbvoll mit Ersatzteilen ist. Die links sitzende Schwungscheibe haben wir abgedreht, um sie zu leichter zu machen, sodass der Motor spritziger wurde. Für dauerhafte Spitzenleistung wäre eine schwerere Schwungscheibe besser gewesen, aber uns war es wichtig, rasch beschleunigen zu können.

Es war Machogehabe, solche Dinge wie »Selbstmörder-Kupplungen« und »Jockey-Schaltungen« einzubauen, bei denen mit der linken Hand geschaltet und mit dem linken Fuß gekuppelt wurde. Bevor die Maschinen elektronische Zündungen hatten, installierten wir Magnetzünder, um weder Batterien noch Zündspulen zu benötigen. Ein Magnetzünder erzeugt den Strom für die Zündung in dem Augenblick, in dem du die Maschine mit dem Kickstarter antrittst. Wieder eine Sache, die dabei half, unsere Chopper abzuspecken.

Für einen schnellen Start bauten wir neue Nockenwellen und stabile Stößelstangen ein, installierten größere Ventile und neue Kolben, vergrößerten den Vergaser und versahen das Getriebe mit enger aneinanderliegenden Abstufungen sowie das Hinterrad mit einem größeren Kettenrad. So beschleunigten die Maschinen deutlich besser. Man konnte schon von einem richtigen »Take-off« sprechen.

Die Hinterräder wurden gegen 18-Zöller ausgetauscht, vorne wurde ein 21 Zoll großes Rad verbaut. Bei einer 18-Zoll-Felge mit einem Reifen der Größe 4,50 befinden sich zwi-

Es klang wie eine zehn Meilen entfernte Lokomotive. Es waren die Hell's Angels, die in Fahrformation auf ihren 74er-Harley-Davidsons über die Berge kamen. Die Angels waren irgendwo da oben, bahnten sich durch die Kurven der Route 84 ihren Weg nach unten, schalteten einen Gang runter

thragggggggh

– und drehten auf, die Lokomotive wurde lauter und lauter, bis du deine eigene Stimme nicht mehr hören konntest …

thragggggggh

– jetzt kamen sie um die letzte Kurve, die Hell's Angels, mit ihren Motorrädern, ihren Bärten, den langen Haaren, den ärmellosen Jeansjacken, die mit dem Totenkopf-Abzeichen verziert waren und all dem Zeug, das sie nach verottetem Adel aussehen ließ …

Tom Wolfe, *The Electric Kool-Aid Acid Test,* 1968

schen Felge und Asphalt viereinhalb Zoll Gummi und Luft. Ein 21-Zoll-Rad hat nur etwa zweieinhalb Zoll dicke Reifen. Obwohl die Maschine so weder angehoben noch abgesenkt wird, macht es sie deutlich schmaler und wegen der kleineren Aufstandsflächen auch schneller.

Die besten Deals konnten Motorradfahrer mit ausgedienten Polizeimaschinen machen. Nebenbei: Sie werden immer noch angeboten. 200 Dollar in den Sechzigern entsprechen etwa 6000 oder 7000 Dollar heute, die man in das Motorrad und Ersatzteile stecken musste oder muss. Die Highway-Polizei fuhr zu Zeiten der Shovelhead-Motoren 20 000 Meilen mit den Maschinen, bevor sie überholt wurden. Nach 40 000 Meilen gingen sie zu ihren Ausbildungszentren. Man hatte Angst vor Materialermüdung, deswegen wählten sie diesen Weg. Wenn die Polizeischulen die Motorräder dann ausmusterten, wurden sie versteigert – und wir kauften sie. Einer der Gründe, warum die Hell's Angels Harley-Davidson immer die Treue gehalten haben, ist der, dass Harleys immer wieder neu aufgebaut werden können – solange sie nicht abgebrannt sind. Deswegen kann man heute immer noch 1936er-Harleys auf der Straße sehen. Wenn man sie wartet und pflegt, sind sie praktisch unzerstörbar.

In den frühen 1960er-Jahren interessierten Motornummern kaum jemanden. Sie standen links auf dem Gehäuse, und wenn sie zu deinen Zulassungspapieren passten, war alles okay, egal, ob es eine Werksnummer oder eine selbst eingeschlagene war. Solange die Beleuchtungsanlage komplett war und die Maschine ein Kennzeichen hatte, war den Cops alles egal. Als immer mehr Motorräder gestohlen wurden, kamen schärfere Gesetze auf. Die Fahrzeuge wurden landesweit registriert, und es gab immer mehr Vorschriften. Heute haben selbst Rahmen eigene Nummern.

Viele der Kerle im Club experimentierten gern. So haben wir die Standardbremsen gegen hydraulische Versionen ersetzt. Harley-Davidson nahm diese Modifikation später auf und rüstete alle Serienmodelle damit aus. Wir waren auch die Ersten, die die Seitenständer von vorn in die Mitte versetzten. Harley begann damit bei den Sportstern und führte es später auch bei den Big-Twins ein. Beim Kickstart-Mechanismus habe ich immer den Hebel in der Mitte zersägt und eine 1,5-Zoll-Verlängerung eingeschweißt, damit ich die Maschine leichter starten konnte. Um ein Motorrad zu starten, musst du den Motor in Drehung versetzen, und je schneller du ihn drehst, desto besser springt er an. Wenn du, wie ich, nur 68 Kilo wiegst und dich auf das Pedal stellst, verbessern diese eineinhalb Zoll den Kick erheblich. Solltest du – wie Junkie George oder Big Al – mehr als 110 Kilo wiegen, ist das Starten einer Harley natürlich auch ohne Verlängerung eine Leichtigkeit.

Wir konstruierten und bauten uns ein Motorrad, das dank Verwendung der besten Teile verdammt ruhig lief. Chopper wurden gestrippt, um schnell, cool und absolut unkomfortabel zu sein. Nachdem wir mit ihnen fertig waren, ließen sie sich nicht gerade einfach fahren, aber zur Hölle damit: Zumindest sahen wir cool aus. Wir prägten einen eigenen Stil und einen eigenen Look: Eine »Bitch-Bar« (Sissy-Bar) ist schließlich dazu da, dass sich deine Chick entspannt zurücklehnen kann. Wenn wir die Straße entlangfuhren, erkannten uns die Leute, und darum ging es doch.

Die Staatsregierung jedoch wurde beim Thema Motorradclubs und gechoppte Motorräder immer nervöser. Es wurden neue Gesetze erlassen, und als Clubmitglieder damit begannen, Motorräder zu strecken und mit langen Gabeln auszurüsten, brachte die Highway-Patrol ein Gesetz über die zulässige Höhe von Lenkern auf den Weg. Eine Zeit lang fuhren wir ohne Vorderradbremsen. Wir brauchten sie einfach nicht. Ein schmales Rad mit hübschen langen Speichen und ohne Bremse sah wirklich gut aus.

Prompt kam ein Gesetz, das Vorderradbremsen vorschrieb. Einige unserer Lenker lagen weit über Schulterhöhe. Das Gesetz war meines Erachtens willkürlich und stockkonservativ und definierte, ein Lenker dürfe nicht höher sein als die Schul-

THEY WRECK
Each Other's
Wheels
THEY STEAL
Each Other's
Girls !!

WILD WHEELS COLOR

Starring **DON EPPERSON** · **ROBERT DIX**
Co-starring CASEY CASEM · DOYLE BEAMS · TERRY STAFFORD · JOHNNE LEMONT
Produced by BUDD DELL · Written by KENT OSBORNE and RALPH LUCE · And Introducing BRUCE KIMBLE as "BOOMER"
Directed by KENT OSBORNE · Released by FANFARE FILM PRODUCTIONS INC

Werbeplakate für Biker-Filme aus den
1950er- bis 1980er-Jahren.

tern des Fahrers. Es wurde behauptet, dass man das Motorrad mit einem höheren Lenker nicht mehr kontrollieren könne, was völliger Quatsch ist. Wir versuchten, den Gesetzgebern zu erklären, dass hohe Lenker bei langen Fahrten komfortabler seien. Die brunzblöden Politiker haben noch nicht einmal darauf geachtet, wie normale Autofahrer ihre Karren lenken. Schau dir die Leute beim Autofahren an, und beobachte, wo sie ihre Hände platzieren: Sie liegen oben auf dem Lenkrad – oft genug über Schulterhöhe. Das ist eine ganz natürliche Haltung. Ich glaube, sie wollten das nur verhindern, weil wir, die Hell's Angels, es taten.

In der Frühzeit des Motorradfahrens machte sich niemand auch nur einen Gedanken über das Tragen eines Helms. Mittlerweile gibt es diesbezüglich in vielen Staaten – was auch sonst – entsprechende Gesetze. Als ich 1991 im Gefängnis saß, führte Kalifornien eine Helmpflicht ein. In den 1960er-Jahren war ich mitverantwortlich dafür, dass ein Gesetz dazu nicht erlassen wurde. Es gab einen Abgeordneten namens John Foran aus San Francisco, der in einem schonungslosen Kreuzzug für das erste Helmpflicht-Gesetz kämpfte. Ich stand ihm immer im Weg, kämpfte dagegen, drei oder vier Jahre lang, und ich schlug ihn jedes Mal. Zuletzt, als wir mal wieder aneinandergerieten, kam er zu mir und sagte: »Du weißt, Sonny, nächstes Jahr werde ich einen Antrag vorlegen, in dem gefordert wird, dass nur du einen Helm tragen musst.«

Alle aus dem Club nahmen die Sache sehr ernst, also fuhren wir nach Sacramento, um auf den Stufen des Capitols gegen das Gesetz zu kämpfen. Jedes Mal erschienen die Fernsehkameras, wenn die Hell's Angels halfen, den Kampf gegen die Helmpflicht zu führen; die Motorradindustrie hatte zu viel Schiss, öffentlich gegen die kalifornische Regierung anzugehen. Die Öffentlichkeitsarbeit der Motorradindustrie befand sich in einem großen Dilemma. Einerseits wollte man keine Helmpflicht, andererseits hatte man Angst, man werde mit dem Vorwurf eines mangelnden Sicherheitsbewusstseins konfrontiert. Die Motorradhersteller wollten dieses Gesetz

nie, denn das Tragen eines Helms impliziert, dass ein Motorrad nicht sicher ist. Den Hell's Angels war es egal, als böse Jungs dargestellt zu werden, sollte ein entsprechendes Gesetz verabschiedet werden. Das waren wir gewohnt.

Wenn man heute darüber nachdenkt, ist es lustig, denn nur um cool auszusehen und einen eigenen Look zu haben, schlachteten wir Harleys so weit aus, dass Harley-Händler uns nicht mehr in der Nähe ihrer Läden sehen wollten. Wir zerstörten das Original-Harley-Design und -Image, indem wir Dinge von »ihren« Motorrädern abbauten und durch unsere eigenen – teilweise auch eigenwilligen – Kreationen ersetzten. Manche Harley-Davidson-Läden weigerten sich, uns überhaupt irgendetwas zu verkaufen. Clubmitglieder mussten teilweise ihre Ladys losschicken, um an Ersatzteile zu kommen.

Für die Firma Harley-Davidson waren wir diejenigen, die das Motorradfahren insgesamt in Verruf brachten. Doch selbst wenn wir dafür verantwortlich waren: Wir brachten ihnen auch massenhaft kostenlose Werbung, gerade weil wir Harley-Davidsons fuhren. In den 1950er-Jahren waren die Leute dermaßen von Harleys eingeschüchtert, dass Harley-Fahrer in Restaurants manchmal nicht bedient wurden oder im Motel kein Zimmer bekamen.

Ich denke, dass die Hell's Angels an den heutigen Designs und Verarbeitungsqualitäten bei Motorrädern großen Anteil haben. Wenn du dir ein aktuelles Custom-Softail-Modell (nicht die Full-Dresser) ansiehst, erkennst du viele Design-Innovationen, die auf unser Tun zurückgehen. Unsere Chopper-Motorräder inspirierten selbst Kinderfahrräder, wie die legendär gewordenen Bonanza-Räder mit dem Bananensattel und dem Schwanenhals-Lenker. Es war nur eine Frage der Zeit, wann sich alle darauf stürzen würden, Custombike-Teile zu verkaufen. Der Markt für kundenspezifisch angefertigte Motorräder und entsprechende Kleidung ist heute größer denn je – dank der Hell's Angels.

Motorraddiebstahl war bei Clubs wie unseren schon immer ein, sagen wir mal, wichtiges Thema. Die Hell's Angels haben eine Regel, dass niemandem, der zu uns kommt und mit uns feiert und sein Motorrad vor unseren Clubhäusern oder bei einem Mitglied vor der Haustür abstellt, die Maschine oder Teile davon gestohlen werden. Das ist doch fair, oder?

1967 haben die drei Angels Big Al Perryman, Fu Griffin und Cisco Valderrama an einem einzigen Tag 27 Motorräder geklaut. Das muss so eine Art Weltrekord sein. Die Geschichte lief folgendermaßen ab: An einem Wochenende kamen 27 Leute eines namenlosen Clubs aus Kalifornien zu einer Party mit den *Richmond Hell's Angels.* Es gab eine Rauferei, und alle kamen ins Gefängnis. Cisco brauchte gerade ein schmales 21-Zoll-Vorderrad, aber er kannte die Regel: Nichts darf von vor Clubhäusern geparkten Maschinen gestohlen werden. Cisco wusste von der Party und den Verhaftungen — wer würde bei dem Chaos ein Vorderrad vermissen? Aber Gesetz ist Gesetz. Und dann kamen Big Al und Cisco auf die Idee, einfach alle Motorräder zu klauen. Scheiß auf das Vorderrad, sie wollten keine halben Sachen machen. Sie schoben alle Maschinen um den Block und ließen sie dort über Nacht stehen. Am nächsten Tag waren sie dann der Meinung, dass die Sache nun ganz anders aussah — die Bikes standen nicht mehr vor einem Angels-Clubhaus, und niemand hatte sie gestohlen. Also brachte Fu immer zwei Maschinen mit Ciscos 65er-Impala-Cabriolet nach Oakland, um sie in Fus Haus zu verstauen. Als sie fertig waren, hatten sie einen ganzen Motorradladen zusammen — um genau zu sei, exakt 27 Maschinen, und das für ein einziges benötigtes Vorderrad. Sie zerlegten sie alle und hatten damit ein großes, wirklich umfangreiches Ersatzteillager.

Dann kam ich ihnen auf die Schliche.

Damit hatten Cisco und Big Al Probleme. Sie hatten verschissen. Ich sagte ihnen, dass sie die schmale Linie zwischen Recht und Unrecht übertreten hätten, und legte ihnen nahe, alle Motorräder wieder zurückzubringen. Da sie die Maschi-

nen bereits zerlegt hatten, musste jeder Einzelne der Jungs zu Fu kommen und sein gestohlenes Motorrad in Kartons abholen.

Doch wie ich dir, so du mir, und ein Jahr später wurde mein Motorrad, mein Liebling, mein ganzer Stolz, ge-stoh-len — Mann, ich war total angepisst!

Meine »Sweet Cocaine«. Ich konnte nicht glauben, dass irgendjemand mein wunderschönes und selbst aufgebautes Motorrad geklaut hatte. Sweet Cocaine war auf dem Cover des 1969er-Hell's-Angels-Soundtrack-Albums abgebildet. Ich habe sie von Grund auf aufgebaut, und niemals wurde dabei ein Schraubenschlüssel angesetzt, ohne zuvor eine kleine Nase Koks genommen zu haben. Als ich die Maschine fertig hatte, baute ich für meine Freundin Sharon aus einer Sportster eine Miniaturversion des Modells und nannte es »Little Cocaine«.

Als ich in Hayward bei einem Juwelier einen Ring für meine Schwester kaufte, hörte ich zwei im Laden beschäftigte Frauen miteinander reden.

»Er muss mit seinem Auto gekommen sein, ich sehe sein Motorrad nicht.«

»Sprechen Sie über mich?«, fragte ich sie. »Meine Maschine steht draußen.«

Ich ging hinaus, und Sweet Cocaine war weg. Die zwei Frauen haben die Polizei gerufen, doch als die Cops auftauchten, sagte ich ihnen, ich müsse nun in den Laden, sie würden mich wohl mit jemandem verwechseln. Ich kochte innerlich, doch ich wollte nicht, dass sich die Polizei an der Suche beteiligt. Also war ich nach außen ganz ruhig. Ich ging in eine Telefonzelle und berief eine Dringlichkeitssitzung des Clubs ein.

»Jeder hält nach meinem Motorrad Ausschau!«, brüllte ich. »Und niemand, und ich meine wirklich NIEMAND, fährt in dieser Stadt Motorrad, bis ich meine Sweet Cocaine zurückbekommen habe!«

Sharon machte zu Hause den Telefondienst, während alle anderen die Gegend durchkämmten. Die ersten Anrufe trafen ein, und jemand berichtete, dass in der Nähe des Juwelierge-

Werbeplakate für Biker-Filme aus den
1950er- bis 1980er-Jahren.

schäfts ein rosafarbener Cadillac gesehen worden sei. Ich ging von Bar zu Bar, nahm Leute in die Mangel, fragte nach der Maschine, dem Cadillac und überhaupt nach allem. Ich wollte meine verdammte Maschine wiederhaben – jetzt! Inzwischen waren alle bekannten Motorraddiebe befragt worden. Rick Motley, damals einer der bekannteren Spezialisten auf diesem Gebiet, rief zu Hause an und sagte Sharon, dass er lieber von der Army, der Navy, den Marines und den Green Berets zugleich verfolgt werden würde als von Sonny Barger und den Hell's Angels auf der Suche nach Sweet Cocaine.

Dann erhielten wir einen wichtigen Hinweis. Die Spur mit dem Cadillac erwies sich als Sackgasse. Aber ein Lieferant hatte gesehen, dass ein Kerl mit einem Motorrad weggefahren war, der eine Weste trug, auf der nur unten ein paar Patches zu sehen waren. Mit der groben Beschreibung des Typen und der Farbe seines Patches konnten wir unsere Suche bald auf einen Club, der sich »Unknowns« nannte, eingrenzen. Wir wussten, in welcher Bar sie rumhingen, also rasten wir dorthin, schnappten uns einige von ihnen und fragten, was ihre »Prospects«, also ihre Anwärter, denn tun müssten, um in den Club aufgenommen zu werden. Prospects sind oft so geil auf den Club, dass sie jederzeit allen alles dafür antun würden; hirnlose Scheißkerle ohne Vergangenheit und meistens auch ohne Zukunft. Laut einem der Mitglieder waren einige Prospects gerade dabei, ein frisch gestohlenes Motorrad zu zerlegen. Ich sagte ihm: »Das Motorrad gehört mir, Motherfucker, und du wirst mir jetzt helfen, es zurückzubekommen!«

Die Prospects, die das Motorrad geklaut hatten, wussten nicht, wem es gehörte. Die Kerle, die ihnen gesagt hatten, dass sie es stehlen sollten, wussten aber wahrscheinlich schon, dass es meines war. Ich hatte die Registrierung am hinteren Kennzeichen in einem durchsichtigen Glasrohr stecken. Die Jungs, die das Motorrad über Nacht zerlegen sollten, hatten bereits alles abgeschraubt, doch erst als sie auf den Halter mit der Registrierung stießen, wussten sie, dass sie ziemlich tief in der Scheiße steckten. Doch statt Sweet Cocaine wieder zusammenzubauen, versenkten sie sie lieber im Fluss.

Wir fuhren zu den Verantwortlichen, fesselten sie und brachten sie in mein Haus an der Golf Links Road. Sharon sollte ein Auge auf sie haben, doch es war richtig, sie trotzdem zu fesseln, denn es war bereits so spät, dass Sharon, ihre Kanone umklammernd, einschlief. Alle halbe Stunde wurde die Tür geöffnet und ein anderer Komplize ins Wohnzimmer gezerrt. Als wir den letzten Kerl gefunden hatten, begann die Bestrafung. Nacheinander peitschten wir sie, schlugen sie mit nietenbesetzten Hundehalsbändern, und brachen ihnen mit Schlosserhämmern die Finger. Einer schrie uns an: »Warum tötet ihr uns nicht einfach und bringt die Sache schnell zu Ende?«

Dann nahmen wir ihre Motorräder, verkauften sie und lösten ihren Club auf.

Die Moral von der Geschichte? Klaue keinem Hell's Angel das Bike – besonders dann nicht, wenn es dem Präsidenten gehört.

Von Arschloch-Schaltungen und Selbstmord-Kupplungen

Von Tobie Gene Levingston

Noch bevor Rosa Parks ihre in die Geschichte eingegangene Busfahrt unternahm, und noch bevor Martin Luther King jr., Malcolm X, Huey Newton und die Black Panthers sich für Gleichberechtigung aussprachen, hatte der East Bay Dragons Motorcycle Club bereits eine revolutionäre Stellungnahme abgegeben. Sie waren eine Gruppe aus Afro-Amerikanern, sie hatten sich zusammengetan, um aufzustehen, Kopf und Kragen zu riskieren und tapfer gegen den weißen Status quo zu kämpfen. Und sie fuhren Harley-Davidsons.

Als Sonny Barger 1957 die Oakland Hell's Angels gründete, inspirierte das den ein paar Meilen weiter in der 14. Straße von East Oakland lebenden und aus Louisiana stammenden Afro-Amerikaner Tobie Gene Levingston. Im Jahre 1959 organisierte er die »Dragons«, eine lose Gruppierung mit ausschließlich schwarzen Club-Mitgliedern, eine der ersten dieser Art. Bald wurde daraus der East Bay Dragons MC, und Tobie Gene war der erste und einzige Präsident, der nach über 40 Jahren immer noch im Amt ist und Motorrad fährt.

Tobie Gene erzählt seine Geschichte in *Soul on Bikes: The East Bay Dragons MC and The Black Biker Set.* Das ist ein Teil der amerikanischen Underground-Kultur, den man wahrscheinlich in keinem Geschichtsbuch nachlesen kann.

In diesem Auszug aus *Soul on Bikes* wird geschildert, aus welcher Idee heraus der Club gegründet wurde, wie viel Begeisterung dabei mitschwang und welch glorreiche Tage die Dragons erlebt haben.

Es ist das Jahr 1959. In den Augen der Stadt Oakland und des O.P.D. war der East Bay Dragons Car Club Geschichte. Nach Joes automobilem Angriff auf das Snow-Gebäude galten wir in der Stadt quasi als der letzte Dreck. Wir waren von allen öffentlichen Veranstaltungen ausgeschlossen und durften auch keine Hallen für unsere Tanzveranstaltungen mehr anmieten. Ohne die Möglichkeit zu feiern, war die Party wirklich vorüber. Keine Partys bedeuteten kein Eintrittskartenverkauf, was keine Einnahmen bedeutete, was wiederum hieß, dass es kein Geld für Tobie gab. Das Ende des Clubs schien nahe, die East Bay Dragons waren zum Verwelken und zum Sterben verdammt.

Wieder einmal suchte ich Wilton auf, um eine Antwort darauf zu finden. Big Wilton war so etwas wie ein Meinungsführer meiner Truppe. Wenn er sagte: »Maul halten!«, hielten wir die Klappe. Wenn er auf einen zeigte und sagte: »Schnappt ihn!«, wollte ihn jeder kriegen. Als der ältere (und klügere) Levingston war er, was das Interesse an Motorrädern betraf, seinem Bruder einen Schritt voraus. Dabei richtete sich sein Augenmerk nicht auf irgendeine Maschine, sondern speziell auf einen schwarzen Harley-Davidson-Full-Dresser. Zu dieser Zeit fuhren nicht viele Schwarze mit Harleys auf den Straßen in und um Oakland herum. Sie hätten es aber tun können. Motorräder aller Marken standen in den Garagen und unter den Vordächern herum. Schwarze GIs nutzten sie als billiges Transportmittel, nachdem sie beim Militär entlassen oder vom Süden nach Oakland oder Richmond versetzt worden waren. Weil viele von ihnen gottesfürchtige Familienväter wurden, mussten ihre Motorräder für das Familienauto Platz machen und wurden hinten in die Garage oder in den Keller verfrachtet.

Zur gleichen Zeit kämpften unsere Autoclub-Mitglieder an der häuslichen Front eine andere Schlacht. Nicht viele Familien hatten Ende der 1950er-Jahre zwei oder drei Autos in der Einfahrt stehen, so wie es heute der Fall ist. Das verfügbare Auto wurde gebraucht, um Besorgungen zu machen und den Haushalt und das Familienleben am Laufen zu halten, besonders an den Wochenenden. So wurde es für unsere Mitglieder immer schwieriger, das Auto abends oder am Wochenende zu bekommen, um mit ihren Kumpels abzuhängen. Auch wenn viele von uns jetzt verheiratete Männer waren, wir brauchten irgendein Fahrzeug, um ab und zu mal wegzukommen von daheim.

Harleys gab es in East- und West-Oakland nicht gerade an jeder Ecke. Es war nicht einfach, an sie heranzukommen. Es gab zwei Harley-Händler in Oakland, aber die wenigsten schwarzen Männer hatten die 600 oder 700 Dollar übrig, um sich ein nagelneues Motorrad leisten zu können. So war es üblich, eine heruntergefahrene Harley für 40 oder 50 Dollar zu erstehen und sie selbst wieder herzurichten. Zudem sahen in den späten 1950er- und den frühen 1960er-Jahren die Harleys, wie wir sie uns vorstellten, nicht annähernd so aus wie die in den Schaufenstern.

Doch keiner von uns wusste, wie diese verdammten Dinger zu fahren, geschweige denn in einen fahrbereiten Zustand zu bringen waren. Vielleicht hatte Wilton die Antwort. Er war in einen nur aus Schwarzen bestehenden Motorradclub namens »Star Riders« eingetreten. Die Star Riders existierten schon lange. Sie hatten Chapters in Los Angeles und Oakland und bestanden hauptsächlich aus älteren Männern und einigen Frauen. In Erinnerung an ihre Militärzeit trugen die Star Riders adrette Uniformen. Sie bestand aus einem schwarzen Hemd, einer weißen Krawatte, einer schwarzen Hose, einem schwarz-weißen Helm und glänzenden schwarzen Polizeistiefeln. Sie fuhren hauptsächlich, wenn nicht sogar ausschließlich, voll ausgerüstete Harley-Davidsons. Ein Full-Dresser war für sie der Begriff von Vornehmheit. Wir nannten die Dinger »Müllwagen«. Sie waren mit allem ausgerüstet, was Harley liefern konnte – und noch mehr. Sie hatten alles dran: Satteltaschen, Kotflügel, Zusatzrückspiegel, flache Lenker, hohe Sitze, Weißwandreifen, Windschutzscheiben, funktionierende Vorderradbremsen sowie Lichter und Lampen rundherum.

Dazu diverse Hupen und Hörner und ein im Wind flatternder Waschbärschwanz. Wiltons Harley hatte eine Menge Chrom, was uns nachhaltig beeinflusste. Der beste Weg, kein langweiliges schwarzes Motorrad zu fahren, bestand darin, alles zu verchromen, was irgend möglich war. Unterm Strich gehörten Full-Dresser jedoch zu den Motorrädern, auf die sich kein Dragon freiwillig setzen würde. Darüber später mehr.

Die Star Riders hielten manchmal Tanzveranstaltungen ab, aber die liefen viel steifer ab als unsere Autoclub-Feiern. Die Mitglieder erschienen in Anzügen und Smokings, und sie wurden eskortiert von ihren Frauen, die Pelzstolas und Abendkleider trugen. Ihre Tänze waren ziemlich prüdes, vornehmes Gehabe. Wilton passte gut dorthin. Aber Joe Louis und ich würden nur in den Träumen meiner Mutter zum Tanzen einen Smoking tragen. Die Star Riders konnten tagelang feiern. Natürlich war meine Truppe deutlich jünger, munterer und lumpiger gekleidet. Ja, die Überbleibsel des East Bay Dragons Car Club waren aus einem ganz anderen Holz geschnitzt als die Star Riders.

Die Star Riders waren keinesfalls der erste rein schwarze Motorradclub in der Gegend. Bei den meisten von ihnen ging es um Formations- und Kunstfahren. Einer der ersten schwarzen Motorradfahrer an der Westküste ist ein Freund von mir, Don Myers, genannt Snake. Im Jahre 1953 war Don Mitglied der Berkely Tigers. Dieser Club entstand vor den Star Riders. Sie trugen grün-gelbe Pullover mit Colors auf dem Rücken, vorn waren die Namen aufgestickt. Ihre Mitglieder kamen aus den benachbarten Städten Nordkaliforniens wie beispielsweise Vallejo, San Rafael und San Francisco. Im Jahre 1955 zettelte ein Teil der Mitglieder eine kleine Rebellion an und schlich sich davon, um ihre Motorräder schwarz zu lackieren. Snake hasste die Idee von schwarzen Motorrädern, die alle gleich aussahen, und so wurde das nächste Clubtreffen ein explosives Kräftemessen zwischen den schwarzen Maschinen und Dons Kameraden, die einen Rest Indi-

vidualität retten wollten, wenn es um Farbe und Design der Motorräder ging.

»Wir malen alle unsere Motorräder schwarz an, und als Nächstes tragen wir alle schwarz-weiße Uniformen wie die Star Riders«, erklärte der Anführer der Berkely Tigers.

»Nicht mit mir«, stellte Snake fest. Don verlangte eine Abstimmung und wurde vernichtend geschlagen. Also gründete er mit einer Bande Dissidenten, George, Fat Daddy, Capers, Chief und einigen anderen, die California Blazers. Im selben Jahr wurde er in Hollister für das zweitschönste Motorrad Kaliforniens prämiert. In eine schmutzige Levi's gekleidet, führte er mit seiner 49er-Harley FL Wheelies und Donuts vor. Snake trägt bis heute seinen California Blazers-Patch, während sein Sohn Pac Man und sein Neffe Lil Al bei den East Bay Dragons mitmachen.

Neben den Tigers und den Blazers gab es noch andere schwarze oder gemischte Clubs, die auf den Nebenstraßen der Bay Area schwarze Kreise malten. Die Mitglieder fuhren in engen Formationen, führten Achten vor, standen aufrecht auf fahrenden Motorrädern und machten bei Paraden und Wettbewerben mit. Einer der ersten schwarzen Clubs im nördlichen Kalifornien waren die Bay View Rockets, die sich 1951 gründeten. Dazu kamen die Buffalo Riders, die Space Riders, die Jolly Riders, die Peacemakers und die Safari Riders.

Außerdem gab es noch die Roadrunner aus Richmond. Richmond war für Motorradfahrer ein raues und gefährliches Pflaster. Wenn du zu einem Nachtlokal wie dem *Savoy Club* gefahren bist, kamst du entweder nicht hinein oder nicht lebendig wieder heraus, wenn du keinen Einheimischen gekannt hast. Die Stadt zu durchqueren war äußerst riskant. Die Hell's Angels gründeten dort eines ihrer ersten Chapters.

Dann gab es natürlich noch die Rattlers aus San Francisco. Das war ein gemischter Club, die meisten waren Schwarze, sie hatten verschiedene Chapter und fuhren in Frisco und Los Angeles. Mit gemischt meine ich, dass sie einige weiße Jungs als Mitglieder hatten. Sie fuhren Harley-Chopper und Full-

Wild und gefährlich ...

ein Leben, als gäbe es kein morgen!

Werbespruch für den Film *Motorcycle Gang*, 1957

Dresser. James »Heavy« Evans, der Rennfahrerkönig von Kalifornien, gehörte am Weihnachtsabend des Jahres 1955 zu den Gründungsmitgliedern. Andere frühe Mitglieder neben dem Präsidenten Ellis White waren Jake Stewart, Lonnie Lee, Porky Pete, Big Foot Charles und Big Spoon, der Bruder des berühmten Bluessängers Jimmy Witherspoon. Die drei Clubs Hell's Angels, Gypsy Jokers und Rattlers mischten San Francisco auf. Die Rattlers hatten sich den Bereich Fillmore ausgeguckt, nachts wimmelte es dort nur so von Zuhältern, Huren, Geldverleihern, Dieben und Mördern. Die Rattlers übernahmen ein Rattenloch an der Ecke Ellis-/Fillmore Street. Wenn du dich allein in den Straßen von Fillmore bewegen konntest, warst du schon echt gut. Die Rattlers feierten ihre Partys im Untergeschoss des Fillmore-Theaters und den Sälen der Umgebung. Hier tauchten auch die Star Riders auf.

Wegen der Zukunft unseres Autoclubs sprach ich mit meinem Freund Sonny Barger, Präsident der Oakland Hell's Angels. Ich ging zu Sonny und sagte: »Sonny, wie kriegt ihr die Genehmigungen?«

Sonny sagte: »Zur Hölle! Das ist gar kein Ding. Wir gehen einfach zur Polizeistation und holen uns eine. Überhaupt kein Problem.«

Aber wir hatten damit ein Problem. »Scheiß drauf«, dachte ich. »Wir brauchen Motorräder.«

Ich kannte Sonny ziemlich gut von der Straße. Er wuchs zwar am anderen Ende der Stadt auf, aber unsere Wege kreuzten sich regelmäßig. Im Jahre 1959 hatte er sein Oakland-Chapter der Hell's Angels gut am Laufen. Sie waren – wie soll man sagen? – sichtbar und organisiert. Sie fuhren Chops, abgespeckte Motorräder, die später Chopper hießen.

Diese weißen Kerle waren respekteinflößend und selbstbewusst, sie machten, was sie wollten, worauf sie eben Lust hatten. Auf dem Motorrad machte ihnen niemand etwas vor. Als Bruderschaft waren sie so eng verbunden, dass sie bei jedem Zusammentreffen mit niemand anderem redeten, nur mit Club-Mitgliedern.

Den Angels gehörten die Straßen von Oakland, und sie beherrschten praktisch die Stadt. Hollywood, das Fernsehen und Zeitungen erstarrten in Ehrfurcht vor ihnen. Sie wurden bewundert. Ich erinnere mich noch an die Hell's Angels, wenn sie in ihrer V-förmigen Formation fuhren. Das war keine endlose Zweierschlange wie heute. Die Angels fuhren auf der gesamten Straßenbreite, und wenn sie dir entgegenkamen, musstest du zusehen, wo du bleibst.

Die Mitglieder unseres Autoclubs respektierten sie und schauten zu ihnen auf – besonders zu Leuten wie Sonny, Zorro, Tiny und Terry the Tramp. Aber Sonny war der kühle Kopf im Sturm, ein geborener Anführer, ein guter Zuhörer und Vermittler, und ein harter Typ, wenn es darum ging, Ordnung innerhalb der Ränge einzuhalten.

Wenn wir ein Motorradclub werden wollten, waren die Angels ein ideales Modell für uns. Doch zuerst mussten wir lernen, wie man Motorräder fuhr. Wir benötigten einen Lehrer, Motorräder und einen sicheren Platz zum Üben. Also mussten Wilton, seine Harley und eine Wiese ran.

Wilton brachte mir bei, seine Harley zu fahren. An der Straße von Brookfield Village herunter gab es ein großes staubiges Areal voller Kaninchenlöcher. Wilton und ich konnten die Tiere mit Gewehren jagen, so abgelegen und fern jeglicher Zivilisation war es dort damals noch. Ich lernte nicht nur, mit einer Harley zu fahren, sondern auch, wie man sie hinlegt. Fahren lernen bedeutete auch Fallen lernen. Sobald ich das Gefühl fürs Lenken und Schalten draufhatte, waren meine Brüder und Hooker dran. Bald lernten fast alle unsere Kameraden auf Wiltons Maschine, wie man auf diesem Karnickelacker Motorrad fuhr.

Hooker fing sofort Feuer und kaufte sich eine 49er-Electra Glide mit hängenden Satteltaschen. Sie hatte einen Hauptständer, mit dem sich die Maschine aufbocken ließ, sodass das Hinterrad in der Luft schwebte. Mit ihrem merkwürdigen Verteiler war sie verdammt schwierig zu starten. Hooker brauchte so viele Versuche, um das Ding anzutreten, dass er am ganzen Bein Prellungen hatte. Später brachte Hooker dann Benny Whitfield das Fahren bei. Benny besorgte sich eine alte Knucklehead, brachte dem Nächsten das Fahren bei, und so weiter – etwa in der Art, wie es meine Familie gemacht hatte, um zehn Kinder in Lousiana groß zu bekommen.

Bald waren vier oder fünf von uns so weit, dass sie sich trauten, auf der 105. Avenue zu fahren. Manche von uns fuhren FLs; Hooker entschied sich für eine kleine EL. Doch sein Motorrad war ihm zu langsam, er hatte Schwierigkeiten, am Rest der Truppe dranzubleiben. Also brachte er es in eine Harley-Werkstatt, um den Motor tunen zu lassen: Die Köpfe wurden poliert, die Zylinder aufgebohrt und geschliffen, und es bekam eine neue Nockenwelle. Danach hatte Hookers Vorderrad kaum noch Bodenkontakt. Er hatte ein Monster für den Drag-Strip erschaffen.

Der Kaninchenacker war übrigens genau das Fleckchen Erde, auf dem später das Oakland Coliseum erbaut wurde, in dem jetzt die Raiders, Warriors und Athletics spielen. Wir verlegten unser Übungsgelände auf eine ruhige Straße namens Bigge Road, rechts von der 90. Avenue. Die Bigge Crane Company befand sich am Ende der langen Geraden. Viele der Dragons lernten auf der Bigge Road fahren, schalten und fallen.

Nachdem wir alle fahren konnten, schlossen Hooker und ich uns einem MC namens Peacemakers an. Eine kurze Zeit fuhr auch Don Myers mit den Peacemakers. Der Club nahm sowohl Männer als auch Frauen auf. Verglichen mit den Hell's Angels waren die Peacemakers echt jugendfrei und familienfreundlich. Sie veranstalteten sonntags nach der Kirche Picknicks und Zusammenkünfte. Das Fahren mit den Peacemakers machte Hooker und mir klar, wonach wir nicht suchten. Mit der Organisation von Partys waren die Peacemakers sehr nachlässig. Der Club machte nicht viel Geld.

Während eines Treffens wollten der Präsident und seine Frau dies ändern. Es war üblich, dass bei den Peacemakers ständig Diskussionen zwischen Männern und Frauen geführt wurden. Die Peacemakers, die ihre Frauen dabeihatten, zankten sich ständig mit ihnen. So kam es immer wieder zu Unstimmigkeiten, wenn ein Typ die Meinung der Frau eines anderen Clubmitglieds vertrat: »Du willst wohl mit der Schlampe ins Bett, oder warum bist du auf ihrer Seite?!«

Es hat schon gereicht, wenn eine Frau sich bei einer Feier mit zwei angetrunkenen Männern unterhielt. Das endete meistens mit einem Faustkampf um eine Lady, die eigentlich keiner der Männer kannte.

Hooker und ich schauten uns gegenseitig an und schüttelten den Kopf. Es war noch schlimmer als der Tag, an dem Buzzy sich dem Autoclub anschloss.

»Genug von diesem Genörgel und Gestreite. Wenn wir unseren eigenen MC gründen, werden wir keine Frauen zulassen.«

Hookers Frau, meine Cousine, heizte die Diskussion noch zusätzlich an. Was die Mitgliedschaft von Frauen – Dragonetten, wenn du so willst – betraf, vertrat sie eine andere Meinung. Doch wir hörten nicht auf sie. Hooker war damit einverstanden. Das ewige Genörgel war genau das, was Mitglieder eines Motorradclubs nicht wollten. Ich behaupte nicht, dass Frauen keine guten Ideen in Gruppen und Organisationen einbringen. Ich meine nur, dass Frauen – besonders starke, schwarze Frauen – dazu neigen, sich vehement durchsetzen zu wollen. Ich persönlich mag motorradfahrende Frauen. Die Rattlers hatten welche in ihrem Club, und das war cool.

Ich sage auch, dass die Zeit für einen lockeren, flippigen, ausschließlich Harleys fahrenden Motorradclub einfach reif war – und das exklusiv für schwarze Männer aus der East Bay. Wie beim Autoclub wollten wir einen MC, der eine Bruderschaft war und außerdem eine Alternative zur täglichen Plackerei bei der Arbeit und dem Familienleben darstellte.

Nachdem ich fahren konnte, ging ich zusammen mit meinem Bruder Wilton und einem anderen Star Rider namens Johnny L. zu einer Feier der Rattles. Vor ihrem kleinen Clubhaus in Fillmore standen alle möglichen schäbigen Motorräder herum. Ich fuhr einen kleinen Chopper mit 19-Zoll-Vor-

Die Haare wehen im Wind. Billy Lane auf dem Weg in die Savanne.
Foto: Russ Bryant

derrad und 16-Zoll-Hinterrad mit Tankschaltung. Ich hörte die Stimme einer schmächtigen Gestalt auf der Straße.

»Mann, wenn du mit der Maschine zu den Rattlers fährst, solltest du besser aufpassen, dass sie nicht gestohlen wird.«

Ich stand die ganze Nacht vor dem Clubhaus und beobachtete mein Motorrad. Niemand sollte meine kostbaren Räder rauben. Im Clubhaus saßen sich zwei riesige Rattlers, Big Brown und Mule, an einem Tisch gegenüber und schauten sich mit stählernem Blick an. Ihre Arme waren dick wie Baumstämme. Die Rattlers veranstalteten fast jeden Freitag- und Samstagabend Armdrück-Wettbewerbe. Alle verwetteten ihr Geld darauf, wer gewinnen würde. Ich war echt überrascht, als diese beiden sich die ganze Nacht anstarrten.

Früher trugen nur wenige Frauen das Rattlers-Wappen auf dem Rücken, und einige von ihnen waren genauso hart wie die Kerle. Ein Rattlers-Mitglied war bekannt dafür, öfter mal totalen Mist zu reden und wie ein Brunnenbauer zu fluchen. Diskutierte man mit ihm, wurde man schnell auch mal als Arschloch bezeichnet. Jahre später saß dieses Mitglied mit einem Freund aus Los Angeles in unserem Clubhaus – und trug ein Kleid. Ich musste laut lachen. All die Jahre hatte ich nicht gemerkt, dass sie eine Frau war, so hart war sie drauf. Respekt!

Im Jahre 1959 wurde der East Bay Dragons Car Club schrittweise in einen Motorradclub umgewandelt. Der East Bay Dragons MC war geboren. Bei diesem Wechsel entschieden wir uns dazu, den Namen zu behalten und Patches auf ärmellose schwarze Levi's-Jacken zu nähen. Beim Umsteigen von Autos auf Motorräder erlebten wir dann, dass einige Mitglieder, die der Car Club verloren hatte, mit viel Enthusiasmus zu den motorradfahrenden Dragons zurückkehrten. Während die meisten der schwarzen oder gemischten Clubs Full-Dresser fuhren, hielten wir es wie die Hell's Angels und fuhren gechoppte Harley-Davidsons.

Von Anfang an war eine East Bay Dragons-Mitgliedschaft ausschließlich für schwarze Harley-Fahrer möglich. Full-Dresser und japanische Motorräder waren strengstens verboten

– außer für Albert Guyton, der hartnäckig darauf bestand, einen Müllwagen zu fahren. Wir brachten die Sache bei einem unserer Treffen zur Abstimmung, und als Kompromiss kam heraus, dass Albert dann das Werkzeug und anderen »Müll« transportieren müsse. Außer Albert fuhren alle anderen Chopper. Die meisten Gründungsmitglieder stammten aus dem alten Car Club: Hooker, Joe Louis, Jonas, Van Surrell, Sonny Wash, Popsy, Johnny Mendez, Benny Whitfield, MacArthur und ich. Wir trafen uns, wann immer wir konnten, in Hookers Werkstatt oder in Sonny Washs Zweifamilienhaus. Wir zockten in *Miss Helen's Barbeque* an der 58. Avenue. Miss Helen tat viel für uns. So stellte sie uns nach Geschäftsschluss einen Teil ihres Restaurants zur Verfügung und stellte ununterbrochen Hühnchen und Spareribs auf den Tisch. Helen wurde zur Schutzheiligen des East Bay Dragons MC. Wir liebten sie.

Wenn es um das Zusammenbauen unserer Motorräder ging, trafen wir uns an der sogenannten Montagestraße in meiner Werkstatt. Wie wir es bei unseren Autos gelernt hatten, so konnten einige unserer Mitglieder auch bald an Motorrädern schrauben. Viele Mitglieder standen – nur ausgestattet mit ihren Zulassungspapieren und einem Motorrad in der Kiste – vor meiner Garage. Vom Beginn der Regenzeit im November bis zu den ersten Sonnenstrahlen im März waren wir in meiner Werkstatt damit beschäftigt, uns auf die Motorradsaison vorzubereiten. Während wir an unseren Maschinen arbeiteten, redeten und lachten wir miteinander und tranken ein paar Biere oder spielten Kartenspiele, Würfel und Domino. Im November war der Zeitpunkt gekommen, herauszufinden, wie das Motorrad schneller, schlanker und schicker werden konnte.

Wir entdeckten, dass die Arbeit an Motorrädern viel einfacher war als an Autos. Da wir unsere Maschinen so weit zerlegten, dass wir sie praktisch wieder neu aufbauten, machte es keinen Sinn, eine nagelneue Harley zu kaufen – ausgenommen die Sportster, die sich alle wünschten, nachdem Zorro von den Hell's Angels sich eine gekauft hatte. Die hätte man neu kaufen müssen, doch eine fabrikneue Maschine konnten wir uns sowieso nicht leisten.

Für die Arbeit an einem halben Dutzend Autos hätten wir mehr Platz benötigt, als uns der Hinterhof bot, doch an einem halben Dutzend Motorräder konnten wir bei Regen oder Sonnenschein in meiner Garage basteln. Verschiedene Mitglieder spezialisierten sich mit der Zeit. Da Popgun, genannt Popsy, immer ganz gierig darauf war, sein Motorrad als Erster zum Laufen zu bringen, war er meist als Erster fertig und half uns dann bei der Verkabelung der anderen Maschinen. Die Elektrik samt Scheinwerfern und Rückleuchten war der schwierigste Teil. Jeder der Jungs hatte sich auf besondere Reparatur- oder Umbauarbeiten spezialisiert, so konnten wir unsere Fähigkeiten bündeln und eine komplette Motorradflotte fertigstellen, die eindeutig als East Bay Dragons zu erkennen war: gechoppt, farbenfroh und laut.

Hooker und ich choppten die ersten Maschinen. Zuerst warfen wir die Satteltaschen weg, dann demontierten wir das vordere Schutzblech und sägten den hinteren Kotflügel in der Mitte durch. Traten Probleme auf, brauchten wir ein Teil oder hatten wir eine Frage, wendeten wir uns an den Harley-Händler in der 84. Avenue, direkt neben dem Fischgeschäft. Wir verlängerten den Hub und bohrten die Zylinder auf, damit die Maschinen schneller wurden als jede Harley ab Werk.

Jedes Teil, das verchromt werden konnte, brachten wir zum Verchromer in der 47. Avenue. Was nicht verchromt werden konnte, überzogen wir mit sogenanntem mexikanischen Chrom. Wir bauten das Vorderrad aus und sprühten die Speichen mit Silberfarbe ein. Das Kennzeichen kam an die Seite. Sissy-Bars und Bremsgestänge bauten wir uns selbst. Die Federn kamen aus dem Sitz, den wir direkt auf den starren Rahmen legten. Wir tauschten die Serien-Tanks gegen die kleinen »Peanut«-Tanks der Sportster-Modelle aus, versetzten die Fußrasten und montierten den Tacho auf den Tank. Dazu bauten wir längere Gabeln ein. Einige von uns gingen sogar aufs Alameda College, und eröffneten eigene Werkstätten.

Wir fertigten Verlängerungen, Riser für den Lenker und Radmuttern für das Vorderrad an.

Wir fuhren mit sogenannten Selbstmörder-Kupplungen, die mit dem Fuß betätigt werden mussten. Andere hatten Tank-Schalthebel statt Fußschaltungen. Die nannten wir »Arschloch-Schaltungen«. Wir montierten eine Stange mit einem Knauf an die Getriebe mit Selbstmörder-Kupplungen. Schalten an Steigungen war so unmöglich. Die Schalldämpfer wurden durch einfache Rohre ersetzt. An das Vorderrad kam ein 18-Zoll-Rad, und hinten wurde ein 16-Zöller montiert. Für unsere hohen Lenker und »Ape-Hangers« erhielten wir regelmäßig Strafzettel.

Bald hatten unsere Motorräder einen einzigartigen Stil. Metallic-Lackierungen. Wir wurden die original »Regenbogen-Koalition«. Jedes Motorrad hatte eine andere Farbe.

»In welcher Farbe soll dein Motorrad lackiert werden?«, fragte Sonny Wash vielleicht MacArthur. Macs Antwort war dabei eigentlich egal, denn Sonny wählte sowieso einen anderen Farbton des Spektrums aus. Jeder erhielt eine Farbe, die sich von der der anderen Club-Brüder unterschied.

Mit unseren Motorrädern standen wir auch im Wettbewerb untereinander, egal ob es um das Bauen oder um Rennen ging. Die Farben variierten zwischen Türkisblau, Gelb (Benny Whitfields Spezialität), grellem Metallicorange, dunklem Violett und sogar Rosa mit schwarzen Linien. Mit Glas-Wachs und Chrompolitur hielten wir die Maschinen auf Hochglanz.

Unser wichtigster Lackierer war Harry Brown. Joe Louis fand ihn in seinem Laden in Hayward. Ein Jüngling namens Arlen Ness lackierte Harley-Rahmen und war einer der frühen Unterstützer der East Bay Dragons und vieler schwarzer Motorradfahrer. Ein anderer Lackierer in Berkeley namens Sal verzierte unsere Helme mit passenden Flammen-Motiven. Sal war als alter Italiener ein Überbleibsel aus vergangenen Gangster-Zeiten in West-Oakland.

Fürs Verchromen und Lackieren benötigten wir eine Menge Leute, doch keiner reichte an Tommy »The Greek« heran. Er

Werbeplakate für Biker-Filme aus den 1960er- bis 1980er-Jahren.

erledigte in seinem Studio in Berkeley sämtliche Linierungen. The Greek war in der gesamten Bay Area (und darüber hinaus) bekannt für seine Linier-Techniken. Wir liebten Tommy. Er war verrückt, ein absoluter Künstler. Er erledigte alle seine Arbeiten freihändig, ohne abzukleben. Samstags besuchten wir ihn öfter in seinem Laden am Foothill-Boulevard. Er besaß ein klitzekleines Motorrad, das gewöhnlich in seiner Toilette stand. Kaum hatte man den Laden betreten, schoss er damit aus dem Klo und jagte einen durch den ganzen Raum. Wenn er ein Bike mit Klarlack einsprühte, nahm er manchmal seine Zähne heraus und sprühte sich das Zeug in den Mund, um vom Verdünner high zu werden. Jedes Mal, wenn wir bei ihm auftauchten, schrien wir ihm entgegen: »Hey Tommy, bist du mit unseren Bikes fertig?«

»Scheiße nein! Habe noch nicht mal angefangen!«

Tommy war der Meister der Linien. Kein durchgeknallter Stil, einfach sauber, cool und elegant. Besonders bei Flammen und Tropfen-Abbildungen war er großartig. Das war sein Markenzeichen. Wenn Cadillacs die Straße entlangfuhren, die seine Streifen und Tränen trugen, fiel das den Eingeweihten sofort auf und sie brüllten: »Greek!«

Ab und an besuchten wir auch den alten Walt und seinen Harley-Shop in der San Pablo Avenue. Er hatte einen Hang zu alten Highway Patrol- und City Police Department-Motorrädern, die bei Auktionen versteigert wurden. Walt war über 70 Jahre alt, aber er war nicht zu alt, um mit alten Knuckleheads, Panheads und den neuen Sportstern auf dem Freemont Drag Strip Rennen zu fahren.

Wir waren schnell so weit, unsere allererste Motorrad-Abnahme zu veranstalten. Also brachten die Mitglieder ihre Maschinen für die letzte Durchsicht zu meiner Werkstatt. In einem waren wir uns einig: Um ein angesehener Dragon zu sein, musste das Motorrad nicht nur in einem perfekten technischen Zustand sein, sondern auch glitzern und glänzen. Die jährlichen Bike-Inspektionen im März dienen traditionell dazu, das sicherzustellen.

Der East Bay Dragons MC war in den Anfängen ein Schmelztiegel für unterschiedliche Motorradfahrer-Kulturen. Es gefiel uns, wie die Hell's Angels angezogen waren, kämpften und zusammenhielten. Sie fuhren ausschließlich Harley-Chopper, keine pompösen Full-Dresser. Sie nähten ihr beängstigendes Patch auf ärmellose Jeans- oder Lederjacken und Westen. Sie trugen speckige Jeans, keine kitschigen Uniformen.

Doch wir mochten es auch, wie die Star Riders organisiert waren. Sie brachten Partys, Picknicks und wichtige Veranstaltungen in der schwarzen Gemeinde in Gang. Wir verehrten die Rattlers für ihre Härte und wie sie sich gegen ihre weißen Gegenspieler auf zwei Rädern behaupten konnten.

Manche schwarzen Clubs machten zur Bedingung, dass ein Mitglied Arbeit haben musste. Das gefiel uns auch. Wenn du für deine Familie sorgen musst, bist du immer auf irgendeine Weise im Stress. Mein Motto war, dass man sich an das halten sollte, was ich »legalen Stress« nannte. Illegaler Stress war das, wofür man von der Polizei eingebuchtet werden konnte. Das hätte Unruhe in den Club gebracht. Diesen Bullshit wollten wir vermeiden. Wir wählten Verantwortliche, einen Präsidenten, einen Vizepräsidenten, Road Captains und einen Geschäftsführer. Außerdem konnten wir von Buzzy lernen, dem weißen Kumpel aus unseren Autoclub-Tagen. Um im East Bay Dragons MC Mitglied zu werden, musst du schwarz sein, Harley fahren und erwerbstätig sein.

Wir wollten schlauer sein als die Polizei. Also bauten wir keinen Mist; eine unserer Regeln war vielmehr, erst gar keinen Streit anzufangen. Doch auch wenn wir friedlich wirkten, konnte das von einem zum anderen Augenblick umschlagen und wir wurden echt böse. Wir arbeiteten mit der Black Community gut zusammen, doch wir bewahrten unsere Unabhängigkeit. Ein Trupp schwarzer Motorradfahrer reichte aus, um die benachbarten Städte, Gemeinden und Polizeistationen zu Tode zu erschrecken. Damit konnten wir leben. Von Beginn an machten wir es den Gesetzeshütern schwer, die East Bay Dragons einfach in die Schublade der Outlaws zu stecken. Wie

Werbeplakat für Biker-
Film aus den 1960er-
bis 1980er-Jahren.

die Angels wollten wir farbenfroh und gut sichtbar sein und so in der Öffentlichkeit wahrgenommen werden. Uns ging es um das Spektakel, wenn wir als Truppe losfuhren. Doch die schwarze Gemeinde in Oakland war unser Zuhause.

Wichtiger noch war, dass wir nicht in die Falle der Gebietsaufteilung rannten. Wir verzichteten selbst darauf, unser eigenes Revier abzustecken. Diesen Al-Capone-Gangster-Kram wollten wir vermeiden. Stattdessen wollten wir stolz und voller Selbstvertrauen von einer Community zur nächsten fahren. Ich mochte es, wenn jemand auf der Straße – egal ob schwarz oder weiß, Mann oder Frau, Polizist oder Motorradfahrer – uns sah und nicht gleich wusste, wo wir einzusortieren waren. Wir waren ungewöhnlich und etwas Besonderes. Ein East Bay Dragons-Mitglied passte einfach nicht in irgendeine Biker-Schublade oder simple Kategorie.

Waren wir nun nette Jungs oder Outlaws? Wir waren zumindest keine Heiligen. Stell dir vor, dein Auto ist kaputt. Wird eines unserer Mitglieder dir helfen, dein Auto wieder in Gang zu bringen, oder wird es dir in den Hintern treten? Versuche dein Glück, und finde es heraus …

Raue Typen!
Sie sitzen auf brennendem Stahl …

nur ihre Lederklamotten trennen sie

von der Hölle!

Werbespruch für den Film *The Sidehackers*, 1969

6

Das Gute, das Böse, das

Legendäre

I don't want a
pickle,
I just want to ride on my
motor-sickle

Arlo Guthrie, *The Motorcycle Song*

Harley-Davidsons – passend für den King

Von Evan Williams

Evan Williams hat sich nie wirklich vom Einfluss seiner beiden frühen Helden erholt: Evel Knievel und Elvis Presley. Beide inspirierten Evan und waren für ihn Zeit seines Lebens Stilikonen.

Evan ist Kommentator der *AMA*-Superbike-Rennen für Superbikeplanet.com. Seine Arbeiten sind auch in *Roadracer X, Roadracing World* und verschiedenen regionalen Motorradmagazinen erschienen. Er schreibt zudem eine Online-Kolumne für die *AMA*-Webseite und AMASuperbike.com.

In diesem Artikel schaut Evan zurück auf das, was ihn geprägt hat, auf Elvis und auf die Liebe des Kings zu Motorrädern.

Manchmal ist es nicht einfach, ein Motorradfahrer zu sein. Gedankenlose Spurwechsler, Psychopathen mit Rachemotiven oder ganz gewöhnliche Weichhirne in Zweitonner-Stahlkäfigen machen das Motorradfahren zu einem kurzweiligen Zeitvertreib für aufgeweckte Fahrer. Alle Motorradfans kennen das Gefühl: Da draußen ist der Dschungel!

Doch stellen wir uns einmal etwas ganz anderes vor: Werfen wir die Zeitmaschine an und stellen sie auf den 14. August 1977; wir befinden uns im Ort Memphis, Tennessee. Stell dir vor, du bist der King des Rock 'n' Roll und bereits dein Leben lang Motorradfan. Du bist Elvis Aaron Presley mit der *AMA*-Mitgliedsnummer 94 587.

Da wir gerade von Dschungel sprechen: Nehmen wir an, du faulenzt gerade in der Dschungel-Bar des Graceland-Anwesens und findest, dass es Zeit für eine Ausfahrt sei. Du rufst also deine Freundin Ginger Alden an und bittest sie, statt eines weiteren Erdnussbutter-Bananen-Sandwiches deine Lederjacke zu bringen, da ihr beiden mit dem Motorrad losfahren wollt. Wenn sich der King für einen Ausflug entscheidet, kann ihm das schließlich niemand ausreden.

»Vergiss nicht, wo er herkam«, erzählte Elvis' Gitarrist Scotty Moore dem *Commercial Appeal* aus Memphis. »Elvis war immer noch ein Kind, als er starb. Er wurde nie erwachsen. Als er aufwuchs, hatte er keine Chance, ganz gewöhnliche Dinge zu tun.«

Wenn du Presley wärst, würdest du durch die Garage schlendern und überlegen, welches Spielzeug du für einen Ritt nach Southhaven nehmen würdest. Du könntest den antiken Chopper nehmen oder die Honda Dream, vielleicht auch das Trike. Doch wahrscheinlich würde Elvis eine Full-Dresser-Harley bevorzugen. »Die meisten der Maschinen, die er besaß und auf denen er fuhr – die FLH, die Dresser, Polizeimotorräder – waren größer und tiefergelegt«, sagt Ron Elliott, Eigentümer von Supercycle, einem Motorradladen in Memphis, wo der King sich seine Motorräder besorg-

te. »Sie waren berechenbarer und handlicher als viele seiner anderen Maschinen.«

Doch zuerst müssten wir uns nach einem oder zwei Mitgliedern aus der Entourage der Memphis-Mafia umschauen, die mit uns fahren wollen. »Elvis war wirklich großartig darin, seine Freunde zu Ausfahrten zu überreden … Ich glaube, es war hart für ihn, allein irgendwo hinzufahren. Wo auch immer er hinging, überrannten ihn die Fans, selbst hier in Memphis.«

Okay, du hast dich in den vergangenen Jahren mit gesundheitlichen Problemen herumschlagen müssen, und jünger bist du auch nicht geworden, doch all das ist weg, wenn du auf dem Motorrad sitzt. Du spürst das Versprechen auf Freiheit, wenn du den Hügel herunterrollst und das Tor von Graceland passierst. Vielleicht steuerst du Richtung Circle G-Ranch, die dir jenseits der Grenze zum Bundesstaat Mississippi gehört. Du erinnerst dich dabei an die alten Zeiten, als du dir vom ersten Geld die kleine Harley gekauft hast. Oder an die wilden Tage in Kalifornien, als du und deine Freunde (und Freundinnen) die Küste rauf und runter gefahren seid. Daran, dass du in den frühen 1970er-Jahren einen ganzen Tag unterwegs warst, bevor du nach Memphis zurückgekehrt bist.

Du trägst nur einen Jet-Helm, aber die Leute am Straßenrand erkennen dich sowieso. Sie müssen alle zweimal hinsehen, sie winken oder suchen ihre Kamera, und nicht wenige haben Probleme, die Spur zu halten. Womöglich sind es sogar die völlig verrückten Fans, die in Konzerten total abdrehen, wenn sie Elvis sehen. Um das große Trara zu vermeiden, finden die meisten Ausfahrten – wie auch diese – abends und in der Nacht statt.

Du schaust dich in der Nachbarschaft um und erinnerst dich daran, dass dieser Platz in den 1950er-Jahren, als du Graceland erworben hast, noch eine ruhige Gegend war, doch 20 Jahre später ist davon nicht mehr viel übrig. Der Geruch von Magnolien wurde durch städtische Abgase er-

Der Möchtegern-Automogul Preston Tucker posiert in den 1930er-Jahren auf seiner Knucklehead.

setzt; dennoch: Das Motorradfahren versorgt deine Psyche immer noch mit frischer Energie.

Als die Fahrt beendet ist, merkst du, dass sie wieder einmal viel zu kurz war. Du rollst durch das Tor und spürst einen stechenden Schmerz. Vielleicht ist es jetzt an der Zeit, das Leben zu ändern und wieder lange Reisen zu unternehmen, um etwas entspannen zu können? Genieße das Leben, fahre mehr Motorrad! Du hast den anderen erzählt, dass du eine große Tour machen möchtest, »die beste Tour aller Zeiten«, und du wunderst dich selbst, warum du nicht losfährst. Vielleicht solltest du dich mit ernsthaften Filmrollen beschäftigen und mehr Zeit mit deiner Tochter Lisa Marie verbringen.

Doch so sollte es nicht sein. Zwei Tage später war Elvis tot, und seine Fans verfielen in eine Trauer, die bis heute anhält.

Er mag ein Superstar gewesen sein, doch im Grunde war Elvis genauso wie wir. Er war ein Motorrad-Verrückter. Er konnte nichts intensiver genießen, als einfach loszufahren, um seinen Kopf frei zu bekommen. Man konnte Elvis öfter dabei beobachten, wie er durch die Straßen von Memphis oder bei Filmdreharbeiten durch Los Angeles fuhr. »Er war viel unterwegs, bei Kälte und bei Hitze, wann immer er in der Stadt war«, sagt Elliott.

Elvis' Liebesaffäre zu Motorrädern war keine kurzzeitige Marotte. Er kaufte sich eine Harley Hummer, als er Mitte der 1950er-Jahre sein erstes Geld von Sun Records bekam. Seine letzte Fahrt unternahm er zwei Tage vor seinem Tod am 16. August 1977. Elvis besaß und fuhr Harleys, Hondas sowie Triumphs, zudem Trikes, Motorschlitten, Karts und viele weitere motorisierte Spielzeuge. Der King spielte nicht nur auf der Leinwand einen Motorradfahrer, er lebte die Rolle.

Elvis' erste Harley Hummer war eine 125er-Gebrauchsmaschine, mehr ein Motorrad für Einsteiger als für Fans.

Laut Elliott fand der King den kleinen Zweitakter bald langweilig, sodass er entschied, sich ein größeres Motorrad anzuschaffen. Natürlich sollte es eine Harley sein.

»Es war das 1956er-Modell K«, erzählt Martin Jack Rosenblum, Harley-Davidsons Historiker. Eine 883-cm³-Maschine, die später zur Sportster weiterentwickelt wurde. Elvis' rote Maschine kam genau zum richtigen Zeitpunkt und festigte sein Image als Fünfzigerjahre-Ikone. Viele Fotos zeigen Presley – in schwarzem Leder gekleidet – auf seinem K-Modell sitzend. Viele sagen, dies seien die ultimativen Elvis-Fotos der 1950er-Jahre.

»Er wurde im Jahre 1956 mit dem Motorrad auf dem Titel der Mai-Ausgabe unseres *Enthusiast*-Magazins abgebildet«, sagt Rosenblum. Der Artikel war zugleich eine der ersten öffentlichen Bekanntmachungen, dass Elvis von Sun zum RCA-Label gewechselt war, nachdem Sam Phillips Elvis' Vertrag verkauft hatte.

Laut Rosenblum gab Elvis nach seiner Einberufung zum Militärdienst 1958 die beiden Maschinen einem Freund, der sie einlagern sollte.

Mit der Geburt des Internets wurde Elvis' Harley zum Thema ausufernder Legenden, zahlreiche Geschichten ranken sich um diese Maschine. In einer davon kauft ein Harley-Fan eine hoffnungslos verrottete Harley, die in einer Scheune gestanden hat, beginnt mit dem Restaurieren und hat Probleme, Ersatzteile zu bekommen. Also ruft er einen Händler an und gibt ihm die Nummer des Motors durch. Je nachdem, welcher Version der Geschichte man Glauben schenken darf: Entweder ruft daraufhin der Harley-Generaldirektor Jeff Blustein oder der *Tonight Show*-Moderator Jay Leno den neuen Besitzer an, um ihm Millionen für das Motorrad zu bieten. Der Anrufer fordert den Besitzer auf, er solle unter der Sitzbank nachschauen, wo »To Elvis, from James Dean« eingraviert sei.

Sorry, aber allem Anschein nach ist das Durchstöbern amerikanischer Scheunen nach dem verloren gegangenen

Die »Hauptstraße Amerikas«, hier der Wüstenabschnitt zwischen Las Vegas und Palm Springs. Foto: Russ Bryant

Clark Gable und sein Big-Twin in den 1930er-Jahren.

Motorrad des Kings vergebliche Liebesmühe. Harley Davidson besitzt Elvis' Maschine seit den frühen 1990er-Jahren, als die Motor Company sie von einem seiner Freunde kaufte. Sie ist (und war immer) in einem exzellenten Zustand. Harley hat die Identifizierungsnummer zurückverfolgt und bestätigt, dass es sich um das Modell handelt, welches Elvis gekauft und gefahren hat.

Ebenfalls der Wahrheit entspricht, dass James Dean niemals eine Harley für Elvis gekauft hat.

Nachdem Elvis seinen Militärdienst absolviert hatte, zog er nach Los Angeles, um seine Karriere in Hollywood fortzusetzen. In dieser Zeit spielten Motorräder eine wichtige Rolle in seinem Leben, und im Alltag wurden sie nicht nur in der Freizeit gefahren, sondern auch als bevorzugtes Transportmittel genutzt.

Leute, die in den frühen 1960er-Jahren in Los Angeles lebten, kennen viele Geschichten von Elvis und seinen Motorrädern: Da bleibt Elvis mal ohne Benzin, aber mit einem Filmsternchen auf dem Sozius liegen und hat kein Geld zum Tanken dabei. Oder Elvis rettet während eines Motorradausflugs an der Küste einen verhungernden Hund. Dann haben Elvis' Kumpel ein Dutzend in Kisten verpackter Triumph-Motorräder geliefert bekommen und verbringen die Nächte mit dem Zusammenbauen. Elvis' Nachbarn beklagen sich daraufhin über den Lärm. Elvis ist derjenige, der eine Lkw-Ladung der ersten in den USA angelandeten Honda-Dream-Maschinen kauft. Elvis und eine wunderschöne Filmschauspielerin machen sich während der Aufnahmen heimlich davon, um eine Ausfahrt zu unternehmen. Und viele mehr …

Was davon der Wahrheit entspricht und was erfunden wurde, lässt sich heute nicht mehr nachvollziehen. Die 33 Filme, in denen er mitspielte, halfen auf jeden Fall dabei, Elvis mit Motorrädern in Verbindung zu bringen. Presley fuhr in *Roustabout* aus dem Jahre 1964 eine Honda Dream, in *Stay Away, Joe* (1968) eine Triumph und in *Clambake* von 1967 eine Big-Twin Harley. Seine Liebe zu Motorrädern war wirklich ernster Natur.

Irgendwann Ende der 1960er-Jahre hatte sich Elvis einen Harley-Chopper bauen lassen, dem Trend der Zeit folgend. Rot-Schwarz lackiert, mit einer riesigen Sissy-Bar und jeder Menge Chrom. Elvis nahm die Maschine mit nach Graceland und wurde bei Fahrten durch Memphis damit gesehen.

»Der Chopper hatte eine verlängerte Gabel«, erzählt Elliott. »Es war insgesamt kein radikaler Chopper, die Gabel war um nicht mehr als sechs Zoll verlängert, vielleicht auch nur vier. Doch jede noch so minimale Änderung an der Gabel beeinflusst die Lenkung stark. Ich glaube nicht, dass ihm die Sache gefallen hat.«

Elvis' Chopper wurde schließlich wie ein Kinderspielzeug beiseite gelegt und durch andere Motorräder ersetzt. Nach seinem Tod wurde er wiedergefunden.

»Niemand wusste mehr, dass er dieses verdammte Ding gefahren hat«, sagt Elliott. »Wir sammelten nach seinem Tod einige Fahrzeuge für eine ›Elvis on Tour‹-Show. Wir nahmen eines der Dreiräder, ein Snowmobil und den rosafarbenen Jeep, dann sagte sein Onkel Vester: ›Warum nehmt ihr nicht den Chopper?‹« Elvis' Cousin Billy Smith und alle anderen waren irritiert, weil niemand wusste, dass er das Ding noch besaß.

»In der Garage war der Chopper unter einem Haufen von 30 Fahrrädern versteckt. Erstaunlicherweise war der Lack kaum beschädigt. Wir restaurierten ihn und überholten den Motor. Das Teil war keine 500 Meilen gefahren. Es war noch in einem neuwertigen Zustand, aber es sollte perfekt sein.«

Der Trike-Bazillus erfasste Elvis Mitte der 1970er-Jahre. Presleys Gesundheitszustand war zu dieser Zeit nicht der beste. »Ich denke, er hatte es auf drei Rädern bequemer«, sagt Elliott.

Elvis kaufte mehrere dreirädrige Fahrzeuge, obwohl er sich weiterhin auch Harleys anschaffte und sie auch fuhr. Sein erstes Trike war ein Rupp Cantaur, in dem ein 340-cm³-Kohler-Zweitaktmotor aus einem Motorschlitten steckte. Das Fahrzeug war rot lackiert und verfügte über eine Fliehkraftkupplung. Da das Rupp nicht sehr zuverlässig war, beschaffte er sich bald ein weiteres Trike bei Elliott.

Das neue Trike hatte einen 1600er-VW-Motor und das auffällige Styling garantierte in Verbindung mit der speziellen Lackierung, dass die Leute sich danach umdrehten. Das schmale Vorderrad wurde in einer verchromten Gabel geführt, doch an der vom VW Käfer übernommenen Antriebseinheit saßen richtig dicke Räder. Das Fahrzeug wurde speziell von SuperCycle in Memphis angefertigt, das Wort »Disco« wäre eine knappe, aber zutreffende Beschreibung für das Trike.

Okay, ich weiß, was du jetzt denkst. Die meisten Motorradfahrer, die etwas auf sich halten, verachten Trikes. Elvis nicht. Kurz darauf kehrte er zurück und kaufte ein weiteres. »Er nahm sich, was ihm gefiel«, erzählte Joe Esposito, Mitglied der Memphis-Mafia, einst einem Journalisten. »Es war egal, ob es eine Million Dollar kostete oder ein paar Cent. Wenn er es mochte, nahm er das Teil für ein paar Cent.«

Reitende Schönheiten: die Motor-Mädchen

Von Margie Siegal

Als Margie Siegal 17 Jahre alt war, hatte sie einen Freund, der eine 350er-Einzylinder-Ducati besaß. Obwohl Margie sich an den Jungen heute nicht mehr entsinnen würde, wenn er vor ihrer Tür stünde (sagt sie), erinnert sie sich noch gut an die Ducati.

Nicht ganz zufällig entdeckte Margie im selben Alter, dass sie nicht unbedingt Freunde benötigte, die man vergessen konnte, nur um Freude am Motorradfahren zu haben. Irgendwann hatte sie genug Geld gespart, um sich eine 350er-Zweizylinder-Honda kaufen zu können, die sie heute noch fährt.

In den frühen 1980er-Jahren feierte sie den Kauf einer neuen Moto Guzzi mit einer Solotour durch die schönsten Gegenden Kaliforniens und hielt diese Reise in einem Tagebuch fest. Als sie nach Hause zurückkehrte, verwandelte sie das Tagebuch in einen Zeitschriftenartikel. Zwar konnte sie den Artikel nicht verkaufen, doch sie erhielt sehr nette Absagen.

Einige Zeit darauf wurde sie mit Brian Halton bekannt gemacht, der eine neue Motorradzeitschrift für San Francisco gründen wollte. Nachdem sie zehn Monate lang ohne Honorar Artikel verfasst hatte, bezahlte der Verlag Margie für ihre Geschichten. Heute schreibt sie regelmäßige Beiträge für diverse Magazine, darunter *Rider* und *Ironworks*.

Reitende Schönheiten wirft den Blick auf einige der berühmtesten Frauen, die jemals Harleys fuhren – und fahren. Denn die Geschichte wird bis heute fortgeführt.

Gloria Struck feierte ihren 78. Geburtstag am ersten Tag des nationalen Motor-Maid-Treffens in Chico, Kalifornien. Um zu diesem 63. Motor-Maid-Treffen zu kommen, fuhr sie mit ihrer Harley-Davidson gemeinsam mit ihrer Tochter Lori DeSilva und ihrem Schwiegersohn von New Jersey aus quer durch die USA. Jeder fuhr auf seinem eigenen Motorrad, und DeSilvas Töchter saßen auf den Rücksitzen.

Gloria ist heute alles andere als schüchtern: gesellig, lebensbejahend und glücklich. »Schau, was das Motorradfahren aus mir gemacht hat«, brüstet sie sich.

Exakt 208 Motor-Maids versammelten sich im Jahre 2003 bei diesem Treffen, einige davon hatten ihre Männer, Kinder oder Freunde mitgebracht. Der halbe Parkplatz des *Chico Holiday Inn*-Hotels war für Motorräder reserviert. Auf dem gesamten Parkplatz standen Motorräder, die meisten von ihnen Touren-Harleys oder -Hondas. Viele Mitglieder waren freudig überrascht, dass trotz des regnerischen und scheußlichen Wetters im Osten so viele Leute von dort die weite Reise angetreten hatten.

Die meisten Motor-Maids leben östlich des Mississippi, und Treffen im Westen hatte es seit Mitte der 1980er-Jahre nicht mehr gegeben. Die Veranstaltung von 2003 markierte eine Wiederbelebung der Motor-Maids in den westlichen Staaten.

Die Motor-Maids gehen auf eine Idee von Linda Dugeau aus Providence, Rhode Island, zurück. Sie schrieb an Händler und Motorradfahrerinnen, um für einen Club zu werben, der ausschließlich Motorrad fahrende Frauen als Mitglieder haben sollte. Dot Robinson, eine bekannte Geländesportfahrerin aus Detroit, hörte von Lindas Idee; sie gefiel ihr, und sie half beim Organisieren. Die Motor-Maids entstanden 1940, hatten 51 Mitglieder, und Dot war die erste Präsidentin.

Viele der frühen Mitglieder waren Händlerinnen, Mitarbeiterinnen der Motorradindustrie oder mit Händlern verwandt. Gloria Strucks Mutter beispielsweise war selbstständige Indian-Händlerin. Dot Robinson leitete zusammen mit ihrem Mann Earl den Detroiter Händler-Verband. Hellen Kiss war nicht nur die Tochter eines Indian-Händlers, sondern auch eine berühmte Fahrerin. Und Hazel Duckworths Familie stellte Antriebsketten her.

In den 1940er-Jahren fuhren nur wenige Frauen selbst, die nichts mit der Motorrad-Industrie zu tun hatten. Obwohl der Zweite Weltkrieg Geld in die Taschen der Rüstungsarbeiterinnen gespült hatte, waren Motorräder während des Krieges nicht erhältlich und danach relativ teuer. Hinzu kam, dass Motorradfahren damals kein populärer Frauensport war.

Dots Tochter Betty Fauls erinnert sich, dass sie früher auf dem Rücksitz oder im Seitenwagen zu den Motor-Maid-Treffen kutschiert wurde. Als sie 14 war, bekam sie ihr eigenes Motorrad. »Wir haben Regeln. So fahren wir stets selbst zu den Veranstaltungen und benutzen keine Anhänger.«

In den Anfangszeiten fuhren die meisten Mitglieder Harleys mit Tankschaltung oder Full-Dresser von Indian. Motorräder waren nur per Kickstarter anzuwerfen und benötigten reichlich Wartung. »Wir mussten alle paar hundert Meilen die Ketten spannen und schmieren«, erinnert sich Betty.

»Ich habe niemals Probleme mit dem Starten von Motorrädern gehabt«, betont Gloria. »Jede Maschine benötigt ein bestimmtes Start-Ritual. Wenn du dieses Ritual kennst, schaffen es selbst kleine Frauen wie ich – ich bin nur 1,55 Meter groß. Ich habe große Männer gesehen, die nicht in der Lage waren, ein Motorrad zu starten, weil sie nicht wussten, wie es geht.«

In den 1940er-Jahren tauchten bei nationalen Treffen zwischen 30 und 45 Frauen auf. Bald wurden diese Treffen jährlich abgehalten. Zwischen den nationalen Treffen fanden »Distrikt-Ausflüge« statt (die Motor-Maids sind in 26 Distrikten organisiert, die das Gebiet der USA und Kanada umfassen), kleinere Treffen und Paraden. Die Motor-Maids waren gefragt worden, ob sie 1941 an einer Parade vor dem Ohio Charity Newsies-Rennen teilnehmen wollten. Auch weil viele

Wir lebten in Michigan und fuhren das ganze Jahr hindurch. Wenn der Winter kam, hängten wir ein drittes Rad [einen Beiwagen] an und fuhren weiter. Wir trugen diese großen Fliegeranzüge und konnten uns darin kaum bewegen. Die Motorradclubs veranstalteten Tanzpartys. Auf einer solchen Veranstaltung lernte ich meinen Ehemann kennen.

Betty Fauls, Motor-Maid-Mitglied und Tochter der ersten Präsidentin Dot Robinson

Motor-Maids an Paraden teilnahmen, entwickelte der Club eine einheitliche Uniform.

Die erste Clubbekleidung bestand aus einer maßgeschneiderten Jacke in Kombination mit einer Hose, die an eine Militär-Uniformhose erinnerte. Als nach Ende des Weltkriegs die Preise für maßgeschneiderte Uniformen unerschwinglich wurden, verwandelte sich die Clubkleidung in das, was heute noch getragen wird: königsblaue Blousons, weiße Stiefel, weiße Handschuhe und ein Schlips. Die Mitglieder tragen diese Kleidung bei Banketten, Jahrestreffen und Paraden.

Bei Jahrestreffen tragen die Frauen zusätzlich Schleifen. Pink bedeutet Anwärterin, Rot steht für die Teilnahme am ersten Jahrestreffen. Eine silberne Schleife bedeutet 25-jährige Mitgliedschaft, und die goldene Schleife bekommt, wer 50 Jahre im Club ist.

Die Clubkleidung hat sich seit vielen Jahren nicht geändert und ist mittlerweile Thema vieler Kontroversen. »Ich mag die Uniformen«, sagt Joy Maxwell, die seit drei Jahren Mitglied ist. »Sie bewahren die Tradition. Viele verbinden mit den Uniformen die Motor-Maids und umgekehrt. Manche Mitglieder diskutieren eine Erneuerung, doch ich bin der Meinung, wir müssen zu unseren Wurzeln stehen.«

»Ich meine, wir sehen damit sehr schön aus«, verkündet Gloria. »Wenn wir in einer Parade fahren, sehen wir wunderbar aus. Das berührt mich sehr und treibt mir die Tränen in die Augen.«

Viele Mitglieder schraubten ihr Engagement während der 1950er-Jahre zurück, weil sie Kinder bekamen, aber sie blieben miteinander in Kontakt. Als die Kinder groß genug waren, saßen sie wieder auf ihren Maschinen. Etliche Töchter von

Motor-Maids sind ebenfalls der Organisation beigetreten. In einem Falle sind sogar die Großmutter, die Mutter und die Tochter aktive Mitglieder. »Als ich klein war, dachte ich, dass alle Mütter eine Harley fahren«, sagt Lori.

Die Motor-Maids waren in den 1950er- und frühen 1960er-Jahren eine freundliche und ehrbare Organisation für Motorradfahrerinnen, in einer Zeit, in der die meisten Menschen es höchst unanständig fanden, überhaupt Motorrad zu fahren. »Manchmal wurden wir beschimpft«, erinnert sich Gloria.

Über viele Jahre hinweg blieben die Mitgliederzahlen stabil, doch um 1992 herum schossen die Zahlen in die Höhe. Immer mehr Frauen fuhren Motorrad, und die Motor-Maids waren für Neueinsteigerinnen attraktiv.

»Ich dachte, Motorradgruppen sind irgendwie zweifelhaft«, erklärt Joy. »Vor drei Jahren ging ich zu meinem ersten Distrikt-Meeting und war überrascht. Da waren viele unterschiedliche Frauen. Sie waren ganz anders, als ich es erwartet hatte. Sie waren berufstätig und gut ausgebildet, unterschiedlich alt, aber es waren auch viele ältere dabei.«

Zu den Hauptgründen, warum Frauen den Motor-Maids beitreten und der Organisation treu bleiben, gehören die Unterstützung, die Förderung und die Beratung durch die älteren Mitglieder. »Ohne dies könnte ich nicht fahren«, sagt Joy. »Ich hatte einen Unfall und hätte fast mit dem Fahren aufgehört. Dann nahm mich ein anderes Mitglied unter seine Fittiche und lehrte mich, Kurven zu genießen. Man bekommt viel Unterstützung, und es herrscht ein reger Informationsaustausch. Es gibt Frauen, die bereits seit 60 Jahren fahren, und einige, die erst seit drei Monaten auf dem Motorrad sitzen.

Wenn du Mäuschen spielst, kannst du richtig etwas lernen. Ich fuhr zum Treffen nach Pennsylvania. Es war meine erste lange Fahrt, und ich hatte viel zu viel Zeug aufgeladen. Das meiste davon schickte ich mit der Post wieder nach Hause. Erst von anderen Mitgliedern lernte ich, wie man für eine weite Reise packt, und sie zeigten mir, wie ich die Sachen zu befestigten habe.

Eine Motor-Maid zu sein, bedeutet Stolz und Selbstvertrauen zu haben«, erklärt Lori. »Meine Mutter (Gloria) unternahm mit mir eine Fahrt nach Daytona. Wir starteten bei -5 °C. Wir schafften es, und die Reise war wunderbar.«

Gloria ist einen weiten Weg gegangen, um sich aus einem ruhigen, schüchternen Teenager in eine 70-jährige, dynamische und rege Frau zu verwandeln. Sie schreibt es dem Motorradfahren und den Motor-Maids zu, beides habe sie aus ihrem Schneckenhaus befreit. »Vielleicht werde ich ein wenig langsamer, wenn ich dann 90 bin.« Sie besitzt zwei Motorräder, und 2001 flog sie nach Europa, um durch sieben Länder zu fahren.

Warum ist Gloria all die Jahre Motor-Maid geblieben? »Ich bin Motorradfahrerin. Die Motor-Maids gehören zur Elite der Frauen-Motorradclubs. Wir genießen großen Respekt. Wir stehen eng zusammen und freuen uns jedes Jahr darauf, uns wiederzusehen. Es ist wie eine Schwesternschaft.«

»Warum wir Motor-Maids so standhaft und selbstbewusst sind? Es liegt in der Natur des Sports.« Betty Fauls kommt gerade von einem Poker-Run, der begann, als das Thermometer knapp unter null anzeigte. »Es ist nicht leicht. Wir müssen Entschlossenheit zeigen und innere Stärke beweisen. Motor-Maids fahren bei allen Bedingungen!«

Meine Mutter und mein Bruder leiteten das Motorradgeschäft, nachdem mein Vater gestorben war. Das Motorradfahren brachte mir mein Bruder bei, als ich 16 war. Ich war ein stilles und verschlossenes Mädchen, und in den drei folgenden Jahren fuhr ich nicht. Als mein Bruder zum Militär eingezogen wurde, leitete meine Mutter den Laden. In der Zeit nahm sie eine 1943er-Indian Army Scout in Zahlung. Als ich sie sah, dachte ich, dass ich damit umgehen könnte. Also nahm ich die Bedienungsanleitung, las sie durch und setzte mich auf die Maschine. Ich startete sie und donnerte die Straße herunter, verfehlte nur knapp eine Tanksäule, fuhr einmal um den Block und wusste wieder, wie man Motorrad fährt.

Gloria Tramontin Struck, Motor-Maid-Mitglied, im Alter von 75 Jahren

Werbe-Flyer für den
»Bally Harley-Davidson-
Flipper« aus dem Jahre
1991.

Schlechte Nachrichten

Von Craig Vetter

Der Name Craig Vetter ist fast jedem bekannt, der irgendetwas mit Motorrädern zu tun hat.

Viele Motorradfahrer besaßen bestimmt schon Maschinen mit Vetter-Teilen; seine Windjammer-Verkleidungen aus den 1970er-Jahren inspirierten die Idee vom Reisemotorrad. Im Jahre 1977 arbeiteten in den Fabriken der Vetter Corporation in Illinois und Kalifornien über 500 Menschen – größer war nur noch Harley-Davidson.

Craig wurde 1969 von der BSA-Triumph-Gruppe angeheuert und sollte das Design der BSA Rocket 3 verbessern. Aus seinem Entwurf entstand 1973 die Triumph Hurricane, die es inzwischen bis in die Ausstellung *The Art of the Motorcycles* im Guggenheim Museum gebracht hat.

Heutzutage hat fast jeder Motorradhersteller mindestens eine Maschine im Programm, deren Linie von Craigs Entwürfen abgeleitet ist. Im Jahre 1999 wurde er von der *American Motorcyclist Association* in die Motorrad-Hall-of-Fame aufgenommen.

Dieses Essay geht zurück zu den Anfängen der Craig Vetter-Verkleidungen und zu einem simplen Dragster-Rennen, das ihn lehrte, Milwaukee-Eisen zu respektieren.

Ich habe ihn 1967 in Daytona nur kurz kennengelernt und weiß auch nur seinen Spitznamen: »Bad News«. Innerhalb einer Minute erschien und verschwand er auch wieder – was genau dem Zeitraum entspricht, den man braucht, um sich für ein Viertelmeilenrennen aufzustellen und es zu beenden. Ich werde ihn nie vergessen.

Über Jahre hinweg fragte ich Leute aus Daytona, ob sie den Namen »Bad News« jemals gehört hätten. »Ja, wir hören sogar ständig von ihm«, lautete die Antwort. Bad News war in dieser Gegend eine Legende. Er hatte ein Geschäft südlich von Daytona, wo er Harleys schneller machte – aber nicht für lange Strecken.

»Darum nennen sie ihn ›Bad News‹«, sagen die Leute.

Das erste Mal traf ich an einem Sonntagmorgen auf Bad News, genauer: am 18. März 1967. Die Einheimischen hatten uns zu dieser verlassenen Militärflugplatz-Startbahn außerhalb von Daytona Beach, Florida, geschickt und gesagt, es sei ein sicherer Platz zum Zelten. Wir fuhren hin, und bald schliefen wir unter den kleinen Palmen im Sand ein. Wir hatten keine Ahnung davon, dass wir auf einer Dragster-Rennstrecke übernachteten.

Mein Bruder Bruce sowie unsere Freunde Jim Vorheis und Duane Anderson waren gerade mit ihren Maschinen von Champaign, Illinois, gekommen. Mein Geschäftspartner Jim Miller war in seinem bis oben hin mit neuen Produkten gefüllten 1966er-Chevy-Lieferwagen angereist. In Daytona sollte das Debüt der Vetter-Verkleidungen für die Öffentlichkeit stattfinden.

Ich war gerade auf meiner neuen 67er-Yamaha 350 – der ersten YR1 in den USA – aus Los Angeles angereist.

Was für ein Abenteuer! Drei Wochen zuvor hatte ich von Illinois nach L. A. fliegen müssen, um mein neues Motorrad abzuholen. Dort wartete es auf dem Parkplatz des Yamaha Buena Parks auf mich – eine neue YR1 in einer Kiste. Und

Fischöl. Japanische Motorräder kamen zu dieser Zeit mit einem eigenartigen Geruch in die USA. Ich vermute, dass es sich um auf Fisch-Basis hergestelltes Konservierungsöl handelte. Diesen Duft habe ich heute noch in der Nase.

Die Leute bei Yamaha waren so nett, mir einen Kuhfuß zu leihen, damit ich die Kiste öffnen konnte. Mit dem Bordwerkzeug musste ich sie fertig montieren. Die Vorfreude war riesig. Am Nachmittag hatte ich meine neue Yamaha zusammengebaut, betankt und startbereit. Es war damals der größte serienmäßige Zweitakter, und das bedeutete, dass es wahrscheinlich das schnellste käufliche Motorrad war.

Zuvor bin ich eine heiß gemachte Yamaha YM1 305 gefahren. Selbst mit meinen eigens getunten »Fünf-Kanal-Zylindern« konnte ich eine gute Suzuki X-6 nicht schlagen. Es war bekannt, dass ein guter und leichter Fahrer auf einer X-6 bis etwa zum Tempo 160 km/h alles hinter sich ließ. Erst dann hatte sie ihre Höchstgeschwindigkeit erreicht und wurde er von einer gutgehenden Triumph Bonneville überholt. Natürlich war eine echte TT-Special das ultimative Bike, aber wir fuhren keine TT-Specials.

Zum Vergleich einige in Magazinen veröffentlichte Viertelmeilen-Zeiten aus dieser Zeit:

Triumph Bonneville: 14,2 sec und 88 mph (*Cycle World*, Januar 1966).

Yamaha 350: 14,6 sec und 83,03 mph (*Cycle Guide*, Juli 1967).

BSA Lightning: 14,92 sec und 92 mph (*Cycle Guide*, Mai 1967).

Suzuki X-6: 15,9 sec und 80 mph (*Cycle Guide*, Mai 1967).

Harleys? Man hatte gar keine Chance, gegen eine Harley zu verlieren. Es gab immer einen Grund, warum sie nicht richtig liefen.

Nachdem meine neue YR1 fertig war, fuhr ich hinüber nach Long Beach, wo ich Joe Parkhust von *Cycle World* traf, der gerade den Test einer Vetter-Verkleidung beendet hatte, die ich ihm zuvor geschickt hatte. Hier baute ich die Verkleidung an meine 350er und unternahm einen Kurztrip an der kalifornischen Küste entlang, durch Big Sur nach San Francisco. In Carmel hielt ich für einen Kaffee und hoffte, Joan Baez zu sehen. Ich wunderte mich, wie man hier leben konnte. Anschließend fuhr ich in östliche Richtung nach Daytona.

Als ich fünf Tage und 3000 Meilen später ankam, war meine Yamaha eingefahren und lief wirklich gut. Die Maschine war richtig schnell! Eine kurze Wettfahrt gegen die gutgehende 305er-Yamaha meines Bruders bewies, dass die 350er echt beeindruckend war. Es würde nicht schwer sein, damit in Daytona auf den Putz zu hauen.

Bruce hatte all unser Geld in Tennessee für Feuerwerksraketen ausgegeben. Wir waren pleite. Was konnten wir nun tun? Wir rechneten uns aus, dass wir 20 bis 30 Verkleidungen verkaufen müssten, um genügend Geld für die Heimreise zu haben.

Tagsüber parkten wir die Maschine an der Strecke, um allen meine neue Verkleidung zu präsentieren. Abends schossen wir die Feuerwerksraketen ab.

Es dauerte nicht lange, bis wir Regeln für den Feuerwerksraketen-Kampf ausgeheckt hatten. Noch nie von Feuerwerksraketen-Kämpfen gehört? Alles, was man dazu braucht, sind Raketen, Zigarillos zum Zünden, Motorradhelme mit Visieren, Lederhandschuhe, eine Jacke und ein

Mitglieder des gemeinnützigen Shrine-Ordens, der zur Freimaurerei gehört, posieren in den 1960er-Jahren mit ihren Harleys.

Startrohr. Verkleidungshalterohre – ursprünglich gedacht für die Honda 160 – waren gute Startrohre. Feuerwerksraketen-Kämpfe sind wie für Motorradfahrer gemacht.

Die Grundidee der Kämpfe war, sich in der Dunkelheit quer über die Startbahn mit Raketen zu beschießen. Wenn eine Rakete kreischend auf einen zufliegt, hat sie etwas Hypnotisierendes an sich, denn ein Ausweichen ist nicht möglich, da sie nicht geradeaus fliegt. Ein Schrei in der Dunkelheit bedeutete, dass die Rakete ihr Ziel erreicht hatte. Das war ein großer Spaß! Raketen für 50 Dollar hielten länger als eine Nacht, der Kampf machte uns völlig fertig. Wir schliefen, bis wir von einem Donnergrollen geweckt wurden.

Aber es war kein Gewitterdonner. Das waren Harleys. Irgendwo auf der Startbahn fuhren Leute mit Harleys Rennen. Das weckte unsere Neugierde, dem mussten wir auf den Grund gehen.

Wir folgten dem Geräusch aus südöstlicher Richtung und entdeckten ungefähr eine Million schwarze Kerle in ihrer besten sonntäglichen Kirchgangskluft, umzingelt von ihren Familien und glitzernden Harleys. Was für ein Anblick! Sie hatten auf der Startbahn eine Viertelmeile abgemessen und markiert und fuhren sie paarweise ab, mit echtem Flaggenschwenker und karierter Flagge.

Nach einer Weile fragte mich einer von ihnen, ob ich auch fahren wollte. Was für eine Frage! Natürlich wollte ich auch fahren! Besaß ich nicht die einzige eingefahrene 350er-Yamaha in Florida? Vielleicht die einzige in ganz Amerika? Vielleicht das schnellste Motorrad, das man kaufen konnte?! Abgesehen davon, war mir noch nie eine Harley untergekommen, die nicht zu schlagen gewesen wäre.

Runde für Runde nahm ich sie mir vor und gewann jedes Rennen. Ich hatte die Aufmerksamkeit der ganzen Masse. Diese Kerle hatten wirklich keine Ahnung von japanischen Zweitaktern. So wechselte immer mehr Geld den Besitzer. Ja, ich war wirklich schnell.

Dann fragte mich jemand, ob ich gegen Bad News starten wolle.

»Natürlich. Warum nicht? Bringt ihn her …«

Alle Motoren wurden abgeschaltet, und es wurde richtig leise. Nach einer Weile hörte ich das Stakkato einer startenden Panhead. Aus der Menschenmasse löste sich eine vergammelte schwarze Harley, auf der ein komplett kahlrasierter und braungebrannter Kerl mit einer Latzhose saß, deren einer Schulterriemen locker herunterhing. Darunter trug er kein Hemd. Als er sich uns näherte, hüpfte er auf seinem Sitz herum, als müsse er ihn aufwärmen. Seine Augen traten weit hervor. Er sah irgendwie verrückt aus. Er sagte kein Wort. Er hüpfte nur.

Jetzt wurden große Summen Geld geboten und Wetten abgeschlossen. Wegen immer mehr Wetten musste sogar das Rennen verschoben werden.

Schließlich stellten wir uns auf, Bad News links von mir.

Der Flaggenmann gab uns einen kleinen Wink, um uns zu signalisieren, dass er bereit war. Ich riskierte nichts. Als er die Flagge senkte, schoss ich mit exakt dosierter Kupplung los. Ich duckte mich über den Tank und schaltete mit der linken Hand. Ich gab mein Bestes. Perfekt.

Aber es war nicht genug. Ich hatte keine Chance. Bad News war von Anfang an vor mir und vergrößerte den Abstand immer mehr. Niemals zuvor hatte man mich mit einer Harley geschlagen! Aber jetzt passierte es …

Als er vor mir die Ziellinie überquerte, stand er auf seinen Trittbrettern und drehte sich um, damit er mich ansehen konnte. Ich war schockiert. So etwas hatte ich noch nie erlebt.

Ich entschied mich dafür, einfach zu verschwinden. Es wäre keine gute Idee gewesen, zurückzukehren und denen zu begegnen, die viel Geld auf mich verwettet hatten.

Mein Bruder erzählte den Rest der Geschichte: »Bad News kehrte – auf den verlängerten Auspuffrohren stehend – zum Start zurück. Dann brach die pure Hysterie aus.«

Als wir später wieder bei unseren Zelten waren, hatte ich immer noch nicht verstanden, wie das geschehen konnte. Standen wir nicht an der Spitze einer technologischen Revolution exotischer, leichter, hochdrehender und mehrzylindriger Motorräder? Waren nicht wir die neue Generation?

Tatsache ist, dass in der alten Harley-Konstruktion eine Menge Leben steckte und Kerle wie Bad News wussten, wie man es rauskitzelte.

Heute, fast 40 Jahre später, hat sich daran nichts geändert. Es stimmt immer noch: Hubraum ist durch nichts zu ersetzen. Harleys hatten schon immer viel Hubraum.

Wir verkauften während der Speed-Week nur zwei Verkleidungen – nicht die erwarteten 30 oder 40. Aber es reichte für ein Abschiedsessen im Pfannkuchenhaus und den Rückweg nach Illinois.

Vor Kurzem fragte ich meine Freunde, die damals dabei waren, woran sie sich beim Thema Daytona 1967 am besten erinnern können. Es war nicht der Sieger des *AMA*-Rennens. Es waren die Feuerwerksraketen-Kämpfe und Bad News.

Achtunddreißig Jahre später hatte ich die Chance, erneut gegen Bad News anzutreten. Ich hatte mich nach ihm erkundigt und sogar eine Anzeige in einer Zeitung in Florida geschaltet. Irgendjemand zeigte mir schließlich den richtigen Weg.

»Bad News« war in Wirklichkeit »Pee Wee«, dessen eigentlicher Name wiederum Jewell Whigham lautete. Bei meinem ersten und einzigen Gespräch mit ihm erzählte er mir am Telefon, dass er bei Palm Beach-Harley Mechaniker für Bruce Packard war. »Sie nannten mich ›Pee Wee‹, weil ich so klein wie mein erstes Motorrad war«, sagte er. »Ich trieb mich in der Szene rum und nahm an Dragster-Rennen teil.«

Als er eines Tages geschlagen wurde, ging er zu seinem Boss und sagte: »Ich kann mir nicht so in den Arsch treten lassen und gleichzeitig in einer Harley-Werkstatt arbeiten. Ich muss dieses Ding schneller machen.«

Der Besitzer willigte ein und sagte Pee Wee, dass er »Stroker Wheels« benötige.

»Was sind ›Stroker Wheels‹?«, fragte Pee Wee.

»Stroker Wheels sind die Schwungscheiben von einer 80-Kubikinch-Harley.«

Pee Wee fand eine oder zwei alte 80er-Harleys und hatte bald entsprechende Schwungscheiben in seiner Panhead – zusammen mit einer Nockenwelle und speziellen Stößelstangen. Damals waren diese Teile für Kerle wie Pee Wee das Einzige, was erreichbar war.

Pee Wee war immer schnell unterwegs und bald als der böseste Biker der Ostküste Floridas bekannt – was wiederum der Ursprung für seinen zweiten Spitznamen war. Er pinselte »Bad News« (Schlechte Nachrichten) auf seinen Vorderradkotflügel und kündigte an, dies würde dort so lange stehenbleiben, bis ihn jemand schlägt.

Die Buchstaben blieben.

Während seiner Karriere lernte Pee Wee einige Tricks, beispielsweise wie man bei voller Fahrt auf dem Sitz seiner Maschine stehen kann. Er konnte auch rückwärts fahren, das Motorrad um sich herum Achten drehen lassen, und er lernte, wie man abstieg, sich von seinem eigenen Motorrad ziehen ließ und wieder aufstieg. Pee Wee wurde auf dem Palm Beach International Raceway eine Berühmtheit. Eines Abends schaffte er es sogar in die 11-Uhr-Nachrichten. Dort wurde gezeigt, wie sich Pee Wee von seiner Maschine ziehen ließ. »Wenn ich es nicht selbst gesehen hätte, würde ich es niemals glauben«, sagt John Longsdon, einer von Pee Wees langjährigen Freunden.

Eines Tages fuhr Pee Wee nach Byron, Georgia, um eine Freundin zu besuchen. Dabei ging ihm das Geld aus. Bald entdeckte er, dass in der Nähe eine Stockcar-Rennstrecke war. Für Pee Wee eine willkommene Gelegenheit, hinüberzugehen und zu fragen, ob er nach den Rennen ein paar Stunts vorfüh-

Pee Wee führte seine Stunts in den
1970er-Jahren mit einer modifizierten
Big-Twin-Harley vor.
Fotos: Craig Vetter

ren dürfe. Seine farbigen Freunde wollten ihn nicht begleiten, weil sie sich wegen der weißen Kerle Sorgen machten.

Pee Wee fand den Veranstalter und fragte ihn, ob er nach den Rennen ein paar Stunts zeigen könne. Er verlangte dafür kein Geld, nur müsse man ihm erlauben, danach mit dem Hut herumzugehen.

Der Veranstalter sagte ihm: »Der letzte Nigger, den wir hier herumalbern ließen, hat sich schwer verletzt.« Aber Pee Wee gelang es, ihn zu überreden. Als das Rennen zu Ende war, verkündete der Veranstalter über die Lautsprecher, dass sich »gleich irgendein verrückter Nigger aus Florida möglicherweise selbst umbringen will«.

Dann donnerte Pee Wee mit seiner Trompetenauspuff-Harley heraus und zog eine Show ab, die niemand für möglich hielt. Er stand auf dem Sitz und umrundete so den Kurs. Er stellte sich auf die verlängerten Auspuffrohre und drehte noch eine Runde. Er stand auf dem Boden, hielt das Motorrad an einer Hand und ließ es Achten um sich fahren. Und dann ging er in die Knie und machte es noch einmal.

Die Menge wurde wild. Als Pee Wee fertig war, verkündete der Veranstalter, dass er der Erste sei, der Geld in Mister Pee Wees Hut tun würde – eine 100-Dollar-Note. Dann sagte er den Zuschauern: »Niemand darf weniger als einen Schein hineinlegen.« Als Pee Wee die Runde beendet hatte, befanden sich 700 Dollar in seinem Hut. Am besten sei jedoch gewesen, dass »ich von einem Nigger zu Mister Pee Wee aufstieg«.

Heute wird Bad News immer noch von seiner Motorrad-Gemeinschaft geliebt. Mr. Pee-Wee ist jetzt 71 Jahre alt und betreibt einen kleinen Motorradladen in West Palm Beach, Florida. Er macht keine Hot-Rod-Harleys mehr, sondern begnügt sich mit Wasch- und Wartungsarbeiten. »Niemand bezahlt mich dafür, dass ich seine Maschine schneller mache. Harley baut dir einen 120-Kubikinch-Motor mit Werksgarantie, und die Dinger sind viel zu schnell«, beklagt er sich.

Der verlassene Militärflugplatz ist, wie so vieles in Florida, neu gestaltet worden und heute in privater Hand von Flugzeugliebhabern. Auf dem Spruce Creek genannten Gelände ist nur die Startbahn erhalten geblieben, die mit schicken Häusern umbaut ist. Man erzählt sich, dass John Travolta hier mit seiner privaten 727 startet und landet.

Und der Harley Big-Twin ist immer noch der Meister aller Klassen.

Mein Dragster-Rennen gegen Bad News lehrte mich Respekt vor den Harleys. Bis zu diesem Tage im Jahre 1967 hatte ich keine so schnelle Maschine gesehen. Ich habe die wunderbaren japanischen Mehrzylinder kommen und gehen sehen. Ich habe die Entwicklung bei Honda und allen anderen Japanern beobachtet, bis hin zu den kreischenden und technisch komplizierten quer liegenden Vierzylindern. Irgendwie sind sie alle Beispiele für vergebliche Liebesmüh.

Wer hätte sich damals vorstellen können, dass Harleys Big-Twin-Bauweise sie alle überleben würde?

1924

1933

1933

Motive aus den Harley-Davidson-
Fahrer-Sammelalben der 1920er-
bis 1930er-Jahre.

7

Kinder,

macht das nicht zu Hause nach!

Nennt mich den Glückspilz

Evel Knievel

Von Mäusen und Motorrad-Stuntmännern

Von »Lucky« Lee Lott

»Lucky« Lee Lott begann 1935 damit, auf Jahrmärkten in den ganzen USA Autos und Motorräder zu crashen. Zu dieser Zeit gehörten Motorräder noch zu den relativ modernen Erfindungen, und die Leute drängten sich in Lees Show, um seinen Wagemut zu bewundern. In den 1950er-Jahren waren seine Hell-Driver-Spektakel dann in allen Ecken der USA berühmt.

Lee erzählt seine Geschichte ausgelassen in seinen 1994 erschienenen Memoiren *The Legend of the Lucky Lott Hell Drivers,* auch von den knallharten Stunts wie dem berühmten Sprung mit dem Auto in einen See, bei dem er einen Meter tief im Schlamm versank, den Sturz mit einem dreimotorigen Flugzeug in ein Haus oder den außer Kontrolle geratenen Flug über Land, der mit dem Einschlag in einer Scheune endete. Bei einem Stunt in Verbindung mit einer Dynamit-Explosion verlor er sein Gehör. Im Jahre 1942 stellte er mit einem mehr als 50 Meter weiten Flug in einem alten Ford einen neuen Weltrekord auf, wobei er sich einen dauerhaften Rückenschaden zuzog.

Lee setzte sich in Tampa, Florida, zur Ruhe und baute sich sein eigenes Museum für alte Stunt-Autos auf. Darin finden sich zahlreiche Erinnerungsstücke aus der guten alten Zeit, in der er Motorräder und Autos crashte.

»Die schlauesten Pläne von Mäusen und Menschen …« – diese unvergesslichen Worte des Dichters Robert Burns gingen mir 1942 durch den Kopf, als wir für die jährliche St.-Louis-Feuerwehr-Benefizveranstaltung gebucht wurden.

Das Komitee heuerte die Lucky Lee Lott Hell Driver an, um bei der Mischung aus Rodeo-Zirkus und Nervenkitzel eine spannende Showeinlage zu haben. Doch das war noch nicht alles. Ein Agent hatte die Sache weiter verschärft, indem er dem gleichen Komitee eine englische Stunt-Show mit dem Namen The Greatest Attraction of the British Empire verkaufte. Eine Zeitung aus St. Louis berichtete, dass der englische Motorradstar der bestbezahlte Stuntman der Welt sei.

Diese »größte Attraktion« bot alle Arten von Tricks. In jeder erdenklichen Lage fuhr er ein Motorrad: während er auf dem Sitz stand, während er rückwärts saß, während er eine Kerze vollführte, und am Ende sprang er über zehn Männer und krachte anschließend in eine brennende Bretterwand.

Die Truppe kam am Tag vor der Eröffnung an, und neben der »größte Attraktion« waren noch drei Helfer, zwei Ehefrauen(?) und sechs Norton-Motorräder dabei. Meine Mannschaft sah gleich, dass diese Versammlung von Nobodys kaum in der Lage war, die Feuerwehrmänner sonderlich zu beeindrucken. Für den Sprung über die zehn Männer bat er meine Crew, sich auf den Boden zu legen; seine paar Leute könnten sich dieser Gefahr nicht aussetzen, schließlich seien sie britische Staatsbürger.

Über zehn meiner Leute? Niemals.

Für ihr Husarenstück verlangte die »größte Attraktion« nach Halbzoll-Brettern, um durch eine brennende Holzwand zu fliegen. Die Bretter sollten zudem in der Mitte auf ein viertel Zoll abgehobelt werden. Unsere Motorrad-Wände waren immer ein Zoll dick. Viertelzoll-Hölzer brennen durch, bevor der Motorradfahrer hindurchgeflogen ist.

Nun habe ich in diesem waghalsigen Business schon einige Shows gesehen, viele kamen und gingen auch wieder, viele Stuntmänner haben ihren letzten Auftritt auf der großen Bühne mit einem blauen Fleck am Kopf beendet. Beim Stuntfahren gibt es mehr »größte Attraktionen« als ein Hund Flöhe hat, und die Metapher kann Verschiedenes ausdrücken. Ich habe einige der Hunde getroffen und ihre Parasiten einfach ignoriert.

Nun war auch der Veranstalter der Show nicht blind. Er zahlte die »größte Attraktion« aus und warf sie vom Gelände.

Das Problem für uns war nun, dass die Programme bereits gedruckt waren und die waghalsigen Taten der Briten darin hochgelobt wurden. Ich kannte einen Mann, der gelegentlich für mich gearbeitet hatte und der den im Programm beschriebenen Kram problemlos schaffen würde. Die nötigen Motorräder und das Material für die Holzwand hatten wir dabei, also ging ich zum Telefon und sprach mit dem alten Motorrad-Stuntman Ron Childers, um ihn zu überreden, bei der Eröffnung am nächsten Abend dabei zu sein.

Ron war mit einigen anderen Mitarbeitern meiner Show verwandt. Er war eines Tages aufgetaucht, als ich einen Lkw-Fahrer brauchte, der einen Dodge-Traktor mit einem Autoanhänger dahinter zu einer meiner Veranstaltungen fahren sollte. Schon am ersten oder zweiten Tag der Show erkannte ich, dass er wie kein anderer mit dem Motorrad umgehen konnte.

Ich hatte unsere Show bei einem Jahrmarkt auf einer Rennstrecke zu organisieren, da kam dieses Motorrad mit einem daraufstehenden Kerl, der die Arme wie ein Vogel ausbreitete, mit etwa 40 Meilen pro Stunde die Strecke herunter. Ich erkannte Ron, und gedanklich wünschte ich ihm schon alles Gute, denn für die nahende Kehre war er viel zu schnell.

Doch für ihn war sie kein Problem. Mit einer eleganten Körperbewegung meisterte er die Kurve. Ich beobachtete ihn bei der nächsten Runde – die fuhr er auf den Sturzbügeln. Er kam auf den Streckenabschnitt mit den tiefen Furchen, und wegen seiner schlechten Position hinter dem Lenker und dem

Tank, den er mit den Schienbeinen umklammerte, verlor er die Kontrolle. Der Graben ließ ihn über den Lenker in die Streckenbegrenzung fliegen, wo er mit der Schulter zuerst aufschlug.

Etwas schneller als gewöhnlich lief ich los, und irgendjemand rief nach den Sanitätern. Offensichtlich war dies keine Show, denn die sollte erst am Nachmittag beginnen und wir am Abend auftreten.

Die Jungs hatten einen Eimer Wasser dabei, und dank des kühlen Nass kam Ron wieder zu sich. Als er aufwachte, machte ihm seine Schulter Sorgen. Dafür konnte ich Verständnis aufbringen. Sie war ausgekugelt, ich hatte das selbst einige Jahre zuvor erlebt. Damals hielt ich mich an einem Pfosten fest, zog kräftig und brachte sie wieder in Position. In Rons Fall gab ich ihm einen kräftigen Händedruck zur Gesundung, und er führte sich diese Nacht wie ein Kriegsveteran auf. Es war sicherlich schmerzhaft, aber Ron Childers war auch ein guter Schauspieler.

Es juckte ihn immer wieder, mit dem Motorrad Weitsprünge zu machen. Er hatte sein Einkommen, aber er wollte noch mehr. Der einzige Grund, warum er selbst keinen solchen Sprung unternahm, war der, dass wir keine Indian Scout hatten, die einzige Maschine, die ich jemals für Sprünge benutzt habe. Ihre Cantilever-Vorderradfederung ist bei einer Sprungmaschine der rettende Anker.

Aber ich schweife ab. Zurück nach St. Louis.

Ron Childers tauchte pünktlich auf, nahm sich, was er brauchte, und brachte das Ding ins Rollen.

Am Eröffnungsabend wurde der Betrug gestartet. Ron fuhr die Stunts der »größten Attraktion« ganz fantastisch, und für alle sah es so aus, als wäre Ron wirklich die »größte Attraktion«. Er zeigte die Nummern des Programms, die es wert waren, gezeigt zu werden, andere variierte er, um seine eigenen Qualitäten zu zeigen.

Dann kam der Flug durch die brennende Wand.

Die Wand war aus Brettern mit einem Zoll Dicke gebaut worden. Damit sie besser brannte, war sie mit Holzwolle versehen und mit Benzin getränkt worden – wenn es sich überhaupt ausschließlich um Benzin gehandelt hat, was sich in den Kanistern befand! Jedenfalls haben wir nie herausgefunden, was dem Kraftstoff zugesetzt war. Das Zeug ging hoch wie eine Bombe. Wir fanden nie heraus, wer es war, aber wir alle hatten eine Vermutung …

Ron machte, wie es seine Art war, gelassen weiter. Er kam die Strecke heruntergedonnert und setzte ohne zu zögern zum Sprung an. Doch die Hitze steckte sein Motorrad in Brand, und so fuhr er den Rest der Strecke quer durch die Arena auf einem Feuerball. Schließlich schmiss er die brennende Maschine hin und ging in Deckung.

Den Rest ließen wir die Feuerwehr erledigen.

Werbung für Evel Knievels elektrische Zahnbürste »X-2« aus dem Jahre 1975.

Aus Bobby wird »Evel«

Von Ace Collins

Robert Craig »Evel« Knievel ist DER amerikanische Held. In den 1960er- und 1970er-Jahren, als die Vereinigten Staaten es mit Vietnam, der Hippie-Bewegung, Drogen, Watergate und der sexuellen Revolution zu tun hatten, verfolgte Evel Knievel seine eigene haarsträubende Version des Amerikanischen Traums: ein Leben in größter Gefahr, ständig die Gesetze der Schwerkraft herausfordernd, verbunden mit einem Spektakel wie im Zirkus. Er war der John Wayne auf Rädern, ein tollkühner Elvis, ein Bogart mit Helm, JFK mit Koteletten – eben ein echtes Original.

Evel Knievel erhielt seinen Spitznamen, als er in seiner Heimatstadt Butte in Montana Radkappen stahl. »Du bist ein kleiner, böser (»evil«) Knievel!« Der etwas abgewandelte Beiname blieb haften und wurde auf der ganzen Welt zu einem Begriff.

Dieser Auszug aus Ace Collins' Biografie *Evel Knievel: An American Hero* von 1999 erzählt die Geschichte, wie aus Bobby »Evel« wurde.

Die Honda-Vertretung Knievel in Moses Lake, Washington, war praktisch am Ende. Man verkaufte nicht genügend Motorräder, um über die Runden zu kommen. Bobby fühlte, dass es auch am Image der Biker lag. Die meisten Leute verbanden sie mit Gaunern und Ganoven. Das lag zum Teil bestimmt daran, dass im Hollywood-Film *The Wild One* Marlon Brando und seine Kumpel eine fiktive kalifornische Stadt geplündert und terrorisiert hatten. Auch wenn es nur ein Film war, machte dieser für viele gutgläubige Bürger aus Männern auf Motorrädern brutale Kerle, die andere Menschen einschüchterten. Viele Leute glaubten nun, dass solch ein Verhalten für Menschen, die Motorräder kauften, typisch sei. Es schien so, als seien Motorräder die Überträger einer Krankheit, die aus harmlosen Jungen Terroristen macht. Doch auch wenn *The Wild One* sich an dieses Konzept hielt, hatte Hollywood dieses Image nicht selbst erfunden, sondern nur darauf gebaut. Bobby war sich dessen nicht nur bewusst, er wusste sogar ziemlich genau, woher das Motorrad seinen schlechten Ruf hatte.

Es waren die Hell's Angels und andere Motorradgangs, die das Ansehen so vieler Motorradfahrer in den Schmutz gezogen hatten. Diese Leute wurden inzwischen so verachtet, dass die meisten Eltern ihre Söhne lieber bei der Mafia als bei den Hell's Angels gesehen hätten. Tatsächlich arbeiteten die organisierte Kriminalität und die Bikergangs zeitweise zusammen.

In den 1950er- und 1960er-Jahren waren die Angels eine Gruppe von Motorradfahrern, die offensichtlich für »Gesetzlosigkeit« standen. Sie unterschieden sich nicht sonderlich von den Guerilla-Gruppen, die nach dem Amerikanischen Bürgerkrieg viele Bundesstaaten des Mittleren Westens terrorisiert hatten. Sie waren außer Kontrolle geraten und betrachteten sich selbst nicht nur als über dem Gesetzt stehend, sondern beanspruchten auch, bei allem die letzte Instanz zu sein. Sie nahmen sich, was sie kriegen konnten, sie verschoben die Grenzen immer weiter, sie waren schwarz gekleidet, und sie fuhren immer Motorräder.

Bobby konnte verstehen, warum das öffentliche Image dieser Bikergruppen mitverantwortlich dafür war, dass er seinen Laden schließen musste. Er wollte nicht, dass seine Söhne irgendwas mit Gangs wie den Angels zu tun haben. Selbst wenn er verhungern müsste, ein Gangmitglied würde er niemals in seinem Laden bedienen. Er würde ihnen kein Motorrad verkaufen und keines reparieren. Er würde nicht einmal mit diesen Leuten sprechen. Da er Gruppen wie die Hell's Angels als Schuldige dafür ausgemacht hatte, dass er seine Familie nicht mehr satt bekam, wuchs seine Verbitterung gegen diese Leute immer weiter. Einige Jahre später schlug diese Feindschaft in Gewalt um.

Als er seinen Laden endgültig schloss, ging es ihm um zwei Dinge: Er brauchte Geld, und er suchte nach einer beruflichen Karriere, die in den kommenden Jahren seine Familie versorgen würde. Er konnte es sich nicht leisten, ein Geschäft zu eröffnen, nur um es einige Monate später wieder zu schließen. Mit seiner gerade geborenen Tochter und seinen zwei Söhnen waren zu Hause vier hungrige Mäuler zu füttern. Er musste etwas Dauerhaftes finden, eine Tätigkeit, die es ihm erlaubte, seine Rechnungen zu bezahlen und an die Zukunft zu denken.

Um schnell an ein paar Dollar zu kommen, entschied Bobby sich dazu, eine Motorrad-Show für die Leute in Moses Lake zu veranstalten. Knievel mietete für seine Veranstaltung einen Austragungsort an, schrieb die Presseerklärungen für die lokalen Zeitungen, ging von Bar zu Bar, um Werbung zu machen, organisierte das Drumherum, verkaufte die Eintrittskarten und trat schließlich als sein eigener Zeremonienmeister auf. Trotz all der Arbeit, und obwohl er in der Gegend bekannt und seine Motorrad-Heldentaten der Stoff örtlicher Legenden waren, konnte er nur wenige Hundert Menschen dafür interessieren, ihn dabei zu beobachten, wie er sein Leben riskierte. Dennoch konnte er danach den größten Scheck einlösen, den er seit Langem gesehen hatte.

Viele, die sich Bobby Knievels erste professionelle Stuntshow angesehen hatten, erinnerte der ungestüme junge Motorradfahrer an den legendären Werfer der St. Louis Cardinals, Dizzy Dean. Wie dieser berühmte Baseballspieler war Knievel laut und lustig zugleich. Er konnte charmant zu den Damen sein und dennoch im rauen Ton mit den Männern reden. Wie der alte Diz konnte er das eine mit dem anderen verbinden. Bevor er sich an diesem Tag in Moses Lake auf sein Motorrad setzte, hatte man den Eindruck gewonnen, er habe mit jedem, der ein Ticket besaß, persönlich gesprochen. Dabei versuchte er die Leute stets davon zu überzeugen, dass sie einen der spektakulärsten Stunts in der Geschichte des Showbusiness zu sehen bekommen würden. Nachdem Knievel seine Rede beendet hatte, waren selbst Leute, die aus reiner Neugier gekommen waren, begeistert.

Als die Show losging, stimmte Bobby die Menge mit einigen Wheelies ein, die durch die Enge in der Arena auf relativ kurze Strecken begrenzt waren. Dann schaltete er sein Motorrad aus und sprach erneut zu den Gästen. Er bat die Zuschauer, ihren Blick auf die zwei Rampen hinter ihm zu richten. Sie standen in der Mitte der Arena, mehr als sechs Meter auseinander. Zwischen den Rampen befand sich eine sehr große Kiste. Nachdem die Leute die Kiste einige Zeit betrachtet hatten, informierte Knievel sie, dass sich darin mehr als hundert Klapperschlangen befinden würden. Um zu beweisen, dass er sie nicht anlog, bat er mehrere Freiwillige von den Tribünen zur Kiste zu kommen und hineinzusehen. Als deren Deckel geöffnet wurde, wurden die Zeugen mit Zischen und Rasseln begrüßt. Als sie ängstlich in die Kiste spähten, sahen sie eine Menge gekringelter, gekrümmter und bedrohlicher Schlangen, die nach einem Fluchtweg in die Freiheit suchten. Dies reichte aus, um einem erwachsenen Menschen Albträume zu bereiten.

Die Zeugen wurden blass und wirkten erschüttert. Als sie wieder zu ihren Sitzplätzen kletterten, begann ein Geflüster im Publikum. Was würde passieren, wenn er es nicht schafft? Wenn er zu kurz sprang und die Kiste traf, würden die Schlangen in alle Richtungen verstreut werden. Der verrückte Fahrer würde wahrscheinlich einige Hundert Male gebissen werden, bevor er aufstehen und weglaufen könnte. Jetzt war klar, dass er wirklich geistesgestört sein musste, sollte er diesen Stunt probieren. Dennoch bat ihn niemand darum, abzubrechen. Keiner ging nach Hause, damit er nicht Augenzeuge eines öffentlichen Selbstmords werden musste. Die Zuschauer mögen der Überzeugung gewesen sein, er sei verrückt und auf dem besten Wege sich umzubringen, aber sie blieben alle dabei, um zu sehen, was passieren würde.

Nachdem sich die Zuschauer an Bobbys Idee, über eine Kiste mit giftigen Schlangen zu springen, gewöhnt hatten, setzte Knievel noch einen drauf. Es erschien ein Mann mit zwei ausgewachsenen Berglöwen, und jeder konnte zusehen, als er die Großkatzen zwischen der Kiste und der Startrampe festband.

Bobby ging zum Löwendompteur herüber, um den Mann zu informieren, dass er an jeder Kiste ein Tier haben wollte. Der Mann lehnte dies mit der Erklärung ab, dass er glaube, Bobby würde kurz vor der Landerampe abstürzen und sich dadurch umbringen. Der Dompteur wollte vermeiden, dass eine seiner Katzen von einem abstürzenden Motorradfahrer getötet würde, also sollten beide Tiere an der Startrampe verbleiben. Außerdem wollte er sofort bezahlt werden, da er es nicht ertragen könne, später eine Witwe um das Geld zu bitten.

Nachdem die Debatte zwischen dem Springer und dem Dompteur beendet war, klärte Bobby die Menge über den neuen Aufbau auf.

Zeugen erinnern sich an die Worte des Stuntman: »Wir haben an jeder Rampe einen Löwen erwartet. Aber der Katzenbesitzer glaubt, ich schaffe den Sprung nicht. Er ist der Überzeugung, ich würde mich dabei umbringen. Zudem sagt er, er möchte nicht auch noch einen seiner Löwen verlieren. Das verstehe ich. Ich verstehe auch, warum er vorher bezahlt werden möchte. Was soll ein vernünftiger Mann wie er auch von einem Sprung wie diesem erwarten?«

Wie so oft in den folgenden Jahren hatte Knievel eine möglicherweise negative und tragische Wendung in den Ereignissen zu seinem Vorteil ausgenutzt. Die Zweifel des Löwenbesitzers, der dem ursprünglichen Aufbau misstraute, ließ den Sprung noch gefährlicher erscheinen. Als er zu seinem Publikum sprach, konnte Knievel die Angst und die Nervosität in den Gesichtern der Leute sehen. Die meisten Zuschauer hatten noch vor einigen Minuten gedacht, dass Knievel abstürzen und getötet werden könnte, doch jetzt waren sie sicher, dass genau dies passieren würde. Auf genau diese Reaktion hatte Bobby gehofft. Sie sollten denken, er würde sterben, nur weil er die Sache nicht richtig einschätzte.

Nachdem er noch ein paar Minuten zum Publikum gesprochen und den Stunt zur weiteren Steigerung der Angst näher erklärt hatte, sprang ein selbstbewusster Knievel auf seine Maschine, wirbelte mächtig Staub auf und verließ die Arena. Kaum war er aus dem Blickfeld der Zuschauer verschwunden, ließ er den Motor mehrmals aufheulen, brachte die Maschine auf maximale Drehzahl und kehrte dann mit mehr als 60 Meilen pro Stunde in Richtung Rampe zurück. Alle dachten, er würde springen, deswegen standen die Zuschauer auf und hielten kollektiv den Atem an. Sie ahnten nicht, dass der Fahrer ein paar Trainingsläufe brauchte, um sein Tempo optimal an den lockeren Untergrund anpassen zu können. Sie wussten ebenfalls nicht, dass Knievel sie noch einige Momente warten lassen wollte, bevor er zum »Todessprung« anfahren würde.

Nach einigen weiteren Probeläufen entschied Bobby, dass jetzt die Zeit für die Show gekommen sei. Also verließ er die Arena ein letztes Mal, und er musste die Zweifel in den Köpfen der Leute geahnt haben. Nie zuvor hatte er den Sprung geübt. Er wusste nicht einmal, ob die selbst gebauten Rampen halten würden, geschweige denn, welche Geschwindigkeit er benötigen würde, um die Distanz zwischen den beiden Rampen überspringen zu können. Es gab weder Formeln noch Tests, also keinerlei Belege dafür, ob er mit

seinen Vermutungen bezüglich des Absprungtempos richtig lag, auch wusste er nicht, ob die Winkel der Rampen zu hoch oder zu niedrig sein würden. Er hatte diesen Stunt aus dem Bauch heraus aufgebaut, alles basierte auf Instinkt und Vermutungen. Jetzt galt es herauszufinden, ob dies gleichzeitig sein erster und letzter Flug werden sollte.

Bobby drehte den Gasgriff auf Vollgas, schloss seine Augen und stellte sich vor, wie er von Rampe zu Rampe flog. Während er sich auf ein positives Ende konzentrierte, dachte er an jeden Meter, den er vor sich hatte. Vor seinem geistigen Auge ging er noch mal alles durch, wann zu schalten war und wie stark er beschleunigen musste. Er versuchte sich vorzustellen, wie sein Körper nach dem Flug reagieren würde, wenn er auf der Sperrholz-Landerampe aufsetzen würde.

Während er den Sprung Schritt für Schritt durchging, war es bestimmt schwer für ihn, seine eigenen Ängste und Zweifel unter Kontrolle zu halten. Er hatte die Zuschauer bereits darüber aufgeklärt, was alles schiefgehen könnte. Er hatte erzählt, dass der Sprung niemals zu schaffen sei, wenn er sich verschalten würde, ein klemmendes Ventil, einen sich verschluckenden Vergaser oder einen Plattfuß hätte. Was passieren würde, wenn er die Startrampe nicht exakt in der Mitte treffen würde, hatte er ihnen nicht erzählt, doch er war sich sehr wohl darüber im Klaren, was ablaufen würde, sollte er nur wenige Zoll daneben liegen.

Der Startwinkel konnte für die Landung völlig verkehrt gewählt sein. Möglicherweise würde er die Landerampe total verfehlen. Würde er noch länger warten, könnte er wahrscheinlich noch hundert weitere Gründe finden, warum dieses Vorhaben wahnsinnig war. Doch er hatte versprochen, den Sprung durchzuführen, da gab es keinen Ausweg mehr.

Bevor Zweifel seinen Mut ruinierten und sich zu viel Angst in seinem Kopf ansammeln konnte, ließ Bobby erneut den Motor aufheulen und raste los. Dieses Mal war seine Einfahrt in die Arena sanft und makellos. Er kam nicht ins Schwanken, kein Staub wurde aufgewirbelt, und der Motor

Zirkus-Hochseilakt mit Sprint-Modellen von Aermacchi-Harley-Davidson in den 1970er-Jahren.

machte keinerlei Zicken. Als er die Rampe erreichte, war er todernst und voll darauf konzentriert, was er nun zu tun hatte.

Die Masse verschmolz zu einer Einheit. Alle standen, manche auf ihren Sitzen, und sie beobachteten gebannt, wie Bobby in der Arena auf seine selbst gezimmerten Rampen zuraste. Er traf die Bretter genau im rechten Winkel und fuhr die Steigung mit fast einer Meile pro Minute hoch, und einen Augenblick später war er in der Luft.

Die Zeit schien für einen Moment stehen zu bleiben, als er die Rampe verließ: Niemand konnte das Motorrad hören, die knurrenden Berglöwen, die rasselnden Schlangen oder das Ächzen der alten hölzernen Tribüne. Alles schwieg, es wehte kein Wind, und es hatte für einen Augenblick den Anschein, als wäre Bobby zusammen mit seinem Motorrad in der Luft festgefroren. Dann, eine Millisekunde später, sahen die überraschten Zuschauer Mann und Maschine fliegen. Er flog über die Löwen und Schlangen und näherte sich der Landerampe. Die Fans dachten, der Sprung wäre gelaufen. Der Fahrer wusste es besser.

Schon beim Absprung hatte Bobby erkannt, dass er nicht genügend Tempo draufhatte, um so weit zu kommen, wie es nötig war. Sein Hinterrad würde die Landerampe nicht erreichen. Er versuchte mit reiner Willenskraft, die Maschine über den Abgrund zu wuchten und zog kräftig am Lenker, um mehr Höhe zu gewinnen. Doch es war ein vergeblicher Versuch. Im selben Moment, als das Vorderrad die Rampe berührte, schlug das Hinterrad hart auf der Schlangenkiste auf.

Eigentlich hätte Bobby wie eine Stoffpuppe über den Lenker geschleudert werden müssen. Normalerweise wäre er jetzt vom Motorrad geflogen, im Staub gelandet und von verärgerten Schlangen verfolgt worden, die er bei seiner »Zwischenlandung« befreit hatte. Doch statt aufzugeben, hing Knievel weiter an der Maschine. Dank seiner gewaltigen Kräfte im Oberkörper ließ er seine Maschine von der

hölzernen Kiste, die in tausend Teile barst, auf die Rampe springen. Dann raste er die Rampe herunter, legte einen Drift ein und ließ die Maschine zum Stehen kommen Er stellte einen Fuß auf den Boden, um das Motorrad aufrecht halten zu können und hob seine Arme triumphierend in die Höhe.

Zunächst völlig schockiert erkannte das Publikum schließlich, dass der Stuntman es geschafft hatte. Obwohl Dutzende bedrohliche Klapperschlangen durch die Arena huschten, war Knievel in Sicherheit. Die Fans stürmten an die Begrenzung, jubelten und applaudierten, sie wollten so nahe wie möglich bei diesem verrückten Springer sein. Als er zu ihnen fuhr, streckten sie die Hände nach ihm aus, als wäre er ein Rock-'n'-Roll-Sänger oder Filmstar. In diesem Moment war dieser Stuntman für alle Anwesenden der wichtigste Mensch der Welt. Nach einer Siegerrunde kehrte Knievel zu seinen Fans zurück. Auf der Tribüne verteilte er Autogramme und erzählte jedem, wie er sich im Fluge gefühlt habe. Unterdessen versuchten Schlangenfänger in der Arena die über 100 – sehr gereizten – Klapperschlangen einzusammeln. Mehrere Schlangen konnten entkommen; glücklicherweise wurde kein Zuschauer gebissen.

Als er für seine Leistung in der kleinen Arena gefeiert wurde, spürte Bobby, dass er auf dem richtigen Weg war. Er war jetzt überzeugt davon, dass er eine waghalsige Motorradshow zu einem großen Verkaufsschlager machen könnte. Doch er wollte es nicht allein machen. Für einen Anfänger wie ihn war es ein zu hohes Risiko, jeden Stunt selbst auszuführen. Dazu Organisation, Werbung, Auf- und Abbau, das Warten der Maschine, das Bauen des Stunt-Equipments – zu viel für einen allein. Er brauchte ein handverlesenes Team, und er benötigte einen Sponsor, der die Motorräder und die Werbung bezahlte.

Die Frage, wie er seinen Traum in die Realität umsetzen konnte, glich der Frage nach dem Huhn und dem Ei. Einerseits konnte es ohne Sponsor und somit ohne neue Motorräder keine neue Show geben. Andererseits: Ohne Fahrer, die Stunts beherrschten, konnte er wahrscheinlich keinen Sponsoren gewinnen. Außerdem würde kein Fahrer seinen Job aufgeben und ohne Geld für ihn arbeiten. Er konnte nichts bezahlen, solange es keine Shows gab, doch ohne die nötige Finanzierung keine Shows. Weil er pleite war, schien die Situation hoffnungslos zu sein. Dennoch hielt dies den optimistischen jungen Mann nicht davon ab, Unternehmen anzurufen und zu besuchen, um ihnen die Bobby Knievel and His Motorcycle Daredevils Thrill Show anzubieten.

Ende 1965 kam Bob Blare, der Importeur für Norton-Motorräder, auf ihn zu, um ihm ein Angebot zu unterbreiten. Er würde Knievel die nötigen Motorräder geben, doch der Deal würde seinen Preis haben. Blare wollte, dass der Teufelskerl den Namen seiner Show änderte: Bobby Knievel and His Motorcycle Daredevils gefiel ihm nicht, stattdessen wollte er Bobbys alten Spitznamen wieder auferstehen lassen: Evil.

Doch damit hatte Bobby ein Problem. Der Name war ihm zu nahe an dem schlechten Image eines Gangsters oder eines Hell's Angels. Er wollte nicht, dass seine eigenen Kinder schlecht von ihm dachten. Dennoch verstand er, warum Blair den Namen haben wollte. Durch die Verwendung von »evil« würde der Show eine Aura verliehen, die der Name Bobby einfach nicht bieten konnte. Abgesehen davon bot die Verknüpfung von »Evil« mit »Knievel« einen gut zu merkenden Markennamen. Bobby wusste, dass ein guter Wiedererkennungswert und ein paar Gimmicks in der Werbung und im Showgeschäft unheimlich wichtig waren, dennoch löste ein Name, der Bilder von schwarzer Magie, dämonischen Schurken und dem Teufel hervorrief, bei ihm Unbehagen aus. Damit wollte er nicht in Verbindung gebracht werden.

Bobby hatte jedoch keinen großen Spielraum, um Kompromisse einzufordern. So konnte seine Show auf die Beine gestellt werden, dann musste es eben so sein. Dennoch fragte er Blair, ob ein kleines Zugeständnis möglich sei: Er würde Bobby fallen lassen und seinen alten Spitznamen benutzen, allerdings wollte er das »i« gegen ein »e« austauschen. Norton und Blair stimmten zu und besorgten die Motorräder, die »Evel« brauchte.

Mit dem Start seiner Thrill-Show war Bobby dazu gezwungen, stets auf Achse zu sein. Er wurde ein moderner Zigeuner. Zusammen mit seiner Truppe musste er von einer Stadt zur nächsten ziehen, so preiswert wie möglich leben, eine Show nach der anderen durchziehen und gleich weiter zur nächsten Stadt fahren. Sie mussten nachts fahren, in ihren Trucks und Autos schlafen, und sie arbeiteten so hart wie Erntehelfer. Sollten sie dies durchstehen, winkten besser bezahlte Verträge und größere Veranstaltungen. Sie konnten aber auch zu Tode kommen, bevor sie auch nur einen einzigen Dollar gespart oder eine einzige Show in einer Arena mit mehr als nur ein paar Hundert Zuschauern gezeigt hatten. Knievel brauchte Teammitglieder, die diesen Lebensstil akzeptierten – und das damit verbundene Risiko.

Mit dem Sponsorenvertrag konnte Bobby sich daran machen, Mitglieder für seine Truppe zu rekrutieren. Er fand sie in den Fahrern, die er von den Rennen her kannte. Darunter waren einige Männer, die hungrig genug waren, vom Rennkurs ins Showbusiness zu wechseln, und so konnte für 1966 ein Programm auf die Beine gestellt werden.

Wenn er nicht gerade seinen Showplan konzipierte und ausarbeitete, saß er am Telefon oder schrieb Briefe. In jedem freien Moment war er auf der Suche nach Buchungen. Da er weder irgendeinen Streckenrekord noch einen berühmten Namen vorweisen konnte, tat er alles, um die unbekannte Show als ganz großes Ding zu verkaufen. Wie ein Zirkusdirektor passte er seine Sprüche den jeweiligen Austragungsorten an. Doch einige Wochen vergingen, ohne dass er großes Interesse wecken und Kapital sammeln konnte, also erklärte er sich schließlich bereit, seine Show ohne Garantiehonorar und nur gegen prozentuale Beteiligung an den Eintrittsgeldern aufzuführen.

Dieses Angebot war kaum auszuschlagen. Schließlich bot Evel Knievel den Veranstaltern eine Show an, in der Männer Gefahr liefen, sich selbst auf spektakuläre Art und Weise um die Ecke zu bringen. Das war doch sicherlich besser als irgendwelche Konzerte, Schönheitswettbewerbe oder Clown-Auftritte. Dennoch verstanden nur wenige Veranstalter, welch großes Potenzial in der Show steckte. Die meisten reagierten weiterhin nicht.

Das California Date Festival in Indio war der erste Termin, den Knievel klarmachen konnte. Im Februar 1966 bekamen die Evel Knievel's Motorcycle Daredevils dadurch die Chance, die sie wirklich nötig hatten: Öffentlichkeit herstellen.

Bobby zog für diese Veranstaltung alle Register. Im Vergleich zu seinem ersten professionellen Auftritt in Moses Lake war die Show in Indio ein großer Schritt nach vorn. Es musste ein großer Auftritt werden.

Evel war in einen weißen Lederanzug mit roten und blauen Streifen gekleidet. Dieses Outfit ließ ihn wie die Biker-Version von Uncle Sam aussehen – und genau das wollte er auch rüberbringen. Vom Namen her hätte er der Sohn Satans sein können, doch Evel Knievel wollte signalisieren, dass er ein fahnenschwenkender Patriot sei, der sein Land und alle Amerikaner liebte. Während der Darbietung wollte er sich für die Vereinigten Staaten und gegen die Hell's Angels oder solche Dinge wie Drogenmissbrauch aussprechen. Diese Kombination von Politik, Patriotismus und Predigten sollte sich, neben den Motorrad-Stunts, zu einem Pfeiler seiner Show entwickeln. Sie machte aus Evel Knievel einen Held der amerikanischen Jugend. Von nun an hatte er ein anderes Image als irgendwelche Biker-Gangs und Gammler.

Nachdem die Rede zu Ende war und die Helme aufgesetzt wurden, starteten Knievel und seine Teufelskerle ihre Maschinen und ihr Nonstop-Programm. Schnell waren alle Zweifel weggewischt: Dieses Debüt war anders als alles, was die Zuschauer jemals zuvor gesehen hatten. Neben den bekannten Stunts wie lang gezogene Wheelies bot Knievel bis-

her Ungesehenes. So band er einen Drachen an ein Auto und ließ sich selbst wie ein Vogel in die Luft ziehen. Knievel stieg höher als 60 Meter auf und hing dabei nur an einem Fetzen Stoff sowie an einem dünnen Gestell. Die Zuschauer verfolgten den Flug des unerschrockenen Mannes gebannt, und alle Augen richteten sich auf Knievel. Als er schließlich auf die Erde zurückkehrte, wurde sein Mut mit einem riesigen Applaus belohnt. Und dies war nur die Eröffnung.

Es folgten einige präzise ausgeführte Stunts des Teams und eine einzigartige Vorführung: Evel lag auf dem Boden und hielt mit den Armen ein Brett fest, das seinen Körper bedeckte. Dieses diente den Fahrern fortan als Sprungschanze – es wurde Zeit für die wirklich große Show.

Also stellte Knievels Team ein Dutzend Sperrholzplatten auf, die vor der Show eine Stunde lang mit Benzin getränkt worden waren. Die Platten wurden in einem Abstand von fast sieben Metern zueinander in einer Reihe aufgestellt und so abgestützt, dass sie sich etwa einen Meter über dem Boden befanden. Als Evel das Signal gab, wurden sie angezündet. Von jeder Platte stieg ein donnernder Feuerball auf, dann startete Knievel mit seinem Motorrad und zerschlug eine nach der anderen mit seinen Schultern und seinem Helm. Das Publikum hielt den Atem an, während der Fahrer mit mehr als 30 Meilen pro Stunde jede einzelne Platte zerschellen ließ. Bum! Bum! Bum! Es schien so, als ob die Flammen auf seinem Körper loderten. Evel machte weiter, bis alle Platten in mindestens zwei Teile zerschlagen waren, und am Ende standen nur noch er und sein Motorrad aufrecht.

Die meisten Zuschauer dachten, die Fahrt durch das Feuer sei der Abschluss der Show gewesen, doch in Wirklichkeit hatten sie bisher nur das Aufwärmen gesehen. In der Mitte der Arena wurden zwei ausgewachsene Pick-ups Heck an Heck geparkt. Dann wurden zwei Rampen an den Vorderseiten der beiden Wagen aufgestellt. Knievel plauderte derweil mit dem Publikum. Er erklärte, dass sich sonst niemand diesen Sprung zutrauen würde, da er einfach zu schwierig sei. Noch mehr als in Moses Lake fesselte er die Zuschauer mit seinen Worten an die Sitze. Wie bei fast allen folgenden Sprüngen auch, hätte eine Umfrage zu dieser Zeit wahrscheinlich das Ergebnis geliefert, dass eine Hälfte der Fans in Indio gern einen Crash gesehen hätte, während die andere Hälfte für Knievel betete, dass er es schafft.

Er hüpfte auf seine Maschine und machte seine Übungsrunden – nicht nur, um die Spannung zu erhöhen, sondern auch, um die Technik der Maschine zu überprüfen. Nachdem er sich davon überzeugt hatte, dass das Motorrad gut eingestellt war, begann er mit der Anfahrt. Anders als in Moses Lake waren dieses Mal Tempo und Abflug perfekt. Als er von der Startrampe in die Luft abhob, waren sich alle sicher, dass er die Trucks überspringen würde. Das Einzige, was Knievel noch bevorstand, war, die Maschine gut zu landen.

Um die Wucht des Schlags abschätzen zu können, der Evel beim Aufsetzen auf der Rampe traf, hätte man eine Zeitlupenaufnahme gebraucht. Als sein Hinterrad die Rampe berührte, wurde seine untere Wirbelsäule von dem Stoß stark zusammengedrückt. Er spannte jeden Muskel in seinen Armen und Beinen an, um die schwere Norton auf jeden Fall aufrecht halten zu können. Dann setzte er auch das Vorderrad auf und donnerte die Rampe herunter auf das Feld.

Die Zuschauer tobten!

Hätte Bobby irgendwelche Fanartikel mitgebracht, sie wären innerhalb von Minuten ausverkauft gewesen. Jeder wollte irgendetwas von dem Mann haben, der über Lkw springen konnte. Das Publikum in Indio wartete stundenlang, nur um ihn zu sehen und ein Autogramm zu bekommen. In der Folge wollte die Bewunderung kein Ende nehmen. An der Westküste entlang verbreiteten sich die Berichte über seine Taten wie ein Lauffeuer, und plötzlich stand Knievels Telefon nicht mehr still. Für einige Tage sah es wirklich so aus, als ob die Show der Teufelskerle wirklich eine Goldgrube werden könnte.

Hemet in Kalifornien war Austragungsort der nächsten Show, doch Regen verhinderte den Start. Als der Sturm anhielt, wurde die Veranstaltung abgesagt. Plötzlich erschien die glänzende Zeit, die die Truppe in Indio hatte, in einem anderen Licht – man hatte weder eine Versicherung noch sonstige Ausfallgarantien. Bobby musste die Rechnungen mit ungedeckten Schecks begleichen, um Übernachtungen und Essen bezahlen zu können. Er betete darum, dass die Geschäftsleute und Behörden ihm nicht auf die Schliche kommen würden, bis sie einen anderen Termin gefunden hatten, um das Geld zu verdienen, mit dem die Schecks gedeckt werden konnten.

Die dritte und bis dahin größte Show der Teufelskerle fand in Barstow, Kalifornien, statt. Am Tag vor der Vorstellung hatte Knievel den Ablauf verfeinert. Einige Stunts, die nicht so gut funktionierten, flogen raus und wurden von neuen Kunststücken ersetzt. Er wollte damit das Publikum noch mehr beeindrucken als mit dem Pick-up-Sprung.

Der Sprung mit gespreizten Beinen war eine ebenso spektakuläre wie gefährliche Angelegenheit. Das richtige Timing war bei diesem Stunt extrem wichtig. Würde sich etwas auch nur für den Bruchteil einer Sekunde verschieben, bestand Lebensgefahr. Was die Nummer noch gefährlicher machte, war, dass sie sich kaum trainieren ließ. Um den Stunt möglichst authentisch zu simulieren, musste ein Fahrer ein Motorrad auf etwa 50 Meilen pro Stunde beschleunigen, damit Bobby mit gespreizten Beinen darüber springen konnte, wenn die Maschine nur noch wenige Meter von ihm entfernt war. Die anderen Mitglieder des Teams versuchten, den richtigen Anfahrwinkel zu finden und einzuschätzen, ob der Sprung ihres Anführers hoch genug sei. War er in der Lage, den Sprung so auszuführen, dass er sich genau an der höchsten Stelle befand, wenn das Motorrad unter ihm hindurchfuhr? Im Training hatte es großartig ausgesehen. Jedem war klar, dass es funktionieren kann. Doch je näher die Nummer rückte,

Ich weiß nicht, warum ich das tat, was ich tat. Ich tat das, was ich tat, weil ich Evel Knievel bin und nicht nach so etwas frage.

Evel Knievel

desto mehr schwand das Vertrauen der Gruppenmitglieder. In Barstow wehte ein starker Wind, der noch zunahm, als die Show begann. Der Sturm ermöglichte einen großartigen Drachenflug – Bobby schaffte es, über 100 Meter hoch aufzusteigen. Wie immer war das Publikum von dem Mann und seinem Mut fasziniert, und auf jeden neuen Programmpunkt erfolgte eine positive Reaktion der Zuschauer.

Der erste Show-Teil lief genauso ab wie in Indio. Es gab nicht die kleinste Störung. Das Motorradteam agierte, als wäre es von der NASA programmiert worden. Jede Bewegung war präzise. Als das Publikum gebannt zuschaute, war es Zeit für das große Finale.

Wie zuvor sollte der Motorradsprung über die zwei Pickups die Show beenden, doch zuvor wollte Evel noch den Grätschsprung über die Norton machen.

Als er sich für den Trick vorbereitete, fühlte Bobby, dass sein Mund trocken wurde. Ein Gefühl, dass viele Leute vor einem großen Ereignis haben. Trotz des trockenen Mundes trank Knievel nichts, er wusste, dass die einzige Abhilfe darin bestand, die Nummer zu beginnen.

Als der Fahrer die Maschine beschleunigte, ging Knievel in Position. Er versuchte, die Anspannung in seinem Körper zu lösen, und bereitete sich auf den todesmutigen Sprung vor. Das Gefühl, alles aufs Spiel zu setzen, hatte der Mann im Scheinwerferlicht die letzten Male in der Highschool und bei der Armee. Doch damals ging es beim Gewinnen nicht wirklich um Ruhm. Nun war es anders. Gutes Timing, Geschick und Tapferkeit waren gefordert. Bei früheren Sportwettbewerben hatte das Verlieren keine weiteren Folgen. Doch ein Scheitern beim Sprung hätte zu mehr als einer Enttäuschung geführt.

Knievel gab dem Fahrer ein Zeichen, hockte sich hin und bereitete sich auf den Sprung vor. Er achtete nur noch auf den Vorderreifen der Norton, die mit einem Tempo von fast einer Meile pro Minute immer näher kam. Je schneller das Motorrad wurde und je mehr es den Abstand zu Bobby verkürzte, desto mehr Zuschauer standen von ihren Sitzen auf. Niemand – einschließlich des Mannes in der Mitte der Arena – wagte einen Atemzug. Dann drückte sich Bobby mit den Füßen vom Boden ab und spannte jeden Muskel seines Körpers an, um der Erdanziehungskraft vorübergehend Widerstand zu leisten und hoch in die Luft zu kommen. Er hob ab und spreizte seine Beine. Sehr bald war ihm klar, dass er zu lange gewartet hatte. Als die Norton auf ihn zuflog, sah er dem Tod ins Gesicht. Doch es gab keinen Ausweg mehr, keine Fluchtmöglichkeit. Der Fahrer hatte keine Chance mehr auszuweichen, und für Bobby war es zu spät, zur Seite zu springen. Es fehlten ihm mindestens 30 Zentimeter an Höhe, als sich ihre Wege kreuzten.

Der Lenker der rasenden Maschine traf Knievel an der Hüfte. Sein Körper drehte sich in der Luft wie ein nasser Lappen, und der Aufprall der Maschine schleuderte Bobby mindestens fünf Meter weit. Nachdem sein Körper eine widerlich verdrehte Spirale absolviert hatte, schien er einen Moment in der Luft zu hängen, um dann wie mit Bleigewichten beschwert in den Dreck zu fallen.

Als er auf dem Boden aufschlug, dachten alle im Team, er sei tot. Als sie zu ihm liefen, bewegte er sich nicht. Sie waren sich so sicher, dass er getötet worden sei, dass sie ein Tuch holen ließen, um ihn zudecken zu können. Knievel dachte, er sei entweder am Sterben oder zumindest querschnittsgelähmt und war nicht in der Lage, auf irgendwelche Fragen zu antworten. Doch als das Taubheitsgefühl zu verschwinden begann und unerträglicher Schmerz einsetzte, wusste er nicht nur, dass er am Leben, sondern auch, dass er schwer verletzt war. Von den schockierten Zuschauern war nur wenig zu hören, als sich die Sanitäter seiner annahmen. Die meisten vermuteten, dass, sollte Knievel noch am Leben sein, er den Weg ins Krankenhaus nicht überleben würde.

Der Sturz hatte Bobbys Rippen in die Lungen gedrückt. Atmen war kaum möglich. Sein Unterkörper war zwischen den Knien und der Taille mehrfach geprellt. Er konnte glück-

KING OF THE STUNTMEN **EVEL KNIEVEL** ™

STUNT GAME

3 RAMP JUMP

EVEL KNIEVEL RACES AROUND T...

CK" ● YOU PERFORM 6 DAREDEVIL STUNTS ● MOST SKILLFUL CYCLIST WINS

ONE "D" CELL BATTERY REQUIRED—NOT INCLUDED ● ASSEMBLY REQUIRED

AGES 7 AND UP

IDEAL

2 TO 4 PLAYERS

Evel Knievels Stunt-Spiel aus den 1970er-Jahren.

lich sein, noch eine Leiste zu haben. Noch niemals hatte er solch heftige Schmerzen erleiden müssen. Und wie seine Fans war auch er davon überzeugt, sterben zu müssen.

Nachdem er an diesem Tag dem Tod ins Auge gesehen hatte, wurde der Evel-Knievel-Legende ein neues Kapitel hinzugefügt. Dass sich die Ärzte an seinem Körper zu schaffen machen mussten, wiederholte sich bei Shows an Orten wie Las Vegas, Chicago und London. Es wurde zur Routine: Evel zerlegte sich, die Mediziner setzten ihn wieder zusammen, und Evel machte weiter.

Obwohl er schnell gelobte, den Adler-Spreiz-Sprung aus der Show zu nehmen, und sich auf andere Stunts zu konzentrieren, richtete sich die Faszination des Publikums auf das Leben beziehungsweise den möglichen Tod von Evel Knievel. Nach Barstow machten die Zuschauer, die sich nur Tickets kauften, um dabei zu sein, wenn er es nicht schaffen würde, einen großen Teil des Publikums aus. Er verkaufte Eintrittskarten auch aufgrund des Wunsches, Zeuge des letzten Evel-Stunts zu sein.

Nachdem er aus dem Krankenhaus von Barstow entlassen worden war, konnte er sich kaum bewegen. Er konnte noch nicht einmal ohne Hilfe gehen. Er sollte sich mindestens sechs Monate schonen und nicht ans Motorradfahren denken – von Sprüngen gar nicht zu reden. Aber diesen Luxus konnte er sich nicht leisten. Er schuldete dem Krankenhaus die Behandlungskosten. Einige andere Dinge mussten auch bezahlt werden: bei der neuen Lederkombi angefangen bis hin zu den Autos und Lkws, die ihn von einer Show zur nächsten brachten. Die Rücklagen von lediglich zwei Veranstaltungen mussten erst mal reichen. Abgesehen davon wusste er, dass seine Psyche unter einer längeren Wartezeit leiden würde. Er war sich über eines sicher: Sollte er nicht bald wieder auf ein Motorrad steigen, würde seine Angst zu groß werden. Dann würde er sich vielleicht vor jedem Stunt die Frage stellen, ob der Tod hinter der Ecke lauert. Sollte es so weit kommen, würde er wahrscheinlich nie wieder springen können.

Nur wenige Tage nachdem er das Krankenhaus verlassen hatte, kehrte Knievel nach Barstow zurück, um seine Show zu beenden, die er einen Monat zuvor begonnen hatte. Diesmal wartete eine riesige Menschenmenge auf ihn. Die meisten waren wahrscheinlich nur dort, um zu erleben, wie Knievel sich umbrachte. Ein paar wenige waren gekommen, um ihren Helden erneut zu begrüßen.

Bobby war sehr schwach und sein Körper so gebrechlich, dass er nicht ohne Hilfe gehen konnte. Er musste auf sein Motorrad gesetzt werden. Seine Rippen drückten heftig in die Brust, jedes Wort strengte ihn an. Nichtsdestotrotz versprach Knievel, das zu tun, was er angekündigt hatte. Mit schmerzverzerrtem Gesicht führte er einige Wheelies vor und fuhr dann aus der Arena. Als er zurückkehrte, raste er auf eine Rampe zu und sprang über die zwei Pick-ups – wie auch immer er das hinbekam.

Seine Leute und Freunde erwarteten ängstlich die Landung, bei der sein Körper hart auf das Motorrad gedrückt wurde. Seine angeknacksten Knochen fingen den Aufprall auf, und der Kerl, den das Publikum nur als Evel kannte, schaffte es, sich am Lenker festzuhalten. Als er nach einem Drift zum Stehen gekommen war, hob er unter Schmerzen seine Hände über den Kopf.

Als das Publikum seinen Namen skandierte, wusste Evel Knievel, dass er nicht nur den Respekt der Massen gewonnen, sondern auch seinem Namen alle Ehre gemacht hatte. Dafür hatte er einen hohen Preis gezahlt. Doch er war an den Ort seiner Niederlage zurückgekehrt und hatte gewonnen. Trotz der unglaublichen Schmerzen fühlte er so viel Freude wie noch nie zuvor. Vielleicht muss ein solcher Mann erst dem Tod ins Auge gesehen haben, um das Leben voll genießen zu können.

Ich kann so lange einen

Wheelie

fahren, bis die

Ölpumpe

Luft ansaugt und der

Motor festgeht.

Evel Knievel

Evel-Knievel-Veranstaltungsplakat aus den 1970er-Jahren.

Die »Evel Knievel Snake River Lunchbox«, ebenfalls aus den 1970er-Jahren.

Evels Wege

Von Evel Knievel

Es wird niemanden überraschen, zu erfahren, dass Evel Knievel in seiner langen Karriere viele verschiedene Motorräder hatte. Schließlich waren die Wheelies und Sprünge – und natürlich die Stürze – für die Maschinen genauso hart wie für ihren Fahrer.

Diese Erinnerungen stammen aus Knievels Autobiografie *Evel Ways: The Attitude of Evel Knievel* von 1999, die mit vielen Geschichten, Zitaten, Fotos und Andenken ausgeschmückt ist.

Als ich ein Kind war, besaß ich eine alte BSA Bantam, die mein Vater mir gekauft hatte. Ich machte mit jungen Jahren bereits Wheelies und andere Stunts, später fuhr ich auch eine Honda.

Als ich mit Sprüngen anfing, fuhr ich eine von Mike Berliner und seinem Bruder Joe gesponserte Norton 750 Commando. Dann fuhr ich Triumph, doch ich konnte mich nicht mit dem Importeur einigen. Es war eine wunderbare 650er, eine T120 Bonneville.

Kurz vor dem Sprung im Caesars Palace entschied ich mich dazu, auf gut Glück zu investieren. Ich hatte mit der Firma Johnson Motors aus Kalifornien eine Menge Probleme. Sie besorgten mir zwar das Triumph-Motorrad – eine der besten Maschinen aller Zeiten –, doch für die Werbung, die ich für sie machte, wollten sie nichts rausrücken. Ich drohte ihrem Chef Pete Coleman: Sollten sie nicht einen Bevollmächtigten mit einem Scheck über 20 000 Dollar in das nächste Flugzeug nach Las Vegas setzen, würde die Triumph so schlecht laufen, dass sie zum Gespött der gesamten Motorradwelt würde. Ich sagte ihm auch, dass seine Maschine vor dem Caesars Palace in Flammen aufgehen würde. Könnt ihr euch vorstellen, dass er mir Erpressung vorwarf?

Tatsächlich schickten sie den Bevollmächtigten, und er hatte den Scheck dabei. Die Triumph-Maschine, mit der ich gesprungen bin, habe ich immer noch.

Dann fuhr ich den »American Eagle«. Dies war eine in die USA importierte Laverda und wurde mir von Jack McCormack und Walt Futon vorgeführt. Als Jack noch zur American Honda Motor Company gehörte, prägte er den Spruch »You meet the nicest People on a Honda«. Er allein ist für Hondas Erfolg in Amerika verantwortlich.

Harley-Davidson unterstützte mich und zahlte das Geld, das ich benötigte, um die Sprünge fortzusetzen. Die Harley-Davidson XR-750 hatte so viel Drehmoment, dass sie sich bei einem Abflugtempo von 70 bis 85 Meilen pro Stunde in der Luft drehte.

Die Leute von Harley-Davidson gehörten zu den feinsten Menschen, mit denen ich jemals Geschäfte gemacht habe. Sie hielten immer ihr Wort und standen mir die acht Jahre treu zur Seite, die ich mit ihnen zusammenarbeitete. Ich war stolz, ein Teil des Harley-Davidson-Teams zu sein.

Jetzt fahre ich ein von der California Motorcycle Company speziell für mich angefertigtes Motorrad. Die Firma gehört zur Indian Motorcycle Company in Gilroy, Kalifornien. Es handelt sich um eine limitiert aufgelegte Evel-Knievel-Edition mit Autogramm, einer speziellen Grafik und vergoldeten Akzenten, die meine berühmtesten Sprünge und Stürze zeigen.

8

Menschen, Tiere, Sensationen . . .

»Ladies and Gentlemen, ich bin sicher: Wenn Sie jetzt die ersten drei Vorführungen der Show sehen, werden Sie wissen, warum es für unsere Fahrer fast

unmöglich

ist, eine Unfallversicherung zu bekommen. Wegen der Gefahr will keine Versicherungsgesellschaft mit uns einen Vertrag abschließen. Also haben wir selbst einen Versicherungsfonds entwickelt, der aus zwei Teilen besteht. Teil eins: Die Fahrer leisten ihre eigenen Beiträge zum Fonds. Den anderen Teil leisten Sie, das Show-Publikum. Wenn Ihnen die Show gefallen hat, wenn Sie den Fahrern helfen und einen Beitrag zum Fonds leisten wollen, können Sie einfach eine Spende machen; uns ist es egal, wie klein oder groß, ob Penny oder Zehn-Dollar-Note. Werfen Sie jetzt das Geld über die Wand auf den Boden. Die Fahrer werden es aufheben. Denken Sie daran, dass das Geld in einen Fonds kommt, der den kompletten Sommer über wachsen kann. Falls ein Fahrer eine Krankenhausrechnung bezahlen oder seine Maschine reparieren muss, sind Mittel aus dem Fonds da. Wir wollen Münzen klingeln hören oder Papier flattern sehen. Die Fahrer danken Ihnen für Ihre Großzügigkeit.«

Werbeansprache des Todeswand-Fahrers Bill Cadieux, aus A. W. Stencells *Seeing is Believing: Americas Sideshows*, 2002

Die Todeswand

Von David Gaylin

David Gaylin wuchs in einer Schaustellerfamilie auf und kam früh mit Motorrädern in Berührung. Seiner Familie gehörte seit der Weltwirtschaftskrise eine »Todeswand«; für sie fuhren unter anderem Art Spencers Fighting Lions und Dough Hopkins.

Davids Eltern wollten nicht, dass er Motorrad fuhr. Aber mit 18 zog er zu Hause aus und kaufte sich seine erste Maschine, eine 1970er-Triumph Bonneville. Einen Führerschein hatte er zu diesem Zeitpunkt noch nicht – den konnte er auch später machen.

Nachdem der Triumph-Importeur der Oststaaten, die Triumph Corporation in Baltimore, die Pforten geschlossen hatte, sammelte David viele ihrer internen Dokumente und Aktennotizen sowie Wagenladungen voll mit Broschüren, Handbüchern und Wartungsblättern. Dieses Archiv diente ihm als Grundlage für das Buch *Triumph Motorcycles in America,* das er zusammen mit Lindsay Brooke schrieb. Das Material reichte auch noch für ein zweites Buch, den *Triumph Motorcycle Restauration Guide* von 1997.

David plant weitere Werke, darunter eine umfassende Geschichte der »Todeswand«-Unternehmen.

Die Nervenkitzel-Show mit Motorrädern in den Steil- oder Todeswänden ist ein Relikt aus einer anderen Zeit. Zu Beginn des 20. Jahrhunderts war fließendes Wasser in Wohnungen keine Selbstverständlichkeit – ganz zu schweigen von organisierter Unterhaltung; es gab kein Fernsehen, keine Videos, keine Computer und keine Spielekonsolen. Auch das kleinste Amüsement erforderte persönliche Anwesenheit. Es war wie in einem anderen Universum.

Dies war die Zeit des Varietees, des Theaters, des Baseballs und des Fahrrades. Fahrräder waren auf beiden Seiten des Atlantiks groß in Mode, doch das Fahrrad-Rennfieber brach zuerst in Europa aus. Spezielle Rennbahnen, sogenannte Velodrome, wurden gebaut – ovale Bahnen mit stark überhöhten Kurven, die ein hohes Tempo ermöglichten. Die ersten Motorräder darin waren die »Steher-Maschinen«. Auf ihnen stand der Fahrer, um dem folgenden Radrennfahrer einen möglichst guten Windschatten zu bieten.

Die Radfahrer fuhren bei hohem Tempo in beeindruckenden Schräglagen, und es dauerte nicht lange, bis Kunstfahrer dies dem Publikum auch in Miniatur-Versionen von Velodromen vorführten. »Fahrrad-Wirbel« oder »Todeswand« wurden solche Anlagen genannt, sie sahen aus wie riesige Körbe, die aus senkrechten Holzlatten gefertigt waren, die auf Lücke standen, sodass das Publikum das Geschehen verfolgen konnte. Die Seiten waren um etwa 70° überhöht, und der Durchmesser des ganzen Korbes lag zwischen fünf und acht Metern. Die Fahrer mussten zunächst so viel Geschwindigkeit aufnehmen wie möglich, um an der – oft sehr fragil abgestützten – Bretterwand hinaufsteigen zu können. Sie fuhren dabei meist in der Richtung gegen den Uhrzeigersinn. Je höher das Tempo, desto mehr wirkte die Zentrifugalkraft auf Fahrer und Rad. Dadurch konnten die Fahrer die Wand immer höher hinauffahren, freihändig Bahnen ziehen und Kunststücke vollführen. Mit zwei, drei oder mehr auf der Strecke über und untereinander wegtauchenden Fahrern

war die Sache tatsächlich genauso gefährlich, wie sie aussah, und diese Shows wurden im Vergnügungspark von Coney Island und bei Jahrmärkten in den gesamten USA ein riesiger Publikumserfolg.

Der nächste Schritt war ein Rondell, das noch höher gebaut war. Man musste drei bis fünf Meter hinaufschauen, um die Fahrer bei ihren Stunts beobachten zu können. Die riskierten Leib und Leben, doch Hauptsache, das zahlende Publikum war begeistert.

Diese luftigen Velodrom-Shows waren sowohl im Moulin Rouge als auch im Folles Bergère in Paris sehr populär. Im New Yorker Madison Square Garden führte ein Darsteller namens Dan Canery in einem riesigen Trichter 20 Meter über dem Boden seine Kunststücke vor. Völlig losgelöst von der Erdanziehungskraft, machte Mr. Canerys »Circle-of-Death« seinem Namen alle Ehre.

Die aufregendsten Stunts wurden auf Bahnen gefahren, die nach oben hin steiler wurden und schließlich absolut senkrecht gebaut waren, sodass die Fahrer darin scheinbar völlig den Gesetzen der Schwerkraft widerstanden. Durch die Verlängerung dieser Röhre nach oben konnten die Darsteller ihre Tricks jetzt einem größeren Publikum vorführen, ohne dass dafür die Bahn erweitert werden musste. Im Jahre 1903 präsentierte der Zirkus *Barnum & Bailey* in den USA einen Stunt, den die Darsteller während einer fünfjährigen Tour durch Europa entdeckt hatten: Cyclo, der kinetische Dämon, zog im oberen Teil des Zylinders seine Kreise, während im unteren Teil weitere Fahrer in die Pedale traten.

Aufstieg der Motodrome

Als Motorräder populärer als Fahrräder wurden, war es logisch, dass sie bald auch auf Jahrmärkten und in Zirkusnummern vertreten waren. Um das Jahr 1910 herum fuhr in England das Tom Davis-Trio mit Levis-Einzylindermaschinen in einem Holzlatten-Korb, der für das höhere Gewicht und die höheren Fliehkräfte der motorisierten Zweiräder zusätzlich verstärkt worden war. Zu dieser Zeit überzog eine regelrechte Motorradseuche die industrialisierte Welt. In den Vereinigten Staaten gab es verschiedenste Arten von Motorradrennen wie z. B. Hill-Climbing- oder Dirt-Track-Rennen – und die Motorräder starteten auch auf den Fahrrad-Velodromen. Die für Fahrräder konzipierten Strecken erwiesen sich bald als zu klein und zu schmal für Motorräder. Deswegen wurden spezielle Holzbahn-Kurse gebaut, wie die Velodrome oval mit fast ebenen Geraden und überhöhten Kurven. Diese sogenannten Motodrome waren stabiler gebaut und wesentlich größer, und sie hatten Streckenlängen zwischen 400 und 800 Metern (man darf sie nicht mit den nach dem Ersten Weltkrieg entstandenen Automobil-Rennstrecken verwechseln, auf denen Harley-Davidson antrat). Für diese Rennen wurden spezielle Maschinen konstruiert. Sie waren von jeglichem überflüssigen Gewicht befreit und besaßen nach unten gebogene Lenker und niedrige Sitze. Obwohl bei diesen Rennen auch andere Marken wie Excelsior, NSU, Merkel und Thor wettbewerbsfähige Motorräder an den Start brachten, boten Indian-Motorräder das größte Potenzial und waren auf diesen Strecken die besten Maschinen.

Motorrad-Bahnrennen wurden in den USA zu einer nationalen Leidenschaft, und in vielen Städten wurden Motodrome eröffnet. Ein Beitrag in der Zeitschrift *Billboard*, damals ein Schausteller-Magazin, zeichnet ein anschauliches Bild: »Vor drei Jahren konnte das vergnügungssüchtige Chicagoer Publikum die erste Rennstrecke begrüßen, die im Riverview-Park, Chicagos größtem Vergnügungspark, aufgebaut worden war. Innerhalb kürzester Zeit verbreitete sich die Neuigkeit und erreichte die Vororte der Stadt und selbst die kleinen Städte im Umkreis von etwa 25 Meilen. Der Motodrom-Bazillus befiel ein Opfer nach dem anderen. Diese hartnäckige Infektion lässt einen Baseballfan ziemlich harmlos aussehen und ist so anhänglich wie ein Staubsaugervertreter.« Viele dieser Rennstrecken waren – wie in dem Artikel

erwähnt – in oder in der Nähe von Vergnügungsparks entstanden.

1911 entstand auch im Luna Park auf Coney Island eine kleinere kreisrunde Bahn mit 26 Metern Durchmesser. Die Zuschauer zahlten Eintritt, um vor der hölzernen Suppenschüssel zu stehen, während die Fahrer freihändig, im Damensitz, auf den Trittbrettern stehend oder mit den Beinen über dem Lenker in halsbrecherischem Tempo und beängstigenden Schräglagen ihre Bahnen zogen. Die Attraktion wurde sofort zum schaustellerischen Höhepunkt des Vergnügungsparks. Nachdem die Nummer allgemein bekannt und das Interesse wieder gesunken war, entschieden die Besitzer, mit einem Miniatur-Motodrom auf Tournee zu gehen und dem alten Varietee-Credo zu folgen, wonach man keine neuen Tricks zeigen muss, wenn man ein neues Publikum finden kann. Allerdings erwies sich die Konstruktion als schwer zu transportieren, und es ist nicht bekannt, an wie vielen Orten sie tatsächlich aufgebaut wurde.

Im folgenden Jahr zeigten mindestens drei Jahrmärkte mit einer mobilen Version des Coney-Island-Motodroms eine einfache Form der Motorradshow. Das *Billboard*-Magazin berichtete: »Viele transportable Motodrome werden von den größten Schausteller-Unternehmen aufgebaut, darunter David Whittaker mit Wortham & Allen, die Herbert A. Kline Shows und die Ferari-Patrick Carnival Company.« Doch obwohl die Miniaturbahnen auf- und abgebaut werden konnten, waren die riesigen Mengen Holz immer noch schwer zu bewegen. Für einen Ortswechsel war eine große Mannschaft erforderlich, die mehrere Tage dafür benötigte.

Im Jahre 1913 gab es in den USA fünf Hersteller für transportable Motodrome, darunter so berühmte Karussell-Bauer wie C. W. Parker und J. Frank Hatch, selbst ein ehemaliger Schausteller, der sein Geschäft verkaufte, um sich auf den Bau von Motodromen zu konzentrieren. Hatch hatte auch eigene Auto- und Motorradrennen samt Fahrern im Angebot, und nicht weniger als acht Einheiten konnten gleichzei-

»Corbeille de la Mort« – der Korb des Todes: Diese Ansichtskarte, etwa aus dem Jahre 1910, war ein Andenken an die französischen Teufelsfahrer.

tig für Jahrmärkte gebucht werden. Zu jener Zeit war er in diesem Business der Größte.

Anzeigen im *Billboard* warben mit einem leichten Auf- und Abbau, was Zeit und Personal spare. Die transportablen Autodrome hatten 40 Meter Durchmesser, die Motorrad-Versionen maßen nur 15 Meter oder weniger, sodass man sie flexibler einsetzen konnte. Ihr kleinerer Durchmesser erlaubte auch ein Zeltdach, sodass auch bei Regen gefahren werden konnte. Dennoch waren feuchte Fahrbahnen, ob durch die Luftfeuchtigkeit, einen leckenden Motor oder verschüttete Getränke, immer eine heikle Sache.

Die Todeswand

Obwohl diese Motodrom-Konstruktionen wie die frühen Dachlatten-Körbe schräge Wände hatten, waren die meisten am oberen Rand zusätzlich mit schmalen Streifen versehen, deren Wände absolut senkrecht waren, sodass die Fahrer buchstäblich über die Oberkörper der Zuschauer donnern konnten. Die aufregendsten und dadurch auch erfolgreichsten Shows waren diejenigen, bei denen sich die Fahrer fast die ganze Zeit freihändig oder im Damensitz an der senkrechten Wand hielten. Weil jeder Motodrom-Betreiber den anderen überbieten wollte, war es logisch, dass bald schon Motodrome mit fast durchgängig senkrechten Wänden auftauchten. Während J. Frank Hatch noch damit beschäftigt war, sich seine längst überholten Schrägwand-Konstruktionen patentieren zu lassen, erregten wagemutige Konkurrenten das Publikum bereits mit senkrechten »Silo-Dromen«.

Es ist unklar, wer das erste senkrechte Motodrom gebaut hat. Jahrmarkt-Historiker Joe McKennon zeichnete auf, dass im Jahre 1915 »ein Mann namens Birdson(?) Greene auf einem unbebauten Grundstück in Buffalo, New York, eine Konstruktion aufbaute, die einem riesigen Futtersilo ähnelte. In dieser Konstruktion sollen Motorradfahrer die Wände hinauf und herunter gefahren sein. Greene hatte in Buffalo bereits mit dem Verkauf von Tickets begonnen, damit die Zuschauer sich das Training ansehen konnten. Dieses Silodrom sei für diese Saison in der Joseph T. Ferari-Show gebucht worden«.

Zur gleichen Zeit führte ein Mann, der unter dem Namen »Human Silo« bekannt war, einen Aufbau ein, der aussah wie ein portabler Wassertank. In seinen Werbeanzeigen wurde beschrieben, dass »das Fahren eines Hochleistungsmotorrades mit 60 Meilen pro Stunde an einer Wand mit fünf Metern Höhe und zehn Metern Durchmesser eine noch von keinem Menschen zuvor vollbrachte Leistung (ist)«. Einiges weist darauf hin, dass es sich bei diesem »menschlichen Silo« um Walter Kemp handelte.

Ein weiteres Motodrom mit senkrechten Wänden war zur gleichen Zeit bei den W. G. Wade-Shows zu sehen. Diese Show unterschied sich von anderen dadurch, dass Harley-Davidson-Motorräder benutzt wurden und mindestens eine Fahrerin dabei mitmachte.

Wer es auch immer erfunden hat, das Motodrom mit senkrechten Wänden ersetzte bald die früheren Versionen. Die neuen Silo-Drome waren auch im Durchmesser kleiner. Selbst die größten Kombinationsanlagen, in denen Motorräder und Autos fahren konnten, maßen nicht mehr als zwölf Meter Durchmesser. Der kleinere Umfang ließ das Motodrom höher und damit gefährlicher erscheinen. Für den Bau des Zylinders brauchte man weniger Material, so konnte der Standort leichter gewechselt werden. Joe McKennon erkannte, dass »solche Konstruktionen das Ende der alten Schrägwand-Motodrome [bedeuteten]«. Durch das Auftauchen der »Todeswände« waren die Tage der Schrägwand-Motodrome gezählt, aber noch nicht zu Ende. Viele Leute auf dem Lande hatten die ältere Version noch nicht gesehen, zudem herrschte genereller Mangel an Geld. So ist zu erklären, warum sich die Schrägwand-Motodrome noch erstaunlich lange hielten.

Cowboys auf Indians

Ebenfalls auf die Sparsamkeit von Schaustellern zurückzuführen ist, dass beim Verkauf eines Motodroms, was gelegentlich vorkam, die Motorräder zusammen mit der hölzernen Arena veräußert wurden. So wurden viele veraltete Motorräder weiterhin benutzt, obwohl bessere Maschinen erhältlich waren. Dieser Umstand macht es schwierig, ein Foto aus einer solchen Arena korrekt zu datieren. Es wurden Harley-Davidsons, Excelsiors und mindestens eine Vierzylinder-Henderson benutzt, doch bei den Fahrern, Mechanikern und Veranstaltern waren Motorräder der Marke Indian die absoluten Favoriten. J. Frank Hatch machte für neue Motodrome derart Werbung, dass er ausdrücklich darauf verwies, ob diese mit oder ohne »Indian Riding Motorcycles« ausgestattet waren. Im Allgemeinen handelte es sich nicht um Indian Modell H-Rennmaschinen, sondern um preiswertere Powerplus-Zweizylinder mit heruntergezogenen Lenkern, die von aller unnötigen Ausstattung befreit worden waren.

Die Ausbreitung der Jahrmarkt-Motodrome in den 1920er-Jahren stellte für die damals neu eingeführte Indian Scout einen perfekten Nischenmarkt dar. Kein anderer amerikanischer Motorradhersteller bot ein vergleichbares Modell an. Die zwischen 1920 und 1927 gebaute leichte Maschine war mit ihrem niedrigen Schwerpunkt und dem kurzen Radstand die bevorzugte Waffe an der Todeswand. Unfassbarerweise behielten diese Scouts der ersten Generation mit ihrer Verlustschmierung, ihrem Starrrahmen und der Blattfedergabel bis zum Niedergang der Jahrmarkts-Steilwände in den 1980er-Jahren ihre Vorherrschaft.

Viele hatten die Ablösung vom Nachfolgemodell Scout 101 erwartet, doch mit ihrem längeren Radstand war sie nur in den größeren kombinierten Auto- und Motorrad-Dromen ausreichend handlich zu bewegen. Es gibt Berichte, nach denen 101-Scouts für den Einsatz in Motodromen massiv umgebaut oder gekürzt wurden, doch in den meisten Fällen wurde dies nur getan, wenn keine früheren Modelle mehr aufzufinden waren. Das ultimative Todeswand-Motorrad war die 1920er- bis 1927er-Indian Scout mit ihrem 606-cm³-Motor. Beleuchtung und Schutzbleche waren meist demontiert, doch einige waren für mehr Sicherheit mit einem Hinterradkotflügel versehen. Die Sitze waren ungefedert und die Lenker gekürzt, nur die Trittbretter mussten für die wichtigen Fahrten im Stehen bleiben. Bei der Auspuffanlage waren Phonstärken gefragt, und viele Veranstalter montierten zusätzlich eine Polizeisirene, um das Finale ankündigen zu können. Mit der Zeit wurden die Maschinen allerdings immer schwerer, weil die Todesfahrer Schicht für Schicht neuen Lack auftrugen, um sie frisch aussehen zu lassen!

Die goldenen Jahre

Um das Jahr 1920 herum gab es in den USA über 200 portable Motodrome, die meistens per Eisenbahn transportiert werden mussten, weil die Straßen zwischen den Städten und Dörfern keine anderen Möglichkeiten zuließen. Zu dieser Zeit wurden die wenigen Lkws und Anhänger hauptsächlich für den innerstädtischen Lieferverkehr benutzt. Das Wachstum der Schausteller-Industrie stand somit in direkter Abhängigkeit vom Ausbau der Eisenbahnen.

Fahrgeschäfte, Zelte und Attraktionen wie die Todeswände mussten zerlegt, von Hand auf Waggons verladen und an den Zug gehängt werden. Wenn der Waggon nicht dem Unternehmen gehörte, musste der Inhalt regelmäßig in einen Schuppen oder auf einen anderen Güterwaggon umgeladen werden. Gehörte er dazu, gab es immer noch Wartezeiten, bis er an den nächsten passenden Zug gehängt werden konnte. Nach der anstrengenden Reise zum Bahnhof in der Nähe des nächsten Standortes musste der Motodrom-Veranstalter warten, bis die Ausrüstung auf ein geeignetes Fahrzeug (Lkw, Traktor mit Anhänger, Pferdefuhrwerk usw.) umgeladen und an den Ort des Geschehens transportiert worden war. Es war eine unglaublich anstrengende Art, seinen

The Motordrome near Playa del Rey, Cal.

COPYRIGHT 1910 BY A. B. DODGE L. A.

Postkarten und Poster
mit Motiven von
amerikanischen Board-
Track-Motodromen
aus den 1910er-Jahren.

Motordrome at Luna Park, Cleveland Stock Cles.

9609. Columbus Motordrome, Columbus, Ohio.

Lebensunterhalt zu bestreiten – für die Mannschaft wie für das Management.

Diejenigen Schausteller, die nicht ständig die Kosten und den Aufwand der fast wöchentlichen Umzüge auf sich nehmen wollten, wetteiferten um Verträge in Vergnügungsparks. Diese Gelegenheiten gab es in den USA nicht im Überfluss. Zudem bedeuteten sie häufig, einen höheren Gewinnanteil abführen zu müssen, doch sie ersparten den Stress, eine große Mannschaft zusammenstellen zu müssen oder Bittsteller bei Eisenbahngesellschaften zu werden. In den 1920er-Jahren gab es sowohl auf Coney Island, als auch im Chicago Riverview Park und am Venice Pier im südlichen Kalifornien fest installierte Motodrome.

Langzeitstandorte erlaubten größere und stabilere Konstruktionen. Wenn Motorräder oder kleine Autos ihre Runden drehten, wackelten oder vibrierten sie nicht wie die transportablen Versionen, bei denen viele ängstliche Zuschauer sich nicht auf die klapprigen Tribünen trauten und lieber am Boden blieben. Eine Todeswand, bei der die Bahn nahtlos aus Stahl oder Beton gebaut war, sorgte nicht nur bei den Zuschauern, sondern auch bei den Fahrern für mehr Vertrauen. Einzig die Höhe dieser Konstruktionen begrenzte die Art der einsetzbaren Fahrzeuge. Eine Todeswand in Deutschland setzte vier BMW-Motorräder in Formation, also übereinander, ein. Eine konzentrierte Masse von mindestens 800 kg (multipliziert mit den Gravitationskräften) hätte selbst in den größten transportablen Motodromen eine zu große Gefahr für alle Beteiligten bedeutet.

Ein reisender amerikanischer Jahrmarkt musste in den 1920er-Jahren Attraktionen am laufenden Band liefern, um seine Verträge zu sichern, egal wie groß er war. Ein Riesenrad, ein Kinderkarussell, eine Schiffsschaukel, ein Kettenkarussell und eine Todeswand gehörten zur Grundausstattung. Als sich der Wettbewerb zwischen den Veranstaltern verschärfte, war bald kein Stunt und kein Kunststück mehr waghalsig genug.

Die Motorradtricks in den Holzzylindern fanden in immer schwindelerregenderen Höhen statt. Die Fahrer donnerten freihändig über die Bretter, standen auf den Trittbrettern oder Fußrasten und saßen, während sie nach oben oder unten schauten, im Damensitz oder hatten die Beine über dem Tank. Manchmal streckten sie die Beine auch über den Lenker, und am gefährlichsten war es, wenn sie sich völlig nach hinten drehten und die Füße über das Hinterrad hielten. Viele Motodrom-Fahrer nahmen auch Passagiere mit – gelegentlich auch aus dem Publikum. Bei einem Stunt namens »Todes-Taucher« wurde bis an die obere Wandkante gefahren, nur wenige Zentimeter von den Zuschauern entfernt, dann lenkte der Fahrer scharf ein und schoss nach unten in den Kessel. Manchmal »klauten« die Fahrer den Zuschauern auch Gegenstände, die sie ihnen nach einer Weile im Fluge zurückbrachten. Als besondere Attraktion gab es bei den Shows oftmals einen Artisten, der Zuschauer darum bat, ihm die Augen zu verbinden – um dann mit verbundenen Augen nur Zentimeter vom oberen Rand entfernt seine Runden zu drehen.

Genauso gefährlich wie die Tricks selbst waren Reifenschäden oder Motorausfälle, die es gelegentlich gab. Es konnte tödlich sein, die Wand mit anderen Motorrädern oder Autos zu teilen. Viele Verletzungen waren Resultate von Fehlern beim Synchronfahren, wenn sich dabei Fahrer in die Quere kamen oder etwas beim Kreuzen schiefging. Die meisten Toten gab es, wenn Fahrer in entgegengesetzter Richtung unterwegs waren. Eine schlampige Choreografie oder Motorprobleme hatten oft ernsthafte Konsequenzen. So teilte der britische Artist Dough Murphy in einem Brief an seinen amerikanischen Kollegen George »Lucky« Thibeault mit: »Der griechische Fahrer Cevtias Arivas wurde bei einem Rennen getötet. Er fuhr immer in entgegengesetzter Richtung zu uns, also im Uhrzeigersinn. Er stieß mit zwei anderen zusammen.« Murphy erwähnte ebenso den Amerikaner Earl Ketring, der auf ähnliche Weise ums Leben kam.

Der andere Fahrer, der an diesem Crash beteiligt war, erlag zehn Tage nach dem Zusammenstoß seinen Verletzungen.

Wie »Speedy« Babbs, einer der berühmtesten Fahrer der damaligen Zeit, in einem Brief an Thibeault erwähnte, war und blieb es auch immer gefährlich, wenn alle Fahrer in der gleichen Richtung unterwegs waren: »Eine Sache, vor der du dich in Acht nehmen musst, ist folgende: Wenn du im gleichen Tempo wie dein Gegenüber an der Wand unterwegs bist und deinen Blick auf ihn richtest, dann bekommst du den Eindruck, du würdest stehen, und das hat eine hypnotisierende Wirkung.« So ist es seinem Bruder ergangen, als er mit ihm zusammengearbeitet hat, wie Babbs berichtet: »Er konnte nicht mehr wegschauen und dachte, er würde stehen. Dabei überholte er mich, berührte mich dabei und brach sich seinen linken Arm und zwei Knochen des Handgelenks. Ich habe kaum einen Kratzer abbekommen!«

Gefährliche Mädchen

Weibliche Darsteller an der Todeswand waren scheinbar seit Beginn der Fahrrad-Drome eine besonders erfolgreiche Attraktion. Einige der bekanntesten frühen Fahrerinnen, unter ihnen Lillian La France, Marion Perry und »Teddy« Walters schmückten sich mit Namen wie Mile-a-Minute-Girl, Speed-Queen oder Danger-Girl. Artistinnen wie Olive Hager und Marjorie Kemp leiteten ihre eigenen Motodrome mit reinen Frauenteams. Viele von ihnen bewiesen die gleichen eisernen Nerven wie ihre männlichen Kollegen.

Zu den berühmtesten Fahrerinnen gehörte die Britin Marjorie Dare, die mit »Tornado« Smith verheiratet war. Bei ihrer Nummer saß sie im Zentrum des Motodroms auf einem Stuhl, strickte und schien nicht sonderlich von ihrem Gatten beeindruckt zu sein, der mit einer Indian nur wenige Zentimeter neben ihrem Kopf kreiselte. Dann sprang sie in seinen Seitenwagen und arbeitete weiter an ihrem Pullover, während das Motorrad seine Runden drehte. Beim Finale schnallte sie sich Rollschuhe unter und ließ sich von ihrem Mann mit dem Motorrad ziehen. Nachdem sie genügend Tempo aufgenommen hatte, löste sie das Seil und drehte allein eine komplette Runde. In den Zeitungen war zu lesen, dass sie keinen Führerschein besaß – bei den Prüfungen sei sie immer zu nervös gewesen …

Bis die Popularität der Todeswände zurückging, sorgten weibliche Darsteller immer für einen guten Ticketverkauf. Noch heute führen Fahrerinnen wie Samantha Morgan diese Tradition fort. Sie hat in den frühen 1980er-Jahren bei Sonny Pelaquin im größten – und daher schwierigsten – Jahrmarkts-Motodrom der östlichen USA gelernt, wie man es macht.

Gefügige Löwen

Ende der 1920er-Jahre galten Todeswand-Darbietungen trotz Rennen, in denen mehrere Fahrzeuge eingesetzt wurden, als abgedroschene Kunststücke. Die Attraktionen waren bekannt, und es gab immer weniger Neuerungen. Irgendjemand – dessen Identität heute leider nicht mehr herauszufinden ist – erkannte zu dieser Zeit, dass sich Motodrome mit ihrer erhöhten Zuschauerplattform prima als Arena für eine Löwennummer eignen würden. Menschenfressende Löwen, die zwischen Motorradfahrern herumliefen, die in Motodromen kreiselten – eine unwiderstehliche Attraktion: Jedes Missgeschick oder technische Problem würde eine leichte Mahlzeit für den König der Tiere bedeuten.

Einer der ersten, die in ihren Motodrom-Shows Löwen integrierten, war der Steilwand-Pionier Walter Kemp, der dies in der Saison 1929 einführte. Kemps Motor Maniac Show benutzte ein größeres Motodrom, in dem neben Motorrädern und kleinen Autos auch eine Löwennummer untergebracht werden konnte. Die Show bot die Standardtricks und die üblichen Rennen, doch für das Finale wurde ein ausgewachsener Löwe losgelassen, den die Fahrer im Fluge wieder einzufangen hatten. Das Gebrüll der Raubkatze soll dabei das Röhren der Indians übertönt haben …

Eintrittskarte für das Lion Motodrome auf der Weltausstellung in Chicago, 1933.

In Wirklichkeit mochten Löwen die lärmenden Geräte überhaupt nicht, und vielen Dompteuren gelang es nicht, zu verhindern, dass die Großkatzen in Panik gerieten. Ein ängstlich umherschleichender Löwe in einem Motodrom war unerwünscht, und schlecht war es auch, wenn das Publikum dessen offensichtliche Furcht erkannte und sich zu unerwünschten Lachern und sogar Spott hinreißen ließ. Zu den Bemühungen, die Löwen an den Krach und das Gewimmel zu gewöhnen, gehörte ein umgebautes Auto, mit dem eines der Tiere mit auf die Fahrt an der Wand genommen wurde. Zu den Ersten, die dies durchführten, zählte ein in den USA auftretender britischer Darsteller namens Fearless Egbert. Dieser benutzte auch Motorräder und nannte sein Finale »Race for Life«. Nach zahlreichen gefährlichen Stunden und harter Arbeit waren die Tiere so weit, dass sie auf speziellen in die Wand eingehängten Vorrichtungen sitzen blieben. Während die Motorräder über oder unter ihnen entlangdonnerten, brüllten die Löwen laut und schauten, als ob sie jeden Moment losspringen würden. Irgendwann hatte man die Nummer perfektioniert, und die Umsätze bei allen Motodromen mit Löwen stiegen an.

Daraus zu schließen, dass die Großkatzen nun zahm und ungefährlich waren, wurde jedoch durch Tatsachen widerlegt. Löwen konnten genauso launig sein und schlechte Tage haben wie ihre zweibeinigen Partner in der Todeswand. In vielen Fällen passierte ein Unglück, wenn eine Kleinigkeit den »harmlosen« Löwen ärgerte. Walter Kemps Frau Marjorie schien hierfür ein beliebtes Ziel zu sein. Sie wurde bei mindestens vier verschiedenen Ereignissen böse gebissen, beim ersten Mal so schwer, dass ihr Arm beinahe amputiert werden musste; nach dem letzten Mal im Jahre 1940 musste sie über ein Jahr pausieren.

Wenn die Löwen ausbüchsten, ging dies für »Zivilisten« oft tödlich aus. 1933 floh ein sieben Jahre alter Löwe in Wildwood, New Jersey, wo er für den Löwendrom von Joe Dobish arbeiten musste, aus seinem Käfig. Das Tier war zwei Stunden auf freiem Fuß und tötete auf seiner Flucht einen Straßenhändler. Dobish wurde wegen fahrlässiger Tötung verurteilt und seine beiden Löwen wurden getötet.

Viele der Motodrom-Veranstalter wurden zusätzlich Tierdompteure und benutzten die hölzernen Arenen, um zwischen den Motorradshows Löwennummern zu zeigen und die Anlagen besser auszunutzen. Das Ehepaar Earl und Ethel Purtle gehörte zu den berühmten Darstellern der Unterhaltungs-Veranstaltungen. Earl brachte jungen Löwen bei, auf dem Tank seiner Maschine mitzufahren, während Ethel ausgewachsene Tiere in einem speziellen Seitenwagen mitnahm. Andere Löwendrom-Unternehmer, die traurige Berühmtheit erlangten, waren Olive Hager, George Murray, Wallace Smithly und Art Spencer. Letzterem wurde nachgesagt, er hätte trotz großer Kosten einen alten Löwen nur dafür gehalten, um ihn wegen der Verstümmlung seiner Hand täglich zu quälen.

Löwen-Motodrome waren beim Publikum so beliebt, dass selbst die Veranstalter der 1933 in Chicago stattfindenden Weltausstellung (unter dem Motto »Ein Jahrhundert Fortschritt«) eine solche Attraktion im Programm haben wollten. Den Vertrag erhielt Walter Kemp, der damit unangefochtener Löwendrom-König wurde. Es wurde eine neue Arena mit zwölf Metern Durchmesser konstruiert und ein neues Auto gebaut, damit Marjorie Kemp mit ihrem 230 kg schweren Kätzchen Sultan darin auftreten konnte. Um die allerbesten Tricks darbieten zu können, verschickte Kemp Einladungen an Jahrmarktmotodrom-Fahrer im ganzen Land. Er versammelte die besten Darsteller in seinem Team, darunter den Texaner Red Crawford, die Motoglobe-Fahrerinnen Virginia Dawn, Dottie Barclay und »Teddy« Walters sowie William »Speedy« Palmer. Neben den Fahrern hatten Kemp und sein Trainer Chubby Guilfoyle auch zehn Löwen dabei, um zwischen den Motorshows Raubtiernummern zu zeigen. Dies war der Höhepunkt der Todeswand-Ära, eine solch große Popularität wurde niemals wieder erreicht.

Loud Pipes Save Lives!

Nicht alle waren von den Todeswänden begeistert. Werbenummern vor den Shows, sogenannte Ballys, fanden auf erhöhten Plattformen vor den Motodromen statt – üblicherweise nutzte man dafür die für den Transport benutzten Anhänger oder Waggons. Diese Shows sollten natürlich so viel Aufmerksamkeit wie möglich erregen. Motorräder mit kaum oder gar nicht gedämpften Auspuffen wurden angeworfen und mehrfach hochgedreht, um die Zuschauer von anderen Shows, Spielen oder Fahrgeschäften in der Nachbarschaft wegzulocken. In den 1920er-Jahren, als die Attraktionen bekannter und die Ticketverkäufe schleppender wurden, begannen die Motodrom-Besitzer damit, die Demonstrations-Motorräder für kleine Stunts und Tricks einzusetzen, die das Vorprogramm verlängerten. Oftmals waren diese kostenlosen Ballys länger als das Hauptprogramm. Die zusätzliche Einführung elektrischer Lautsprecher sowie der unerfreuliche Duft eines Rudels Löwen sorgte schließlich dafür, dass Todeswände im mittleren Bereich von Jahrmärkten nicht mehr gern gesehen waren.

Schließlich wurden die Motodrome, weit weg von den Kindershows und Popcornständen, in die hinteren Bereiche der Jahrmärkte verdrängt. Ein Jahrmarktveranstalter erklärte sogar, er wolle »für seine Show keine Motodrome mehr buchen, weil sie zu viel Krach machen und die benachbarten Attraktion zu sehr beeinträchtigen«. Doch dieser Entschluss währte nicht lange.

Alle guten Dinge …

Der Zweite Weltkrieg stoppte in Europa sämtliche Jahrmärkte und Todeswand-Shows. Die Folgen des Krieges waren auch in Amerika zu spüren. Treibstoffrationierungen trafen die Schausteller wie ein Vorschlaghammer. Die meisten Reise-Schausteller hatten sich in den 1930er-Jahren von der Eisenbahn gelöst und waren per Lkw auf den Straßen unterwegs. Die Benzinrationierung hielt auch das Publikum davon

ab, Jahrmärkte und Volksfeste außerhalb der Stadt zu besuchen. Im Jahre 1942 wurde Earl Purtle vom Verteidigungsministerium gezwungen, seine Motodrom-Shows einzustellen, weil er gegen die Rationierungsvorschriften verstoßen hatte. Er durfte zwar mit Löwennummern weitermachen, doch Autos und Motorräder waren in den folgenden sechs Jahren verboten. Erstaunlicherweise durften andere Motodrome ihre Shows fortführen. Ende des Jahres wurde Walter Kemp bei einem Flugzeugabsturz getötet, als er in Florida Flugschüler unterrichtete. Während der Invasion in der Normandie 1944 schlossen alle Jahrmärkte für zwei Wochen ihre Pforten. Joe McKennon notierte dazu: »Der Durchschnitts-Amerikaner war nicht in der Stimmung, einen Jahrmarkt zu besuchen, während sich seine Söhne und Brüder zur Küste der Normandie durchkämpften und einen blutigen Korridor durch Nordeuropa schlugen.«

Nach Ende des Krieges boomte die Vergnügungsindustrie wie alles andere in Amerika auch, und es gab so viele Motodrome wie nie zuvor. Allerdings hatten die meisten von ihnen keine Löwen mehr in der Show; diejenigen, die sie noch hatten, stellten bald fest, dass die Kosten für Pferdefleisch – Woche für Woche mehrere hundert Kilo – meistens die erzielten Einnahmen überstiegen. Nach und nach verkauften die Löwendrome ihre Tiere an Zoos, und Anfang der 1960er-Jahre gab es keine Löwen mehr in Motodrom-Shows.

Die katzenfreien Todeswände blieben jedoch eine konkurrenzfähige Jahrmarktattraktion. Unabhängige Motodrom-Besitzer hatten die ausgetretenen Wege der großen Shows verlassen und wurden mit kleineren Programmen gebucht. Viele Bürger in abgelegeneren Gegenden besuchten die sogenannten Kürbis-Märkte, bei denen die Motorradshows gelandet waren, und sie kletterten begierig die steilen Treppen hinauf, um in den tödlichen Abgrund zu blicken.

Doch gerade als in den frühen 1950er-Jahren die Unterhaltungsindustrie wirklich groß geworden war, sorgte die

Der Teufelskerl Jimmy Reeds fährt im Jahre 1954 an der Todeswand auf einer umgebauten Harley-Davidson.
Foto: Samantha Morgan

Todeswand-Plakate aus den 1980er-Jahren.

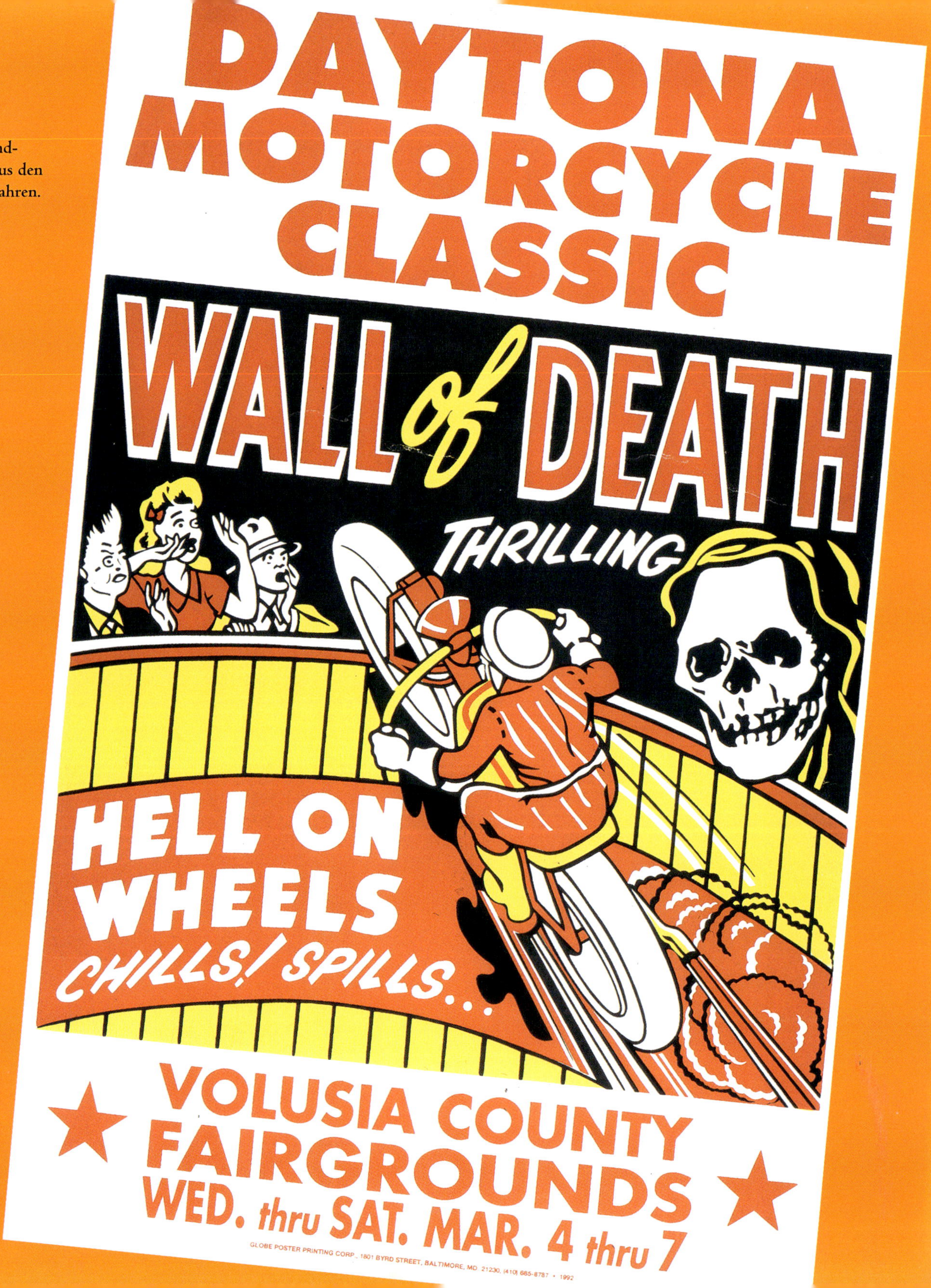

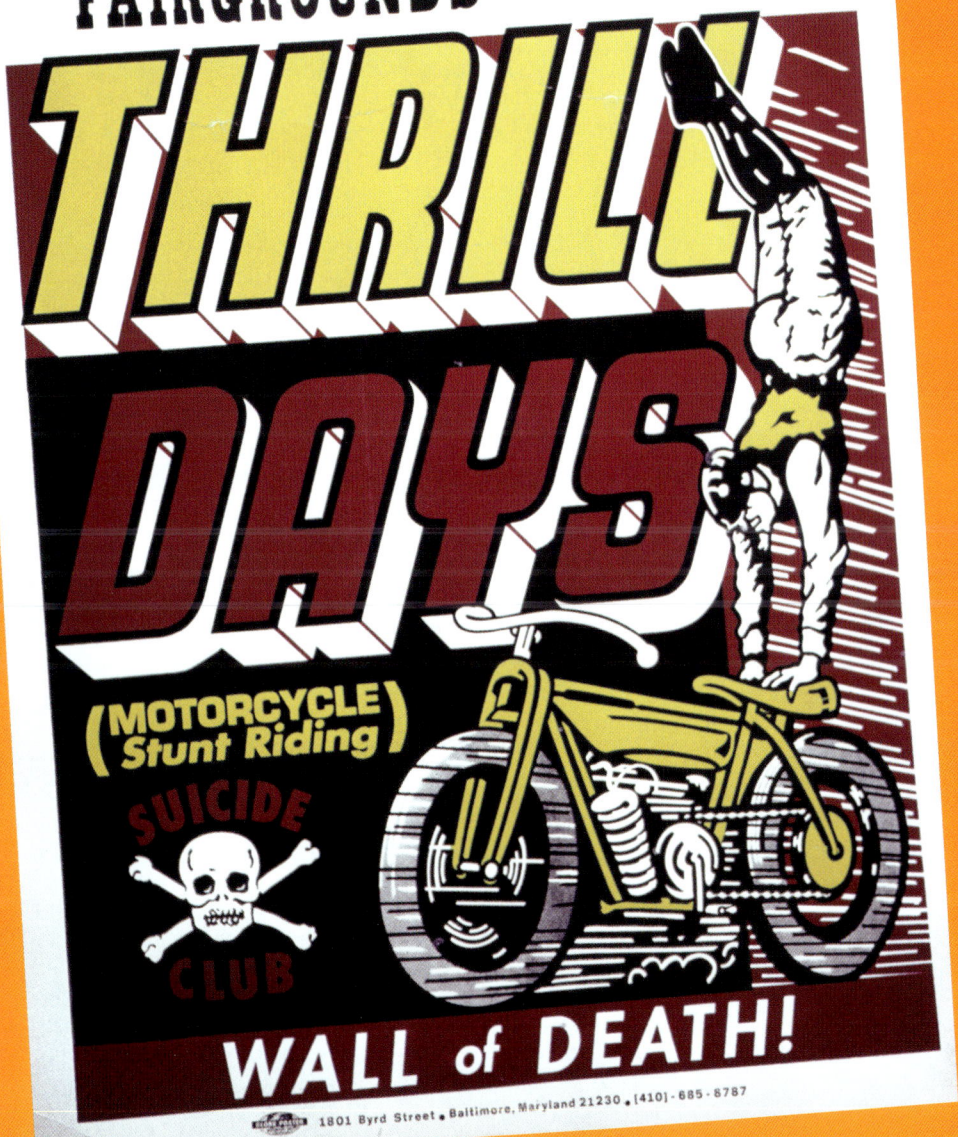

Einführung des Fernsehens dafür, dass sich die Leute kaum noch aus dem Haus bewegten. Das Schaustellergewerbe sollte sich hiervon nie wieder richtig erholen. Zudem wurden immer mehr Nervenkitzel-Attraktionen eingeführt, und ein erbitterter Wettbewerb bei den Buchungen für Jahrmärkte sorgte dafür, dass auf immer kleineren Veranstaltungen immer größere Ausrüstungen aufgebaut werden mussten. Der Jahrmarkt-Historiker Bob Goldsack meint dazu: »Das durchschnittliche Publikum war immer weniger an Shows mit Monstrositäten, Missbildungen und Ähnlichem interessiert. Volksfest-Komitees und Veranstalter mussten sich nach immer neuen und aufregenderen Fahrgeschäften umsehen, was zu riesigen Investitionen führte.«

Wie bei allen Jahrmarktattraktionen ging auch die Anzahl der Todeswand-Shows in den 1970er-Jahren zurück. Viele Motodrome verrotteten auf Transportwagen oder in ihren Winterquartieren. Die klapprigen Motorräder, die nicht in irgendwelchen Gewässern versenkt worden waren, wurden verkauft oder von noch arbeitenden Motodrom-Betreibern ausgeschlachtet. Zu diesen hartnäckigen Leuten gehörten die Mitglieder der Pelaquin-Familie, »Speedy« McNish, Joe Boudreau, Les King, Jack Hatcher und Dough Hopkins. Letzterer arbeitete mit einer lediglich sechs Meter großen Holzkonstruktion.

Noch heute werden einige dieser Motodrome von Leuten betrieben, die die Tradition am Leben erhalten. Rhett Giordanos Tricks können bei vielen Harley-Davidson-Treffen in den USA, darunter den Bike Weeks in Daytona, Myrtle Beach und Sturgis sowie bei den *AMA*-Vintage Days in Ohio besichtigt werden. Don Daniels jr. führt diese Tradition authentisch fort, indem er seine Todeswand auf größeren Jahrmärkten in den östlichen Bundesstaaten sowie bei vielen Motorradveranstaltungen aufbaut.

In Europa, wo die Zahl der reisenden Schausteller höher und die Dauer der Veranstaltungen länger ist, konnten sich die Todeswände länger halten. Heute ziehen die leuchtenden Arenen von Ken Fox und Allan Ford in England die Massen an, während die Varenna-Familie und andere auf dem Festland unterwegs sind. Auf dem Münchener Oktoberfest steht seit über 50 Jahren Pitts Todeswand.

Teufelskerl Hepburn

Wer war der berühmteste Motodrom-Fahrer? Das hängt davon ab, wie man Berühmtheit definiert. Viele Motodrom-Betreiber waren, nun ja, Persönlichkeiten – um es höflich auszudrücken –, und Eigenreklame war in ihrem Geschäft lebenswichtig. Sehr wichtig war dabei, sich als Erfinder einer Technik oder als einzigartiger Künstler darzustellen. Louis »Speedy« Babbs war ein aus Kentucky stammender Fahrer, der an die Westküste ausgewandert war, und er war ein schamloser Selbstbeweihräucherer. Er übte mehrere »Berufe« aus, darunter Seiltänzer, Todeswand-Artist und Motorglobe-Fahrer. Er zeigte sogar einen Stierkampf auf einem Motorrad. Babbs liebte das Scheinwerferlicht mehr als alles andere, und er schaffte es, mindestens vier verschiedene Darstellungen von sich in US-Motorradzeitschriften sowie in der Biografie *Evel Knievel and Other Daredevils* von Joe Scalzo unterzubringen.

In England war George William »Tornado« Smith eindeutig der bekannteste Fahrer, was ebenso hauptsächlich an seinen eigenen Machenschaften lag. In mancher Beziehung ähnelte er seinem amerikanischen Gegenpart Walter Kemp: Smith war ein perfekter Trickfahrer, arbeitete viel mit Löwen und heiratete sogar eine »Marjorie«. Wie Babbs war er süchtig nach Ruhm und arrangierte zahlreiche persönliche Berichte in britischen Zeitschriften. Er hörte 1965 mit dem Fahren auf und zog nach Südafrika, wo er sechs Jahre später starb. Eine Biografie über ihn erschien 1998, allerdings ohne seine Selbstbeweihräucherungen.

Paradoxerweise hat derjenige Fahrer, der den meisten Ruhm geerntet hat, seine Motodrom-Zeiten auf den Jahrmärkten heruntergespielt und ist erst mit der anschließenden Verbindung zu Harley-Davidson berühmt geworden. Während des Ersten Weltkrieges war Ralph »Daredevil« Hepburn ein Indian fahrender Artist in den Holzlatten-Kesseln der Evans- und C. A. Wortham-Shows, damals die größten reisenden Jahrmärkte der USA. Im Jahre 1919 wurde Hepburn Mitglied des Harley-Davidson-Rennteams, das mit Fahrern wie Jim Davis, Fred Ludlow, Otto Walker und Ray Weishaar als Wrecking Crew bekannt wurde. Als professioneller Rennfahrer trat Hepburn üblicherweise vor über 25 000 Zuschauern auf und wurde vor der Radio- und Fernseh-Ära zum Volkshelden. Für Harley-Davidson gewann er 1919 das nationale Ascot 200 Meilen-Rennen und 1921 das Dodge City 300. Hepburn kehrte dann zum »Wigwam« zurück und gewann 1922 mit dem Indian-Werksteam das nationale 300-Meilen-Rennen. Drei Jahre später startete er seine Karriere als Autorennfahrer, er startete insgesamt fünfzehnmal beim 500-Meilen-Rennen von Indianapolis, bei vier Zieleinfahrten kam er unter die ers-

ten fünf. Beim Qualifikationslauf für das 1948er Brickyard-Rennen verunglückte er tödlich.

Wenn es so etwas wie die goldene Zeit der Todeswände gab, dann lag diese zwischen den Jahren 1925 und 1940. In dieser Ära erreichten die Kunststücke ihr höchstes Niveau – auch dank der Einführung der vielseitig verwendbaren und gut zu beherrschenden Indian Scout, die fast ausschließlich genutzt wurde. Nachdem Löwen zum Bestandteil der Shows wurden und sie ihren Höhepunkt auf der Weltausstellung 1933 in Chicago erlebten, kam in der Folge nichts mehr hinzu, was spektakulärer hätte sein können. Die für Walter Kemp, Earl Purtle, Olive Hager und für viele andere in den 1930er-Jahren gebauten Arenen waren die schönsten von allen. Die Art-déco-Verkleidungen, die Neonlampen und die kunstvoll bemalten Frontseiten waren einmalig und in dieser Größe nie wieder zu sehen. Diese Shows spielten sich wirklich in einem anderen Universum ab!

Todeswand-Plakat aus den 1990er-Jahren. Mit freundlicher Genehmigung von Samantha Morgan.

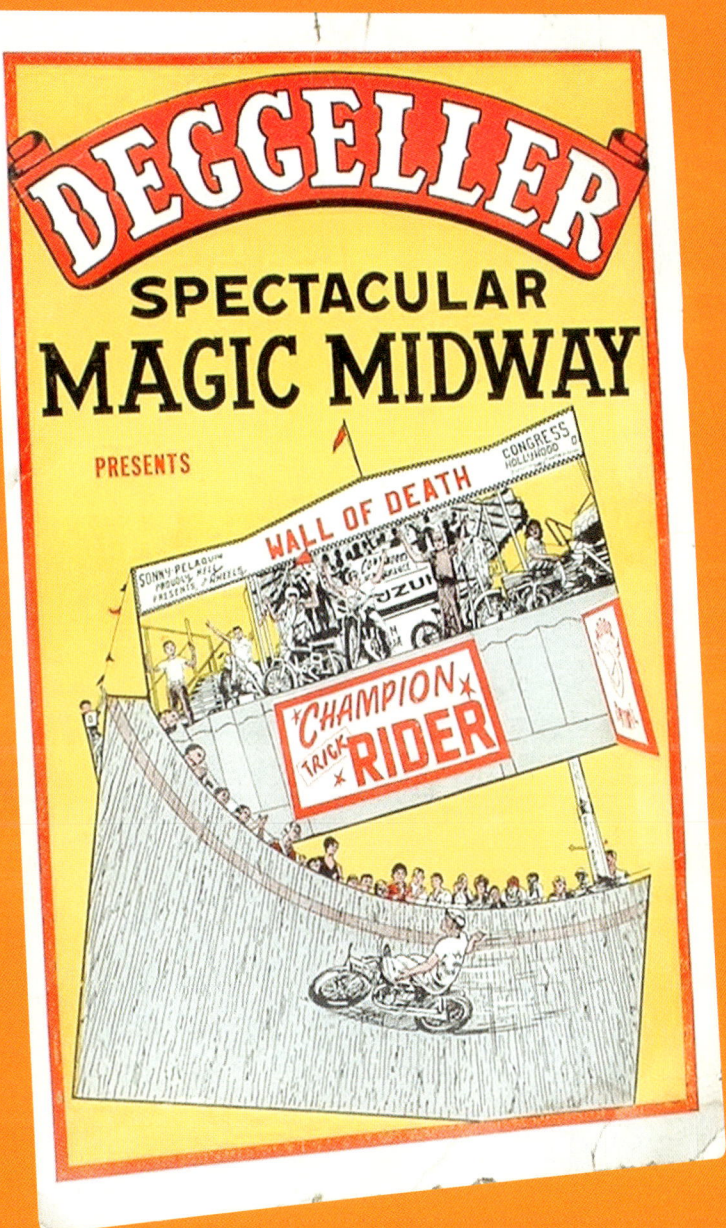

Todeswand-Plakat aus den 1990er-Jahren. Mit freundlicher Genehmigung von Samantha Morgan.

Fahren in der Todeswand

Von George W. »Tornado« Smith

George William Smith war besser bekannt unter seinem Künstlernamen »Tornado«, den er erhielt, weil er wilde Kreisbahnen in der Todeswand fuhr. Tornado Smith war Englands bekanntester Todeswandfahrer und sowohl mit Motorrädern als auch mit Autos ein Pionier auf den Steilwänden der Britischen Inseln.

Er verfasste dieses Essay über die Strapazen des Fahrens in der Todeswand im Jahre 1937 für Englands Wochenmagazin *The Modern Boy*. Wie das Magazin verlauten ließ, konnte Tornado auch »nach neun Jahren und 60 Veranstaltungen täglich« noch lächeln.

Könntest du dir vorstellen, ein Leben lang mit einem Motorrad oder einem Auto mit 60 Meilen pro Stunde an einer senkrechten Wand entlangzurasen?

Dies war fast neun Jahre lang meine aufregende Arbeit, im Schnitt 60 Sieben-Minuten-Shows pro Tag!

Viele von euch haben sicherlich schon gesehen, wie ich meinen Job in der Todeswand der Olympia Fun fair, auf Weihnachtsmärkten oder im Kursaal Southend-on-Sea erledigt habe. Vielleicht haben einige auch mal andere Todeswandfahrer bei einer anderen Veranstaltung erlebt.

Diejenigen, die noch nicht das Vergnügen hatten, müssen sich einen großen hölzernen Zylinder mit sechs Metern Höhe vorstellen. Innen am Boden ist eine 1,20 Meter breite Rampe mit einem 45-Grad-Winkel angebracht. Oben an der Wand befindet sich eine Zuschauergalerie, die durch eine Stahltrosse oder durch ein Sicherheitsseil geschützt ist, um im Falle eines Ausrutschers, einer gerissenen Kette, eines leckenden Tanks, eines stotternden Motors, eines blockierten Hinterrades oder anderer möglicher Unglücke mein Motorrad oder Auto davon abzuhalten, über den Rand zu fliegen.

All diese genannten Unglücke sind mir das ein oder andere Mal passiert, aber bis zum heutigen Tag – ich klopfe auf Holz! – bin ich ohne einen einzigen gebrochenen Knochen davongekommen!

Auf meiner 136 kg schweren Indian Scout fahre ich zunächst auf der Rampe am Boden entlang, um sie auf Geschwindigkeit zu bringen. Mit einer schnellen Lenkbewegung fahre ich dann an die Wand und schraube mich Runde um Runde hoch, bis ich oben, nur Zentimeter vor dem Seil, angelangt bin.

Wie das funktioniert? Es ist hauptsächlich die Geschwindigkeit, die das Motorrad senkrecht an der Wand hält und dafür sorgt, dass die Schwerkraft die Maschine nicht nach unten fallen lässt. Solange ich ein Tempo von mindestens 50 mph halte, ist die Zentrifugalkraft stärker als die Erdanziehungskraft. Deswegen stürze ich nicht ab.

Zum Fahren an der Wand eignet sich jedes gute Serienmotorrad. Um aber die hohe Belastung des Stuntfahrens auszuhalten, muss es unter anderem einen stabilen Rahmen, einen niedrigen Sitz, einen flachen Lenker sowie einen sanft laufenden, aber durchzugsstarken Motor haben.

Die von mir benutzte Indian Scout ist keine Spezialkonstruktion. Es ist ein simples Standardmodell, bei dem die Lichtanlage entfernt wurde, damit ich im Falle eines Unfalls nicht daran hängen bleibe.

Drei Amateurfahrer haben diese Aussage mal infrage gestellt, nachdem sie erfolglos versucht hatten, die Wand mit ihren eigenen Maschinen zu fahren. Sie probierten es mit einer 350er-Royal Enfield, einer 550er-Triumph und einer 350er-James, alles Serienmaschinen.

Meine Antwort darauf war, mir jede dieser Maschinen auszuborgen und jede einzelne die Wand hochzujagen.

Wenn du zum ersten Mal das Fahren an der Wand trainierst, wirst du ausschließlich auf der 45-Grad-Rampe unten entlangfahren, bis es schließlich »Knack« macht und du dich sicher genug fühlst, um an der Senkrechten zu fahren.

Am Anfang flößt einem das ziemlich viel Angst ein. Es ist wie das Beschleunigen in einem schnellen Fahrstuhl. Die Wand scheint auf dich zuzurasen und unter dir zu verschwinden. Du kannst natürlich nicht weit vorausschauen, weil du dich ständig im Kreis bewegst. Rechts von dir siehst du nur einen Kreis unscharfer Gesichter, und links von dir scheint sich der Boden mit schwindelerregendem Tempo zu drehen. Es erfordert reichlich Anstrengung, um den Kopf hochzuhalten.

Speedwayfahrer, TT-Cracks und Hobbyfahrer haben sich daran versucht und sind an der Wand gescheitert. Scheinbar ist man eher zum Todeswandfahrer geboren, als es erlernen zu können. Einer meiner Schüler hatte schon nach zwei Wochen Training die Standards an der Wand drauf, doch die Allround-Fähigkeiten und das Stuntfahrer-Repertoire lernt man erst nach Jahren.

Um die Wand freihändig zu fahren, die Beine über den Tank zu heben, sich vollständig im Sattel zu drehen oder meinen berühmten »Todes-Taucher« nachzumachen – bei dem ich die Wand hinauf- und herunterrase und erst im letzten Moment den Lenker herumreiße, um einen Aufprall am Boden oder einen Sprung über den oberen Rand zu verhindern – braucht man monatelanges Training und stürzt bestimmt einige Male.

Das gestrippte Austin 7-Fahrgestell, mit dem ich ebenfalls an der Wand fahre, ist ein Serienmodell mit serienmäßigem Vergaser, einer ordinären Hinterachse und einem normalen Dreiganggetriebe. Verstärkte Federn und dickere Speichen an den Rädern sind die einzigen »Extras«. Letztere verhindern eine Beschädigung der Räder, wenn man die Rampe hochfährt.

Ich habe den Austin aus 20 verschiedenen englischen und ausländischen Autos ausgewählt. Nachdem drei Wagen in die engere Wahl gekommen waren, verbreiterte ich die Rampe am Boden etwas, sodass sie etwas breiter als die Autos war.

Dann fuhr ich mit jedem Wagen nacheinander schnelle Runden auf der Rampe, um die Schwachpunkte zu entdecken. Schließlich entschied ich, dass der Austin für diesen Zweck am besten geeignet war. Ich fuhr mit dem Wagen an die senkrechte Wand und hoffte auf viel Glück.

Anfangs konnte ich den Seven gerade einmal einen Meter oberhalb der Rampe fahren. Aber ich kriegte ihn heil wieder herunter – mit mehr Glück als Verstand –, auf allen vier Rädern.

Der Wagen rutschte, schlitterte und wackelte, der Motor spotzte, und ich dachte jeden Moment, dies sei mein letzter. Doch ich machte wochenlang beharrlich weiter, bis ich mich schließlich mit dem Titel schmücken durfte, der einzige Mann zu sein, der jemals mit einem Auto in der Todeswand gefahren ist – eine Heldentat, die ich heute 60-mal am Tag oder öfter mache.

Ein Motorradgespann die Wand hinaufzufahren gehört nicht zu den Dingen, die beim ersten Versuch funktionieren. Ich musste endlos üben, bevor ich den Stunt vor Publikum vorführen konnte. Doch nachdem ich einmal das Gefühl für das Gespann hatte, war es wie Segelfliegen.

Wie schon erwähnt, fahre ich bereits seit fast sieben Jahren an der Wand, dennoch behandle ich meine Arbeit weiterhin mit Respekt. Ich weiß nur zu gut, dass es andernfalls fatal enden kann. Ein kurzer Moment der Ablenkung oder eine kleine Sorglosigkeit bei den Tricks, und ich ende wahrscheinlich als hässlicher Haufen am Boden!

Das Mile-a-Minute Girl von heute

Von Samantha Morgan

Samantha Morgan bestreitet mit dem Todeswandfahren ihr Einkommen. Sie ist unter ihrem Künstlernamen »S. Morgan Storm« bekannt und tourt zusammen mit dem American Motor Drome zwischen Daytona, Sturgis und der Westküste durch die gesamten USA.

Samantha ist auch eine passionierte Historikerin der Motodrome. Während ihrer Reisen hat sie ein riesiges Archiv an Fotos, Plakaten und Geschichten der Männer und Frauen angesammelt, die an den Arenen bauen, in ihnen fahren und von ihnen leben. Es ist eine Geschichte, die nur allzu schnell im Staub der Jahrmärkte verloren geht.

Doch Samantha sammelt und zeichnet die Todeswand-Geschichte nicht nur auf, sie erlebt sie. In diesem Beitrag schildert sie ihre Liebesaffäre mit der Wand.

Mein erstes Motodrom sah ich auf einem Jahrmarkt in Miami, Florida, als ich 14 Jahre alt war. Zu dieser Zeit waren Motodrome in den USA schon fast verschwunden, sodass es nicht ungewöhnlich war, dass ich keine Ahnung hatte, was mich hinter den Stufen zur Galerie erwarten würde. In dem Moment, als ich in den Zylinder blickte und den Kerl mit dem Motorrad an der senkrechten Wand entlangfahren sah, wusste ich, was aus mir werden sollte.

Damals zeigten die Veranstalter ununterbrochen Shows, deren Bestandteile sich wiederholten, und wenn du einen Teil verpasst hast, bist du einfach stehen geblieben, um ihn noch einmal zu sehen.

Ich blieb den ganzen Tag, warf mein gesamtes Geld in den Zylinder und klatschte, bis mir die Hände wehtaten. Als ich herunter kam, fragte ich die Mannschaft, ob Mädchen dies auch könnten. Nach den üblichen Teufelskerl-Kommentaren erklärte mir Sonny Pelaquin – der »verrückte Pinguin«, Besitzer, Kunstfahrer, mein späterer Mentor, geliebter Freund sowie Vaterfigur –, dass Mädchen dies natürlich auch lernen könnten, seine Mannschaft jedoch komplett sei, und er zurzeit keine weitere Hilfe brauchen könne. Es war das letzte Wochenende des Jahrmarktes, sodass er mich noch etwas bei den Jungs herumlungern ließ. Ich verkaufte Tickets oder putzte und lernte so die Show und die Leute kennen. Als es Zeit zum Abschied war, zeigte ich ihnen, dass ich wie ein Mann arbeiten konnte und half ihnen beim Verladen. Ich hatte zu dieser Zeit eine Anstellung auf der Pferderennbahn. Ich war groß und stark und wusste, was ich wollte. Ich hatte auch keine Probleme damit, alle anzulügen, dass ich schon 18 sei.

Die Show verließ die Stadt, aber ich hatte herausgefunden, wohin die Reise ging. Ich packte meine Gitarre und meine Sachen auf mein Motorrad (meine erste Maschine, die ich erst seit zwei Wochen besaß) und fuhr zu einem Einkaufszentrum in Jacksonville, Florida, ihr nächster Stopp. Auf der Fahrt hatte ich einen Platten und fuhr fast 20 Meilen langsam auf dem Randstreifen der Straße. Bald überholten mich die ganze Deggeller Show und das Motodrom. Als mich einer aus der Motodrom-Mannschaft am Straßenrand entlangrollen sah, hielt er, lud mein Motorrad auf und nahm mich mit.

Sonny hatte zwar in Miami definitiv »Nein« gesagt, doch jetzt schien er Mitleid mit mir zu haben und ich durfte bleiben. Ich half ihnen beim Aufbau, verkaufte Tickets und kümmerte mich um andere Dinge – und nervte Sonny ständig damit, mir das Fahren beizubringen. Es funktionierte, und obwohl wir täglich drei Shows hatten, begann ich mit meinem Training.

Wenn du unten im Zylinder des Motodroms stehst, hast du eine völlig andere Perspektive als oben von der Galerie aus. Unten siehst du, wie steil eine senkrechte Wand wirklich ist, und Sonnys Startrampe war fast genauso steil wie die Wand selbst. Der Winkel der Startrampe wird vom persönlichen Geschmack bestimmt – es gibt keine Anleitungen für den Bau eines Motodroms –, und Sonnys Familie baute sie so steil, dass Schwächlinge bald aussortiert waren und keine wertvolle Trainingszeit verloren ging – das funktionierte! Als ich zum ersten Mal die Wand von innen sah, erkannte ich, wie eng alles war und wie schnell hier alles vor sich ging!

Die Pelaquins trainieren nur während der Shows, und ich tat es an diesem Tag ebenfalls. So zog sich wenigstens niemand umsonst eine Verletzung zu. Hatte irgendjemand nicht die geistige Disziplin, die notwendig war, um die Zuschauer und andere äußere Einflüsse ausblenden zu können, wurde dies schnell erkannt; so wurde kein Training umsonst durchgeführt, und es verhinderte ebenfalls unnötige Verletzungen für jemanden, der dort nichts verloren hatte. Unkontrollierte Emotionen können einen Fahrer genauso sicher abstürzen lassen wie ein Plattfuß oder eine gerissene Kette. Sonny sagte immer, im Eingang zum Kessel befände sich ein »Kraftfeld« – sobald man den Innenraum betritt, verlassen alle bösen Gedanken das Gehirn. Es war eine der wichtigsten Lektionen, die ich jemals gelernt habe. Fährt man erst einmal, sorgt die Wand für alles andere.

Während des Trainings bekam ich jedes Mal riesiges Fracksausen, wenn ich wieder auf die Rampe fuhr. Ich war fürchterlich aufgeregt. Es war das Fantastischste, was ich in meinem ganzen Leben gemacht hatte – nun, Jahre später, fühle ich noch genauso.

Auch ich stürzte mehr als einmal ab (ich bin kein Naturtalent), aber ich mochte es so gern, dass ich daran arbeitete. Ich legte mich in das Motodrom hinein, schaute mir die Wände an und träumte davon, eines Tages Trickfahrerin zu sein. Es dauert seine Zeit, bis man die Physik des Fahrens und die Fliehkräfte versteht und damit umgehen kann. Solange man die Sache nicht richtig kontrollieren kann, bleibt man im unteren Bereich der Wand; so führen Trainingsabstürze normalerweise nur zu verschrammten Ellbogen und Knien. Ich lernte auf einer kleinen 70er-Indian und Hummer-Harleys mit geringer Leistung, da diese sicherer waren, solange einem die nötige Kraft und Kontrolle fehlten. In der Wand wirkt normalerweise die dreifache Erdanziehungskraft auf dich – je schneller man fährt, desto höher die Fliehkraft, und je länger man fährt, desto kräftiger wird man.

Ich mühte mich einige Zeit ab, bis eines Tages Sonny für einen Gastauftritt hereinkam und ich genau beobachtete, wie er die Wand anging. Es war, als sei ein Schalter umgelegt worden, denn danach hatte ich es raus; meine Tage der Abstürze und der langsamen flachen Runden waren vorbei. Ab diesem Zeitpunkt stürzte ich aus größeren Höhen mit höherem Tempo, sodass die Verletzungen ernsthafter wurden.

Es war eine reine Glückssache, dass ich dennoch zur Kunstfahrerin wurde, ich hatte kein Zuhause, also blieb ich bei der Show. Der Drom wurde meine Heimat (»Drome Sweet Home«), und glücklicherweise war Sonny das gesamte Jahr über unterwegs. Die Kerle kamen und gingen – nach Hause zu ihren Familien, in die Ferien und so weiter –, ich blieb, und deswegen wurde ich Trickfahrerin.

Sonny Pelaquin kam aus einer Löwen-Motodrom-Familie. Sie hatten Nummern, bei denen Löwen in Beiwagen und auf Motorrädern zusammen mit den Fahrern saßen, und noch ein paar andere Löwennummern. Sonnys Bruder Joe wollte Löwendompteur werden, und Gerüchten zufolge begann auch Clyde Beatty seine Karriere mit Drom-Katzen. Sonnys Eltern Viola und Joe fuhren bis zur Geburt ihres ersten Kindes gemeinsam. Während die Familie wuchs, war Joe senior allein unterwegs. Sie hatten fünf Söhne und eine Tochter. Vier der Jungen traten in die Fußstapfen des Vaters und blieben im Motodrom-Geschäft. Joe senior war ein strenger und auf Sicherheit bedachter Arbeitgeber mit einem trocknen Humor, der sein Motodrom straff führte. Die meisten Familienunternehmen waren so geleitet.

Sonny ähnelte stark seinem Vater, doch er hatte mehr Sinn für Humor. Er war genauso streng und auf Sicherheit bedacht, und wenn er uns dabei erwischte, wie wir waghalsige Dinge taten – über die rote Linie am oberen Rand fahren, andere mitnehmen oder sonstige wichtige Sicherheitsvorschriften nicht beachten –, war der Tag für einen gelaufen. Er allein bestimmte, wann man wieder zur Arbeit erscheinen durfte.

Sonny passte immer auf uns auf. Wir fuhren zwei Jahre in Kanada bei einem der größten Jahrmarkt-Veranstalter der Welt.

Wir fuhren zwei Jahre lang täglich 16 Stunden mit jeweils vier Shows – und hatten keinen einzigen Unfall. Dies war beispiellos in der Branche und ein Rekord, auf den Sonny sein Leben lang stolz war.

Motorräder sind nur Maschinen, und wir taten ihnen Sachen an, für die sie niemals konstruiert waren. Du musst deine Maschine ständig kontrollieren, um Unfälle zu vermeiden, und Sonny stand ständig – ohne unser Wissen – hinter uns, um alles im Blick zu haben. Wenn er etwas fand, was wir übersehen hatten, wartete er, bis die Show begann, kam herein, unterbrach die Darbietung, zeigte auf den, dessen Motorrad ein Problem hatte, und ging wieder. Jetzt musste die Reparatur vor dem Publikum ausgeführt werden. Dies waren Lektionen, die wir nie vergaßen und die uns sicher machten – bis heute.

Vorprogramm, etwa im Jahre 1970: Sonny Pelaquin steht vor seinem Motodrom, während Porky auf dem Motorrad sitzt und die Ansagen macht.

Das California-Hellrider-Duett: Samantha Morgan und Don Daniels senior fahren im Jahre 1987 gemeinsam an der Wand. Fotos: Samantha Morgan

Ein Riss im Rahmen musste gefunden werden, bevor man in die Wand ging und das Fahrgestell brach. Sonny lackierte die Rahmen weiß, und wenn wir die Maschinen – was wir ständig machen mussten – abwischten, konnte man einen Riss als feine Linie erkennen. Dies ist nur ein Beispiel dafür, wie er sich um uns sorgte.

Ich weiß nicht mehr, wie wir es schafften, in diesen zwei Jahren so viele Shows zu fahren. Jede war zwölf Minuten lang, zwischen ihnen gab es jeweils eine dreimütige Pause, um das Publikum hinaus- und hereinzulassen. Wir fuhren in einem alten restaurierten Löwen-Motodrom, das 300 Leute fasste, sodass wir uns wirklich beeilen mussten. Die Show musste weitergehen. Für zwei Minuten nickte ich in der Pause regelmäßig auf einem Stuhl ein, dann ging es wieder an die Arbeit.

Ich fuhr zusammen mit Russ Noel, Sonnys jüngstem Cousin, der mich auch trainierte. Wir führten beide gleichzeitig Kunststücke vor; nie zuvor und niemals danach habe ich solche Doppel-Tricks gesehen. Ich wünsche mir, Sonny hätte uns vor den höllischen Schmerzen durch das lange Sitzen im Sattel bewahren können. Doch wir haben nie aufgegeben.

Wenn du erst einmal an der Wand bist, verschwinden aufgrund der heftigen Fliehkraft sämtliche Schmerzen. Das Fahren an der Wand ist mit nichts vergleichbar – obwohl der Sprung aus einem Flugzeug der Sache schon nahe kommt. Es ist wie Aerobic und Gewichtheben zur gleichen Zeit. Man wird wirklich stark und fit, aber nicht dick und massig. Das Trickfahren, bei dem der Puls in die Höhe schnellt und dein Körper hohen Beschleunigungskräften ausgesetzt wird, ist ein erstaunlicher Sport. Geist und Körper bilden dabei eine Einheit, für ein hyperaktives und zerstreutes Kind, wie ich es war, ging dadurch ein Traum in Erfüllung. Dabei kannst du nichts gewinnen oder verlieren … Alles kommt von innen, und du bekommst genauso viel wieder, wie du gegeben hast. Dieses Gefühl bleibt auch nach der Landung noch erhalten. Du kannst es mitnehmen!

Sonny Pelaquins Motodrom inmitten der Deggeller Show, etwa im Jahre 1970. Foto: Samantha Morgan

Auch der Auf- und Abbau des Motodroms forderte seinen Tribut. Die meisten Leute fangen gar nicht erst mit dem Training an, weil sie diesen Teil des Jobs nicht beherrschen. Er ist schwer, schmutzig und schlauchend, aber schlichtweg notwendig, um mit dem Fahren beginnen zu können. Jay Allen vom Broken Spoke-Saloon und auch der große Indian Larry mussten Todeswände erst einmal transportieren, bevor sie ihre ersten Lehrstunden erhielten. Die meisten, die Fahrer werden wollen, verschwinden wieder, noch bevor sie ihre erste Fahrt an der Wand unternehmen. Es ist eine große Auslese und ein notwendiges Übel: Wenn die Todeswand nicht steht, kann niemand darin fahren.

Die hauptsächlich als Todeswand bekannten Konstruktionen heißen korrekt »Motodrom« oder »Steilwand-Arena«. Das Fahren in zylindrischen Motodromen kam in den USA

Anfang des 20. Jahrhunderts kurz nach der Erfindung des Motorrads auf. Motodrom-Holzbahn-Rennstrecken wurden Mitte der 1920er-Jahre aufgrund des öffentlichen Drucks wegen der vielen Unfälle geschlossen, manch ein berühmter Fahrer ließ dabei sein Leben. Zu dieser Zeit erschienen deswegen die transportablen Motodrom-Zylinder auf Jahrmärkten und Volksfesten. Die ersten Motodrome waren eher Schüsseln als Zylinder, aber es dauerte nicht lange, bis die ersten Teufelskerle die Steigung auf die 90 Grad anhoben, die wir bis heute beibehalten haben.

Zwischen den 1920er- und 1950er-Jahren waren Motodrome die spektakulärsten Ereignisse eines jeden Jahrmarktes, danach wurden es immer weniger. Die Familien zogen sich aus dem Geschäft zurück, die älteren Fahrer setzten sich zur Ruhe, und nur wenige hatten Kinder, welche die Sache weiterführten. Das Leben auf der Straße ist nicht einfach, viele wollten lieber einen konventionellen Lebensstil und Familien. Als neue Leute die Shows übernahmen, war das der Anfang vom Ende. Es gehört schon etwas dazu, auf der Straße zu leben und zu arbeiten und jeden Tag sein Leben zu riskieren. Ohne die familiäre Obhut und den Zusammenhalt der Gruppe lösten sich die Show-Besetzungen langsam auf. Viele Motodrom-Fahrer wurden zu Rowdys, die sich ständig prügelten und Partys feierten. Viele fuhren betrunken, manche prügelten sich sogar während der Fahrt an der Wand. Die Veranstalter zögerten zunächst, doch nach einer Weile weigerten sie sich, diese Shows mitten auf den Jahrmärkten zu dulden. Dank solcher Leute gilt eine Motodrom-Mannschaft noch heute als Inbegriff einer Störer-Truppe.

Sonny blieb länger im Geschäft als alle anderen (außer mir, heute). Er war in der Lage, sich zu verändern, und seine Crew änderte sich mit ihm. Nie wieder trinken und fahren! Wir mussten uns hübsch anziehen, ansehnlich aussehen und uns wie Showstars verhalten. Wer dies nicht mitmachte, wurde ausgeschlossen, und seine Lebensgrundlage war dahin. Ich hatte Glück. Als Fliegengewicht konnte ich noch nie trinken

und danach fahren, aber ich wuchs am Drom mit einem Kühlschrank voll Bier als ständigem Begleiter auf. Dank Sonny Pelaquin gibt es uns heute noch. Er starb vor einigen Jahren, aber seine Stimme ist immer noch in meinem Kopf und sein Geist bei mir. Ich verdanke dir mein Leben, Pinguin!

Es gab viele großartige Fahrer. In den USA: Sonny und seine Familie, George Murray, Skinny Stevens, Flash White, Lefty Johnson (der jetzt in Alaska lebt), Jimmy und Marjorie Hawthorne (die heute als Musiker unterwegs sind), die großartige »La Vonnie« (sie war nicht einmal 1,50 Meter groß, stammte aus einer Zirkusfamilie und war eine der großartigsten Ladys, die jemals fuhren) sowie die große Kemp-Familie. Außerdem Speedy Babbs, Speedy McNish, seine Frau Josephine und sein Sohn Ronnie (der in Vietnam starb). Und nicht zuletzt Tim Allen, Rodney »Hot Rod« Housley (die beide bei Sonny lernten), Terry Johnson und sein Partner Mark (der bei einem tragischen Lkw-Unfall starb) und viele, viele mehr, für deren Erwähnung hier kein Platz ist.

In Europa ist die Varanne-Familie aus Frankreich zu nennen, dazu Alan Fords Wand und die Calladine-Familienshow aus England, Pitts Todeswand und die Motorellos aus Deutschland.

Leider nehmen die Motodrome in den USA den Weg der Dinosaurier. Doch wie Vögel und Krokodile sind einige von uns geblieben. Obwohl ich in meinem Leben insgesamt an elf Wänden gefahren bin, gibt es heute in den Vereinigten Staaten nur noch drei: die California Hellriders, den American Motor Drome und einen weiteren. Der American Motor Drome ist der erste neue Zylinder, der in den vergangenen 50 Jahren gebaut wurde.

Sonny Pelaquin hinterließ ein Erbe voll geschickter Selbstdarstellung und einer leidenschaftlichen Liebe zur Show und zum Sport. Wenn es ihn nicht gegeben hätte, würde heute wahrscheinlich kein einziges Motodrom mehr existieren. Er lachte, wenn er fuhr, und dankenswerterweise gab er dieses Geschenk an mich weiter. Ich bin ihm für immer dankbar, was dieser großartige Mann und die fantastischen Teufelskerle mir gaben, und ich hoffe, bis zum Ende meines Lebens fahren zu können.

Die Allgemeinheit weiß heute nur noch wenig über diese Shows. Die Fotografie war damals nicht das, was sie heute ist, und es gab nur primitives Fernsehen und wenige Nachrichten. Leider sind die meisten der ursprünglichen Showdarbietungen verloren gegangen. Die Leute machten an der Wand Dinge, die sich keiner vorstellen kann und die niemals wieder gezeigt werden – so wie die Löwen-Nummern!

Es gibt heute viele Menschen, die von damals erzählen, aber die meisten von ihnen waren nicht dabei, wissen nicht viel oder kümmern sich nicht darum. Die großen Egos der Leute in diesem Geschäft sorgen dafür, dass die Geschichte zu ihren Gunsten verfälscht wird. Es sind nur wenige Fahrer übrig geblieben, die erzählen können, wie es wirklich war, und das sind meist nicht diejenigen, die gefilmt und interviewt werden. Es ist traurig, dass die Realität durch Märchen ersetzt wird, die von denen erzählt werden, die einen besseren Zugang zu den Medien haben als zur Wahrheit. Ich versprach Sonny, dass die Welt erfahren würde, was in den Motodromen geschieht und geschah. Deren nahendes Ende ist einer der Gründe dafür, dass ich es wichtig finde, dass alles richtiggestellt wird. Mein Ziel ist es, den großartigen Artisten, die zur Unterhaltung des Publikums ihr Leben riskierten, die verdiente Anerkennung zu verschaffen.

Wenn wir fahren, gibt es immer wieder Leute, die zu uns kommen und sagen: »Weißt du, als ich ein kleines Kind war, nahm mich mein Vater (oder wer auch immer) mit in ein solches Ding. Auch wenn ich mich nicht mehr genau daran erinnere, was ich sah, weiß ich noch, dass ich zu Tode erschrocken war! Es war die großartigste Sache, die ich jemals gesehen habe! Und heute habe ich meine Kinder mitgebracht, damit sie es sich anschauen können!« Das Lächeln, das diese Leute uns geben und die Erinnerungen, die sie mitnehmen, sind Belege für das Talent und den Wagemut all der vielen Fahrer, die kamen, und der wenigen, die blieben – und die sind weiterhin ganz oben in der Wand!

9

Bobber und Chopper

Ich bin der Überzeugung, dass die **Hell's Angels** für heutige Designs und Verarbeitungsqualitäten bei Motorrädern stark mitverantwortlich sind. Wenn du dir ein aktuelles Custom-Softail-Modell (nicht die Full-Dresser) ansiehst, erkennst du viele unserer Design-Innovationen. Unsere **Chopper-Motorräder inspirierten selbst Kinderfahrräder**, wie die mittlerweile legendären Bonanza-Räder mit dem **Bananensattel und dem Schwanenhals-Lenker.** Es war nur eine Frage der Zeit, bis sich alle darauf stürzten, Custombike-Teile zu verkaufen. Der Markt für kundenspezifisch angefertigte Motorräder und entsprechende Kleidung ist heute größer denn je – dank der Hell's Angels.

Sonny Barger, *Hell's Angels*, 2000

Riding Easy

Von Michael Dregni

Der Film *The Wild One* schockierte die Welt mit dem düsteren Image des Outlaw-Bikers – und schuf einen scheinbar unauslöschlichen Stereotypen, dem Motorradfahrer bis heute nicht entkommen können. Doch es war ein anderer Film, der ein Jahrzehnt später ein weiteres Image des Bikers propagierte – den modernen Cowboy, der sich die Freiheit nimmt zu fahren, wohin auch immer ihn sein Eisenross trägt. Dieser Film war *Easy Rider.*

Wie bei *The Wild One* gibt es auch bei *Easy Rider* eine Geschichte, die von der Inspiration berichtet, die zur Produktion des Films führte. Berücksichtigt man dabei die Situation Mitte der 1960er-Jahre und die gegen die Obrigkeit und die gesellschaftlichen Umstände dieser Zeit gerichtete Botschaft des Films, handelt es sich sicherlich um eine bizarre Geschichte.

Sie waren der Don Quijote und der Sancho Panza des 20. Jahrhunderts. Ein Duo wie Batman und Robin. Gesetzlose von der Qualität eines Butch Cassidy oder eines Sundance Kid. Vielleicht waren sie auch Laurel und Hardy. Am Ende waren sie sie selbst, Captain America und Billy, und durch einen schnell gedrehten Low-Budget-Film namens *Easy Rider* wurden sie zur Legende.

Captain America und Billy waren gute Bad Guys. Antihelden auf der Flucht, die sich auf der falschen Seite des Establishments bewegten, das sie nicht verstand. Sie waren zu einem Teil Motorrad-Outlaws im Stile der »Wild Ones«, und zum anderen Teil moderne amerikanische Cowboys, die auf der Suche nach einem Zuhause waren. Sie waren etwas Neues, und sie wurden kulturelle Ikonen. Captain America und Billy fuhren mit ihren Harley-Choppern von den Filmleinwänden herunter und inspirierten Generationen von Motorradfahrern mit ihren »großen amerikanischen Freiheitsmaschinen«, wie die auf den fahrenden Zug aufgesprungenen Harley-Davidson-Werbeanzeigen sie betitelten.

Bemerkenswert dabei war, dass die Motorräder für *Easy Rider*, dem großartigsten Wind-in-den-Haaren-Hippie-Biker-Roadmovie aller Zeiten, aus ehemaligen Full-Dressern des Los Angeles Police Departments gebaut wurden. Peter Fonda (Captain America) kaufte für je 500 Dollar vier Harley-Davidson Panheads, eine 1950er, zwei 51er und eine 52er bei einer Polizeiauktion. Ausgerechnet diese Lakaien des Establishments wurden zum Transportmittel für die wildesten das Establishment verachtenden Typen und deren Träume.

Die Idee für *Easy Rider* hatte Fonda während einer durch Marihuana angefachten Vision. Es war der Sommer der Liebe 1967, und er war auf einem Filmverleiher-Kongress in Toronto gefangen, wo er den neuesten Biker-Streifen, in dem er die Hauptrolle spielte, verramschte: *The Wild Angels*. Dabei gab er der Presse schier endlose kafkaeske und todlangweilige Interviews. Dann stand der Chef der Picture Association of America auf, um eine Ansprache an das Publikum zu halten, und griff Fonda und seinen Film an: »Wir sollten damit aufhören, Filme über Motorräder, Sex und Drogen zu drehen, und mehr Filme wie *Doctor Doolittle* machen.«

Fonda gelang es schließlich, zu entkommen. Er ging zurück in sein Zimmer im *Lakeshore Motel*, um von einem Stapel Hochglanz-Autogrammkarten begrüßt zu werden, denen nur noch seine Unterschrift fehlte. Er war außerstande, sich der Marketingroutine auszusetzen, deswegen trank er ein paar Flaschen Heineken und rauchte einen Joint. Nachdem sich das THC in seinem Gehirn ausgebreitet hatte, starrte er auf eines der Fotos, die ihn und seinen Schauspielerkollegen Bruce Dern auf einem Chopper zeigten.

Dann hatte er die Vision.

»Ich wusste sofort, welche Art von Motorrad-, Sex- und Drogen-Film ich als Nächstes machen musste«, schrieb er 30 Jahre später in seiner Autobiografie *Don't Tell Dad*. Der Film, welcher ursprünglich *The Loners* (»Die Einzelgänger«) heißen sollte, wurde ein moderner Western: Zwei coole Kerle nehmen ihre Chopper, um »Amerika« zu suchen. Sie haben gerade einen großen Drogendeal abgeschlossen und fahren quer durch das Land, um sich in Florida zur Ruhe zu setzen, dabei werden sie von ein paar Enten-Wilderern in einem Pick-up erschossen, denen ihr Aussehen nicht gefällt.

Fonda war begeistert. Es war 4.30 Uhr am Morgen, und er rief seinen besten Freund und größten Feind Dennis Hopper an, den er aus dem Bett holte, um ihm die Story zu erzählen. Hopper hörte zu und erklärte sich bereit.

Dann erzählte Fonda die Geschichte seiner Frau. Ihre Antwort war sehr ehrlich: »Das ist die abgedroschenste Geschichte, die ich jemals gehört habe!«

Goldene Zeiten in den 1960er-Jahren: Auf seiner gechoppten
Harley-Davidson startet der Fahrer in Richtung des Horizonts.

Der zweite Witz war, dass Hollywood – oder zumindest die halb im Untergrund, billig zur Miete lebende und das Thema Jugend ausbeutende Seite der Filmindustrie – sich bereit erklärte, Fondas Traum zu realisieren. Mithilfe des Roman- und Drehbuchschreibers Terry Southern brachten Fonda und Hopper ein Tonband mit Hoppers Beschreibung der Handlung zusammen. Ein Deal mit American International Pictures, dem damaligen Champion der Biker-Streifen, kam nicht zustande. Doch Fonda war nicht mehr aufzuhalten. Er holte die zwei Produzenten Bert Schneider und Bob Rafelson ins Boot, die mit dem Beatles-Abklatsch The Monkees auf eine Goldader gestoßen waren. Den beiden gefiel das Konzept, und sie schrieben unverzüglich einen Scheck über 40 000 Dollar aus, um die Sache ins Rollen zu bringen. Fonda notierte später in seiner Autobiografie: »Das Monkey-Geld machte *Easy Rider* möglich.«

Fonda nahm einen Teil des Geldes mit zur Polizeiauktion und kaufte die vier Panheads. Mithilfe einiger Kumpels wurden die Maschinen überarbeitet – auf eine Weise, die weit entfernt war von den Bestimmungen der Polizei oder des Herstellers. »Ich hatte die Zeichnungen für eine verlängerte und leicht gereckte Gabel, für eine Sissy-Bar, den Tank und den Helm gemacht«, schrieb Fonda. »Der 42-Grad-Lenkkopf, wie er mir von Cliff Vaughs (ein Schwarzen-Aktivist, der gelegentlich Motorräder umbaute) empfohlen wurde, machte viel Arbeit.«

Als seine Maschine fertig war, ging Fonda damit auf die Straße und probierte aus, wie sich ein Chopper fahren ließ. »Ich fuhr auf dem Schnellstraßensystem von L. A. herum und wurde jeden Abend von der Polizei angehalten. Sie maßen meinen Lenker und die Höhe des Scheinwerfers, sie kontrollierten das Rücklicht und das Kennzeichen. Den Gasgriff haben sie nicht angefasst.«

Chopper waren eine Neuigkeit, doch nachdem das Captain-America-Motorrad über die Leinwände der Welt gerollt war, wurden sie zu einer Landplage. In Garagen auf der ganzen Welt begannen Möchtegern-Captain-Americas hastig damit, ihre Motorräder zu choppen, die Gabel zu verlängern, perfekte, aber altmodische Teile wegzuwerfen und US-Flaggen auf alle Stellen zu pinseln, die groß genug für die vielen Sterne und Streifen waren.

Die dritte Merkwürdigkeit war, dass das Drehen und Produzieren des ultimativen Anti-Establishment-Films beinahe faschistoide Züge annahm.

»Dennis begann mit einem Knall«, erinnert sich Fonda. Statt mit aufmunternden Worten leitete Hopper die Dreharbeiten in New Orleans mit Tiraden im Stile Mussolinis, um jedem klarzumachen, dass dies sein Film sei und jedermann Hoppers Anweisungen Folge zu leisten habe.

Sie begannen, in bester Cowboy-Manier, »aus der Hüfte« zu filmen – eine Technik, die für einen modernen Western ideal war. Fonda und Hopper wussten, was sie aufnehmen wollten, aber sie scheuten die Einschränkungen eines Drehbuchs, obwohl es zahlreiche Versuche gegeben hatte, mithilfe von Southern eines zu schreiben. Stattdessen ließen sie die Kamera einfach laufen.

Sie filmten beim Mardi Gras in New Orleans, bevor die Motorräder fertig waren. Sie wollten einen LSD-Trip auf Film bannen, also drehten sie, wie Captain America, Billy und eine Schar Mädchen auf einem Friedhof über metaphysische Dinge philosophierte. Was ihnen eben gerade in den Sinn kam.

Nachdem die Kämpfe zwischen Hopper und dem Rest der Crew über mehre Runden ausgetragen worden waren, kehrten diejenigen, die nicht bereits aufgegeben hatten, nach Los Angeles zurück. Fonda und Hopper starteten die Maschinen, und man begann zu filmen, wie sie durch die Vereinigten Staaten fuhren.

Easy Rider war echtes »Cinéma Vérité«. Sie planten nur einige Szenen im Voraus, machten sich dafür bereit und ließen die Dinge sich ansonsten entfalten, während die Kamera ihre

Improvisationen festhielt. Ein Lagerfeuer-Gespräch war zur Hälfte durch Marihuana und zur anderen durch ihr Gefühl für den Moment inspiriert:

Der Anwalt (Jack Nicholson): »Sie haben keine Angst vor euch persönlich. Sie ängstigen sich vor dem, was ihr für sie darstellt.«

Billy (Dennis Hopper): »Hey, Mann, alles, was wir für die repräsentieren ist jemand, der 'nen Haarschnitt braucht.«

Anwalt: »Oh nein, was du für sie darstellst, ist Freiheit.«

Billy: »Was zur Hölle ist falsch an Freiheit, Mann, darum geht es doch.«

Anwalt: »Oh ja, das ist richtig, darum geht es. Aber darüber reden und es zu tun, sind zwei verschiedene Dinge. Ich meine, es ist wirklich hart, frei zu sein, wenn du auf dem Markt gekauft und verkauft wirst. Aber erzähl den Leuten bloß nicht, sie seien nicht frei, denn dann fangen sie an zu töten und zu zerstückeln, um dir zu beweisen, dass sie es doch sind. Oh ja, sie reden und reden und reden über individuelle Freiheit, aber wenn sie mal ein freies Individuum sehen, kriegen sie Schiss.«

Andere Male führte der Zufall Regie. So kam das Team bei einem Restaurant in Morganza, Louisiana, an, um eine Szene zu filmen, in der Einheimische die Biker belästigten – und trafen dabei tatsächlich auf eine Gruppe echter Einheimischer, die sich abfällig äußerten. Fonda erinnert sich an ihre Sticheleien: »Ich kann sie riechen«, sagte einer über die schäbigen Biker, bei denen es sich um den Regisseur und den Produzenten des Films handelte. Fonda und Hopper brachten sie dazu, im Fim mitzuspielen: »Kannste se riechen? Ich kann se riechen!« Sie wiederholten alles, was sie gerade gesagt hatten, diesmal vor laufender Kamera. Einer der Einheimischen stellte sich als der Hilfssheriff heraus. Er war begeistert, in einem echten Hollywood-Film eine Rolle spielen zu dürfen.

Der letzte – und bis heute währende – Witz ist, dass der Film viel Geld eingespielt hat, um das sich die Produzenten bis zum heutigen Tage streiten. Der Film hatte in der Herstellung 501 000 Dollar gekostet. Hopper bemerkte lakonisch: »Innerhalb einer Woche hatten wir das Geld wieder eingespielt – in einem einzigen Kino.«

Der Film kam genau zur richtigen Zeit auf die Leinwand. Und es war kein Wunder, dass der Film ganz groß raus kam. Hopper erinnerte sich später: »Bis dahin hatte sich niemand in den Figuren eines Films selbst erkennen können. Bei jedem Love-in im ganzen Land rauchten die Leute Gras und warfen LSD ein, während dem Kinopublikum weiterhin Doris Day und Rock Hudson vorgespielt wurden.«

Von Beginn an wussten Fonda und Hopper, dass der Film funktionieren würde, und sie verlangten ihren Anteil vom Profit – jeder elf Prozent. Dieser Film über zwei abgerissene Herumtreiber machte die beiden quasi über Nacht zu Millionären.

Easy Rider sorgte für langwierige Gerichtsverhandlungen, in denen sich die Produzenten Fonda, Hopper und Southern jahrzehntelang darüber stritten, wem die Geschichte gehöre und wer das Drehbuch geschrieben habe – soweit überhaupt eines vorhanden war. Im Jahre 1995 verklagte Hopper Fonda wegen eines größeren Gewinnanteils. Die 33 Prozent der Erträge reichten ihm nicht, er wollte 41 Prozent der 40 bis 70 Millionen Dollar, die der Film bis dahin eingespielt hatte. Die Verhandlungen dauern noch an.

Nein, die Geschichte von *Easy Rider* endete nicht damit, dass Captain America und Billy auf irgendeiner namenlosen Straße von Bauerntrampeln aus einem Pick-up heraus erschossen wurden. Erst dieser Film gab dem Motorrad das Image der »großen amerikanischen Freiheitsmaschine«. Dieses Image ist heute gefestigter als je zuvor.

Abziehbilder: Ed »Big Daddy« Roths
Aufkleber-Kunst der 1970er-Jahre.

»*Motorräder verboten*«

Von Arlen Ness und Timothy Remus

Arlen Ness ist *der* Name der Custom-Motorrad-Szene. Die Anfänge waren bescheiden: Abends nach der Arbeit fing er damit an, Tanks zu lackieren. Später wurde Arlen Ness zum weltweit berühmtesten Harley-Künstler. Da ist immer etwas Spezielles in seiner Arbeit. Egal, ob es um den Knick in einem Lenker, die Linien auf einem Tank oder um den Stil und die Farben seiner Lackierungen geht – Ness hat ein Auge für Custom-Bikes. Viele versuchen, ihn zu kopieren, doch nur wenige kommen seinen Arbeiten nahe.

Zudem ist Arlen ein liebenswürdiger Mann. Auf den Straßen von Daytona Beach oder Sturgis ist er jederzeit bereit, seine Ideen zu teilen oder Motorräder zu begutachten.

Überraschend ist, dass der Mann, der sich durch das Arbeiten mit Motorrädern einen Namen machte, in einer Familie aufwuchs, bei der die strenge Regel galt »Motorräder verboten!«. Hier beschreibt er, wie er trotz der Bedenken seiner Familie zum ersten Motorrad kam.

Obwohl es kaum zu glauben ist, wuchs ich ohne Motorrad auf. Mein Vater hatte die Regel aufgestellt, die lautete »Keine Motorräder!«. So waren die meisten meiner ersten Fahrzeuge Autos.

Die einzige Ausnahme war ein Cushman-Motorroller, den ich in meinem ersten Highschool-Jahr nach Hause brachte. Von diesem Zeitpunkt an saß ich ständig auf diesem Roller. Ich hatte noch keinen Führerschein, also musste ich in der Nähe unseres Hauses bleiben. Jeden Tag fuhr ich Hunderte Male um den Block. Bestimmt habe ich eine Rille in den Beton vor unserem Haus gefahren, so viele Runden habe ich gedreht.

Der Roller hatte eine Verkleidung und ein Zweiganggetriebe. Der Schalthebel war auf der Welle verkeilt, und dieser Keil scherte ständig ab. Natürlich hatten wir nicht den richtigen Keil, also sägten wir eine kleine Scheibe in der Mitte durch und benutzten diese als Keil. Das hielt etwa einen Tag lang, dann scherte der Keil wieder ab und wir begannen von vorn.

Bevor ich alt genug für eine Fahrerlaubnis war, zwang mich mein Vater, den Roller zu verkaufen, und ermahnte mich, niemals ein richtiges Motorrad zu erstehen.

Später in der Highschool begann ich damit, Autos zu kaufen und sie herzurichten. Ich hatte einen 51er-Mercury, der ziemlich cool war. Dann verkaufte ich ihn und besorgte mir einen T-Bucket, ein frisiertes Ford T-Modell. Ich baute einen Cadillac-Motor ein und lackierte ihn orange.

Das war Mitte der 1960er-Jahre, und am Wochenende war ich viel mit dem T-Bucket unterwegs. In der East 14th Street spielte sich das Leben ab, hier verbrachte man seine Zeit damit, von Drive-in zu Drive-in zu fahren. Die Motorradtypen hingen am The-Quarter-Pound herum, und ich fuhr ständig dorthin, um mir ihre Maschinen anzuschauen. Zu jener Zeit konnte ich keine Harley von einer BSA unterscheiden, aber diejenigen, die ich mochte, hatten dieses lang gezogene Aussehen. Es stellte sich bald heraus, dass es Harleys waren – so eine wollte ich haben. Während meiner gesamten Highschool-Zeit wollte ich eine, habe aber nie eine bekommen. Als ich mich

verliebte, sagte Bev, sie würde niemals einen Kerl heiraten, der Motorrad fährt. Zu dieser Zeit waren viele Motorradfahrer Outlaws, und sie wollte nicht, dass ich etwas mit solchen Leuten zu tun hatte.

Ich fuhr seinerzeit einen Lkw für ein Möbelhaus. Jede Woche legte ich mir von meinem Lohn ein paar Dollar zurück. Ich steckte das Geld hinten in meine Brieftasche, nur für den Fall, dass ich ein günstiges Motorrad finden sollte. Es gab in Oakland eine Zementfabrik, an der ich bei meinen Auslieferungen manchmal vorbeikam, und dort parkten immer einige hübsche Harleys. Manchmal machte ich extra einen Umweg, um dort vorbeizufahren und mir die Maschinen anzusehen. Eines Tages hing an einer der Harleys vor der Fabrik ein Verkaufsschild. Das Motorrad sollte 300 Dollar kosten – genau so viel hatte ich angespart.

Ich wusste immer noch nichts über diese Maschinen, aber ein alter Freund aus der Highschool hatte eine Harley. Also schaute er sich mit mir zusammen die Maschine an und sagte, sie sei okay. Ich kaufte sie. Diese Knucklehead hatte eine Selbstmörder-Kupplung, und ich wusste nicht wirklich, wie man sie fuhr. Also fuhr mein Freund sie für mich bis zu seinem Haus. Er lebte eine Meile von meiner Wohnung entfernt, und ich musste den Rest des Weges selbst fahren. Ich habe sie auf der kurzen Strecke bestimmt tausendmal abgewürgt. Schließlich schob ich sie nach Hause und klingelte an der Tür. Bev öffnete, sah das Motorrad und knallte die Tür wieder zu.

Ich lernte, die Maschine zu beherrschen und traf mich mit anderen Motorradfahrern, um in der Gruppe zu fahren. Als ich dieses erste Motorrad kaufte, kannte ich mich bereits mit dem Lackieren aus. Ich rüstete es mit einem Peanut-Tank aus und lackierte es sofort. Ich baute auch einen neuen Lenker an, doch viel mehr war zu dieser Zeit nicht zu bekommen.

Nachdem ich diese Knucklehead lackiert hatte, baten mich andere Motorradfahrer, ihre Maschinen ebenfalls zu lackieren. In den nächsten zwei Jahren war ich im Nebenjob Motorradlackierer, und bald darauf hatte ich viele Lackieraufträge. Doch

"the bike builders encyclopedia"

Choppers magazine

a Roth publication

MAY 1969 75¢

SMITTY'S CHICAGOLAND SPORTSTER!

j.c. mcfadden tells all about RAM TUNING the intake and exhaust manifolds.

tagsüber lieferte ich weiterhin Möbel aus. Lackieren konnte ich nur nach Feierabend oder sonntags, und so schaffte ich nicht alle Aufträge. Schließlich war mir klar, dass ich mehr Zeit zum Lackieren bräuchte. Ich kündigte den Fahrerjob, um als Zimmermann zu arbeiten. So hatte ich mehr freie Zeit, denn wir arbeiteten nur viereinhalb Tage die Woche, und auch nur, wenn es nicht regnete. Diese Arbeit machte ich ein halbes Jahr lang.

Dann gab ich auch den Zimmermannjob auf und begann, in Vollzeit zu Hause zu arbeiten. Das war keine leichte Entscheidung, denn ich hatte eine Frau und bereits zwei Kinder. Das Problem war, dass mein Arbeitsplatz zu einem Treffpunkt wurde. Wann immer einer der Kerle einen Tag frei hatte, kam er mit einem Sixpack Bier zu mir. So konnte ich kein Geld verdienen, ich kam nicht zum Arbeiten. Deswegen mietete ich einen kleinen Laden in der East 14th Street in San Leandro an. Er war von 18 bis 23 Uhr geöffnet, dort konnten die Leute mich treffen. Auf diese Weise wurde ich nicht mehr zu Hause gestört und konnte besser arbeiten. Dann begann ich mit der Fertigung von Teilen. Die »Ramhorn«-Lenker beispielsweise gehörten zu meinen ersten Produkten, und sie verkauften sich ziemlich gut. Schließlich hatten wir auch noch Reifen im Verkauf und lernten immer mehr über Betriebswirtschaft.

Ich hatte zu jener Zeit noch nicht einmal genügend Geld, um loszugehen und ein weiteres Motorrad für einen Umbau zu kaufen. Also arbeitete ich weiter an der Knucklehead. In dieser dritten Stufe rüstete ich sie mit einer Sissy-Bar und hochgezogenen Auspuffrohren aus. Der Hinterradkotflügel kam aus dem Autozubehör, und vorn wurde ein 21-Zoll-Rad eingebaut. Das kam gerade in Mode. Der Avon Speedmaster war damals nur schwer zu bekommen, sodass derjenige, der einen hatte, ein ziemlich cooles Bike besaß.

Nachdem ich später mehr über Motoren gelernt hatte, montierte ich den Lader und ein Sportster-Getriebe an den Big-Twin-Motor. Zu dieser Zeit machte kein anderer so etwas. Schließlich bekam ich genug Geld zusammen, um eine schrottreife Sportster zu kaufen, die ich herrichtete und wieder verkaufte. Dann konnte ich damit beginnen, Motorräder zu kaufen und wieder zu verkaufen.

Die Knuckle habe ich immer behalten, und ich bin wirklich stolz darauf, denn nicht viele Leute besitzen noch ihre erste Harley.

März-Titelblatt des *Choppers-Magazine* aus dem Jahre 1968.

The HIMSL fiberglas trike body, $149.95

This strong polyster body is sent to you ready for paint & upholstery. Fits most three wheeler frames. Send at least 50% deposit & the rest C.O.D. All bodies sent freight collect.

HIMSL'S
Show Creations & Custom Pai...
939 LANDINI LANE, CONCORD, CALIF. 94520

Werbeanzeigen von Chopper-Bauern aus den 1960er-Jahren.

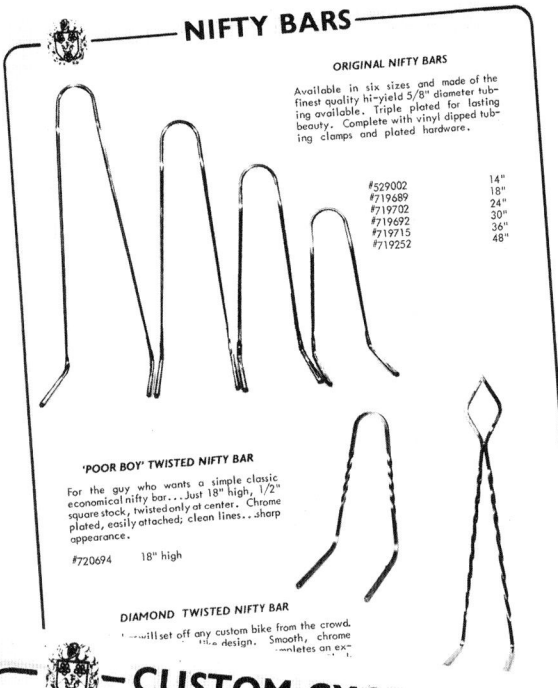

NIFTY BARS

ORIGINAL NIFTY BARS

Available in six sizes and made of the finest quality hi-yield 5/8" diameter tubing available. Triple plated for lasting beauty. Complete with vinyl dipped tubing clamps and plated hardware.

#529002	14"
#719689	18"
#719702	24"
#719692	30"
#719715	36"
#719252	48"

'POOR BOY' TWISTED NIFTY BAR

For the guy who wants a simple classic economical nifty bar...Just 18" high, 1/2" square stock, twisted only at center. Chrome plated, easily attached; clean lines...sharp appearance.

#720694   18" high

DIAMOND TWISTED NIFTY BAR

...will set off any custom bike from the crowd. ...the design. Smooth, chrome ...pletes an ex...

CUSTOM CYCLE SEATS

DIAMOND STUDDED SEAT

Deep, luxurious pleats with contrasting silver colored buttons. Universal front bracket included. Black naugahyde cover, molded foam padding.

713724

HONDA 350 MARK 2

Newest addition to the Honda Series. 10" backrest, self supporting, comes complete with hardware, black naugahyde cover, molded foam padding, hiback also finished on the back side.

#543758	Black
#543761	Brown

WIDOWMAKER MARK I

For any hardtail or rigid bike. Self supporting hiback, universal bolt locations in the nose and rear of seat. Black naugahyde, matching buttons, molded foam padding.

#543266

CUSTOM COMBINATION SEAT

A banana seat teamed with a 30", fully padded sissy bar. Deep 3-D pleats, black vinyl cover - aluminum base.

#713656

STINGER MARK 2

Deep, sculptured comfort, for rider and passenger. Fits all rigid and hardtail bikes. Guaranteed to keep its shape. Black naugahyde

#543253

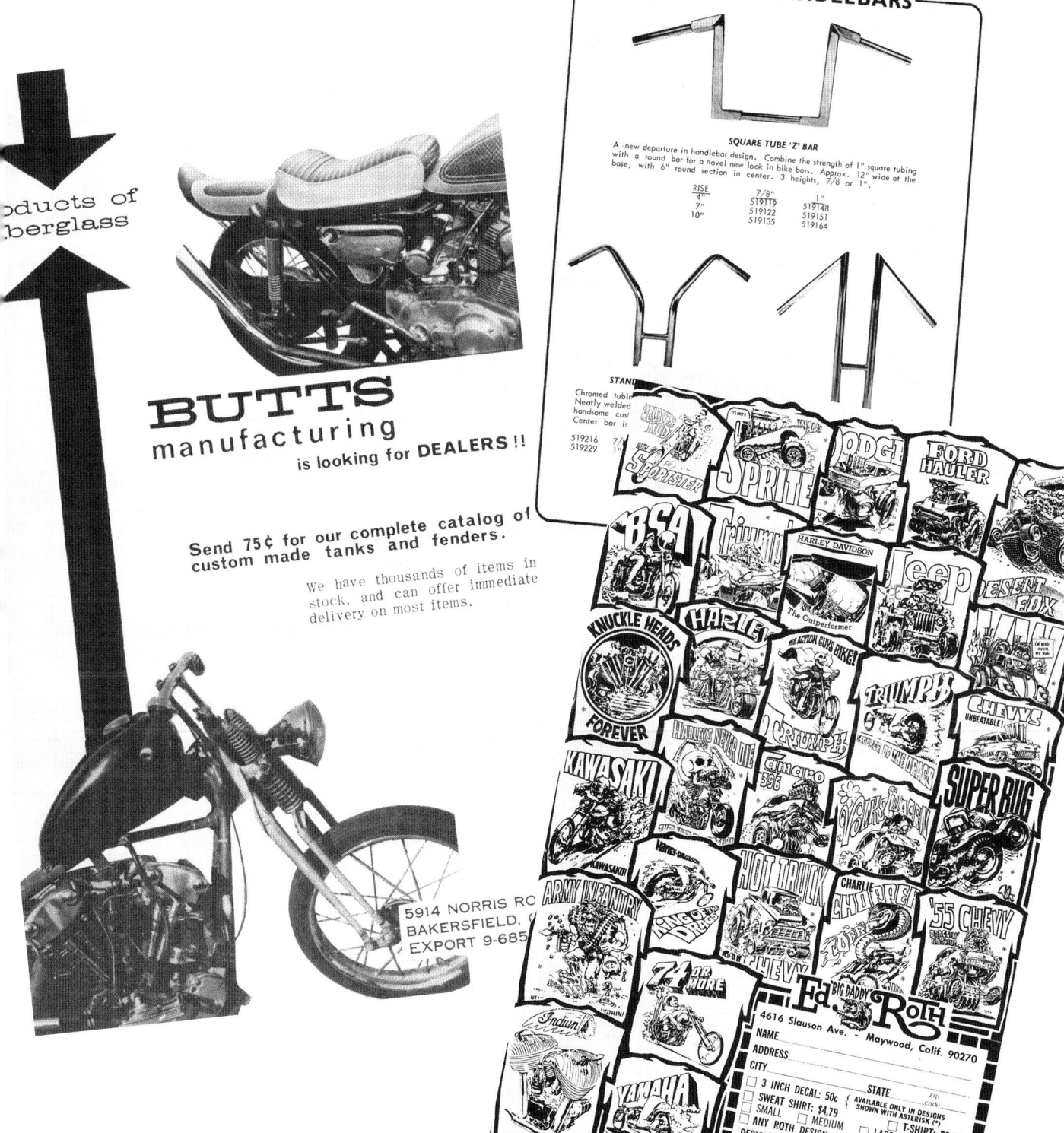

Chopper – damals und heute

Von Alan Mayes

Alan Mayes hielt sich bei der ersten Chopper-Welle in den 1960er-Jahren eher zurück. Er verpasste seiner neuen BSA eine limonengrüne Metalliclackierung und demontierte das Vorderradschutzblech. Wegen Horrorgeschichten über gebrochene Gabelrohr-Verlängerungen wurden die acht Zoll langen AEE-Rohre, die er gekauft hatte, glücklicherweise niemals installiert.

Heute ist Alan Chefredakteur des Magazins *The Horse Back Street Choppers* und regelmäßiger Mitarbeiter bei *IronWorks*. Sein privater Motorradbestand umfasst zurzeit ein Ironhead-Sportster-Chopperprojekt, einen Buell-Chopper, eine Norton Commando und ein paar neuere europäische Maschinen.

In diesem Essay schaut er zurück auf die Chopper der Vergangenheit, betrachtet aktuelle Moden und grübelt darüber nach, was uns in der Zukunft erwartet.

Wer hat's gewusst?
Wer konnte wissen, dass das, was wir vor über 30 Jahren als Avantgarde betrachteten, heute Mainstream ist? Ich spreche natürlich über Chopper – diese motorisierten Schätzchen, die das Objekt der Begierde der jüngsten amerikanischen Liebesaffäre sind. Zumindest, was Fahrzeuge mit Eigenantrieb betrifft.

Ende der 1960er-, Anfang der 1970er-Jahre genossen Chopper ihr erstes Popularitäts-Hoch. Ein paar Dinge waren damals anders als heute. In jener Zeit rebellierte derjenige, der Chopper baute. An oberster Stelle stand »Nonkonformität«. Während »Max Mustermann« lernte, dass er die nettesten Leute auf einer Honda treffen würde, versuchte »Rudi Rocker« die gleichen Leute davon zu überzeugen, dass er nicht zu diesen netten Leuten gehört. Rudi tat dies, indem er sein Motorrad so radikal wie möglich gestaltete. Er veränderte den Lenkkopf grundlegend, machte die Gabel mindestens fünf Zentimeter länger als alle anderen zuvor, montierte hinten eine Sissy-Bar und trug etwas Metallic-Farbe auf – voilà, fertig. Damit hatte er seiner Individualität Ausdruck verliehen.

Die Vorstellung, wie ein Chopper auszusehen hat, wurde der Jugend durch Filme wie *Easy Rider, Wild Angels* und anderen vorgegeben. Mit Ausnahme von *Easy Rider* zeigten diese immer auf die gleiche Weise ablaufenden B-Movies üblicherweise, wie Horden wilder Biker die Provinz mit ihren lauten – und meist verdreckten – Choppern terrorisierten. Sie galten als Inbegriff der Unangepasstheit und brachten Großmütter und Kinder zum Zittern. Magazine wie *Street Chopper, Custom Chopper, Easyriders, Chopper Guide* und andere sprangen auf den Zug auf, um den Wahnsinn zu nähren. Dass nur wenige dieser Titel bis heute überlebt haben, ist Beweis dafür, wie wechselhaft das Interesse des Motorradpublikums ist.

Schneller Vorlauf: 35 Jahre sind vergangen, und Chopper sind erneut in Mode – zumindest Motorräder, die Chopper genannt werden. Selbst sittenstrenge Medien wie der *Discovery Channel* beschäftigen sich mit diesen Maschinen. Tatsächlich ist es hauptsächlich diesem Fernsehkanal zu verdanken, dass die Chopperbewegung Mainstream geworden ist. Die zwei Serien *American Chopper* und *Biker Build Off* haben viele Zuschauer gesehen und Namen wie Indian Larry, Billy Lane, Paul Teutel (senior und junior) oder Jesse James berühmt gemacht. Selbst Leute, die nie ein Motorrad gefahren oder zuvor nicht einmal Interesse daran gezeigt haben, wissen nun, wer diese Leute sind.

Die meisten Menschen, die dieses Buch lesen, sind wahrscheinlich in irgendeiner Art und Weise an Motorrädern interessiert. Es ist interessant festzustellen, dass sich die Akzeptanz von Chopper-Motorrädern bei der Durchschnitts-Bevölkerung heute im Vergleich zur ersten Chopper-Welle höher ist. Dies wurde mir erst kürzlich in Fort Worth, Texas, deutlich vor Augen geführt, als ich ein neues Modell der Firma American IronHorse zur Probe fuhr.

Ich begleitete die Händlervorstellung der neuen Modelle, und es wurde mir eine Maschine für meinen dortigen Aufenthalt angeboten. Ich wählte eines der weniger auf Chopper getrimmten Modelle namens Slammer. Die Slammer ist eine tief liegende Maschine ohne die typischen Chopper-Zutaten wie beispielsweise eine lange Gabel oder ein gereckter Rahmen. Obwohl ich ein 32 000 Dollar teures und mit Flammen lackiertes Hot-Rod-Motorrad bewegte, fiel ich im Straßenverkehr nicht sonderlich auf.

Ein anderer Journalist, den ich traf, hatte sich eines der American IronHorse Texas-Chopper-Modelle geschnappt. Obwohl die Maschine in Dunkelblau-Tönen lackiert war, berichtete er, dass die Leute bei jedem Halt über die Maschine herfielen und kleine Kinder ihm an Ampeln zuwinkten. Mein Motorrad und ich wurden ignoriert. Er und seine Maschine waren die Stars.

Bei der heutigen Chopper-Welle gibt es einige Kuriositäten: Zum einen machen die meisten traditionellen Hardcore-Chopperfahrer nicht mit. Es gibt ein paar bemerkenswerte Ausnahmen, doch die meisten langjährigen Chopperfahrer ignorieren die aktuelle Welle so gut es geht oder schütteln lediglich den Kopf darüber – solange sie nicht selbst vom Chopperbau leben. Jeder muss schließlich von irgendetwas leben, und die meisten finden es besser, die Äpfel zu pflücken, wenn sie reif sind.

Zum anderen werden die heute gebauten Motorräder zwar Chopper genannt, sind aber im engeren Sinne gar keine. Es sind neue Motorräder, die im Chopper-Stil zusammengebaut wurden. Nichts wurde gechoppt, also sind sie technisch keine Chopper. Sorry, aber Pommes Frites, die man im Ofen backt, sind auch keine Pommes Frites, sondern gebackene Kartoffelstäbchen, die aussehen wie Pommes Frites.

Und da liegt der Hund begraben. Alte Chopper-Hasen bauen keine neuen Motorräder aus neuen Komponenten, kaufen hier einen Rahmen, dort einen Motor und da einen Kotflügel aus Katalogen. Solche Maschinen sind Custom-Bikes, aber keine Chopper. Echte Chopper werden aus vorhandenen Motorrädern gebaut und gechoppt, also zerhackt!

Frühe Chopper entstanden aus Serienmotorrädern, die stark verändert wurden. Man streckte die Rahmen, indem man sie hinter dem Lenkkopf absägte und dort neu angefertigte Teile schweißte. Gabeln wurden verlängert, indem man in die vorhandenen Brücken neue Standrohre klemmte. Manchmal wurden sie mit starren Gabelrohren ohne Federung ausgerüstet. Ich sage nicht, dass früher alles besser war, ich erkläre nur die Unterschiede!

Es gab seinerzeit viele Dinge, die von vernünftigen Erbauern glücklicherweise heute nicht wiederholt werden. Hierzu gehören Standrohr-Verlängerungen, »Slugs« genannt. Hierbei handelte es sich um die in die Verschlüsse der vorhandenen Rohre geschraubten Drehteile, die es in verschiedenen Längen gab. Du willst deine Gabel um 25 cm verlängern? Schraub dir 10-Zoll-Slugs auf die Rohre. Diese Teile wurden für Harleys, BSAs, Triumphs, 450er-Hondas und alle möglichen Motorräder angeboten. Sie waren ziemlich gefährlich, besonders, wenn ihre Länge den Abstand zwischen den Brücken überstieg. Es grassierten Geschichten, wonach Slugs schon bei kleinsten Unebenheiten brachen – meistens an den Gewinden –, und das konnte fatale Folgen haben.

Die bereits erwähnten einteiligen Rohre waren ebenfalls keine sicheren Bauteile. Während man auf einem topfebenen Highway noch gut damit fahren konnte, war es unklug, damit über Schlaglöcher zu rollen. Hier konnten sie schon mal in zwei Teile zerbrechen oder zumindest in der Mitte einknicken, wenn das Vorderrad eigentlich etwas Federweg gebraucht hätte.

Wo wir gerade bei der Vorderradgabel sind: In den frühen Jahren waren Trapez- oder Springergabeln sehr populär. Springergabeln waren nicht nur deswegen beliebt, weil sie schön aussahen, sondern weil es sie in großen Mengen gab. Harleys und Indians aus den 1930er- und 1940er-Jahren waren damals so alt, wie es heute die Maschinen aus den späten 1960er- bis 1980er-Jahren sind. Außerdem waren sie für jemanden, der über ein wenig technischen Sachverstand verfügte und mit einem Schweißgerät umgehen konnte, relativ leicht zu bauen oder zu modifizieren.

Das Gleiche galt für Trapezgabeln. In frühen Chopper-Magazinen gab es viele Anzeigen für Trapez- oder Springergabeln, die in irgendwelchen Hinterhof- oder Garagen-»Fabriken« gebaut wurden. Solche Gabeln werden heutzutage von Firmen wie Durfee oder den Smith Brothers & Fetrow in guter Qualität und sicherer Ausführung gebaut (welche bei traditionellen Chopperbauern begehrt sind.) Damals gab es andere, die weniger sicher waren. Berichte von gerissenen

Schweißnähten und über den Lenker katapultierten Fahrern waren keine Seltenheit.

Was den Bau von Choppern der Frühzeit extrem von heute unterschied, war die geringe Anzahl von Zubehörteilen, die man benutzen konnte. Dies ist die Ursache dafür, dass der Begriff »Chopper« überhaupt entstand (»to chop something« bedeutet »etwas schneiden/kürzen/hacken«). Die Leute mussten ihren Motorrädern mit Sägen und anderen Schneidewerkzeugen zu Leibe rücken, um das gewünschte Aussehen zu erreichen. Ursprünglich gab es keine Spezialrahmen-Hersteller, sodass man der Idee von gestreckten und gereckten Rahmen nur mit Sägen und Schweißgeräten näherkam. Erst Ende der 1960er-Jahre begannen einige Firmen damit, spezielle Rahmen herzustellen, die im Aussehen den Ansprüchen der Chopperbauer genügten. Von diesen Herstellern sind die Firmen Santee und Paughco noch heute im Geschäft. Auch die Firma Amen gibt es immer noch, doch hier hat man sich auf hochpreisige und sehr flache Rahmen spezialisiert.

Im Jahre 1968 waren sogenannte Bobber-Kotflügel angesagt. Die Serien-Schutzbleche wurden einfach mit einer Säge bearbeitet, also gestutzt (»bobbed«). Obwohl Chopper-Puristen dies heute immer noch selbst machen, bestellen die meisten mittlerweile im Katalog: New Fender, pre-bobbed, made in Taiwan.

Bei frühen Choppern wurden häufig Bauteile von verschiedenen Motorrädern miteinander kombiniert. So wurde in den Rahmen einer 1940er-Knucklehead ein 1950er-Panhead-Motor gesetzt, eine Springergabel von 1938 in der Garage um 35 cm verlängert, und dann wurde noch das Schutzblech der Triumph des Nachbarn in der gleichen Farbe lackiert wie der Tank von Onkel Louis' Mustang – ein neuer Chopper war geboren.

Ja, liebe Kinder, es gab tatsächlich ein Motorrad mit dem Namen Mustang. Und viele dieser bescheidenen kleinen Maschinen mussten ihre Tanks der ersten Chopper-Welle opfern. Diese waren so populär, dass Paughco und andere Hersteller noch heute Nachbauten anbieten. Tatsächlich befindet sich auch in meiner Garage ein neuer Mustang-Tank, der auf ein neues Projekt wartet.

Doch Schluss mit der Vergangenheit. Was ist mit den »Choppern« von heute? Es gibt heute tatsächlich einige verschiedene Chopper-Schulen. Aus Mangel an besseren Begriffen unterscheiden wir in »Alte Schule« und »Neue Schule«, obwohl ich solche Namen hasse, da sie verwirren – oder verworren sind. Naja, vielleicht bin ich der Verwirrte.

Zuerst zur Neuen Schule. Zu dieser Gruppe zähle ich alle Motorräder, die den Namen »Chopper« tragen, aber in Wirklichkeit keine sind. Zu den Herstellern gehören die Jungs von Orange County Choppers, das Dutzend kleiner Firmen, die neue Motorräder nach Chopper-Art bauen, und alle Erbauer von »Serien«-Choppern – ein Widerspruch in sich – wie American IronHorse, Big Dog oder Swift.

Diese Maschinen sind fast komplett neue Motorräder aus nagelneuen Bauteilen, deren Stil an echte Chopper erinnert. Das heißt, sie haben lange Gabeln sowie gereckte und gestreckte Rahmen. Die Mehrheit dieser Motorräder wird aus Katalogteilen aufgebaut. Begonnen wird dabei mit einem Rahmen, der das Gütesiegel eines Herstellers trägt. Dann folgt ein Tank aus irgendeinem Katalog – entweder vom Rahmenbauer oder einem anderen Anbieter. Die Gabel stammt meist von einem anderen Hersteller. Auch die Räder und der Motor kommen aus unterschiedlichen Quellen. Von einem Eigenbauer oder einer kleineren Werkstatt werden diese Maschinen als Einzelanfertigung oder Kleinserie registriert – je nachdem, was preiswerter ist.

Des Weiteren ist der Kauf eines Chopper-Kits möglich. Firmen wie Biker's Choice oder Drag Specialties bieten Derartiges an, die Kits enthalten bis auf das Benzin alles Nötige zum Bau eines fahrbaren »Choppers«. Bei manchen

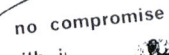

Chopperbauer-Werbeanzeigen aus
den 1960er- bis 1970er-Jahren.

CUSTOM SPRINGERS

DIAMOND MODEL SPRINGER

Solid steel bars set in diamond fashion form this distinctly unique springer. All parts are solid steel, wear points have bronze oilite bearings. Finished in triple chrome plate. 8 to 16" lengths, others on special order only.

#756008	8" Extended
#756011	10" Extended
#756024	13" Extended
#756037	16" Extended
*#756040	19" Extended
*#756053	22" Extended

*Special Order Only

TWISTED MODEL SPRINGER

Same basic features as the model at left except front bars are twisted. Gives a highlight effect. Triple chrome plated. NOTE: Handlebar riser not included. (see page 149) 8" to 16" lengths, others on special order.

#756150	8" Extended
#756163	10" Extended
#756176	13" Extended
#756189	16" Extended
*#756192	19" Extended
*#756202	22" Extended

*Special Order Only

ALLOW 4 WEEKS FOR 19" OR 22" SPRINGERS

SPRINGER AXLE

5/8" steel axle, approx. 7 1/2" long, threaded on both ends, includes 2 hex ... Axle and nuts plated to resist rust.

DELUXE SPRINGER AXLE

For custom spool wheel. Inclu... steel axle approx. 7 3/4", 2 stee... and 2 chromed spike nuts. Over... about 13 1/2".

SPORTSTYL PADS, SEATS

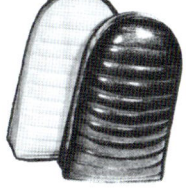

SPORTSTYL SISSY BAR PADS

Sportstyl Sissy Bar Pads will fit all Sissy Bars and Nifty Bars. Made of the best weather-resistant plastic vinyl, plywood backs, all seams concealed. Complete with mounting bolts and brackets.

#719359	Plain Black
#719346	Pleated Black
#719333	Pleated White
#719320	Red Metal Flake Pleated
#719317	Blue Metal Flake Pleated

TRIANGLE PAD

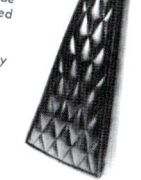

Unusual, steeple shaped pad. 18 1/2" high, black vinyl, rolled welt. Features 3 dimensional diamond pleat-2 1/2" thick. (No hardware). Made to fit with Diamond Twisted Nifty Bar.

#719511   Black Pad Only

NIFTY BAR SLIP-ON COVER

Black vinyl slip-on cover slips down over Nifty Bar. Comes in 5 different sizes, fits all 14" 18", 24", 30", 36" Nifty Bars.

#504700	Black Pleated 14"
#719249	Black Pleated 18"
#719236	Black Pleated 24"
#719223	Black Pleated 30"
#719210	Black Pleated 36"

LONG LEGS (A)

This is the best way to lengthen your forks to gain ground clearance after RAKING or modifying for more travel. High grade steel is thicker and stronger than stock. Tubes built to your desired length. Replaces stock legs perfectly.

Prices are for stock length, add $1.00 per inch, per pair, for extra length.

Harley-Davidson...FLH or XLCH	$40.00
Triumph	40.00
B.S.A.	60.00

FORK BRACE (B)

Polished aluminum alloy fork brace to fit all motorcycles. Very light but super-strong. Brace sweeps out around tire on both sides of the fork leg for maximum strength and clearance. Will not clog with mud, etc.

This brace stops the forks tendency to twist and strengthens the fork as a unit. Improves the handling and stops high speed wobbles. A must for DESERT machines and SCRAMBLERS.

PRICE $12.00

FORK SLUGS (C)

Extend your fork tubes to gain ground clearance. Necessary when RAKING and/or improving fork action. Made from better steel than the original. Screws into the old tubes for perfect fit.

Not necessary to disassemble your forks when installing. Can be installed in just minutes.

PRICES:	
0'' to 5''	$16.00
5'' to 8''	18.00
8'' to 10'' & up	22.00

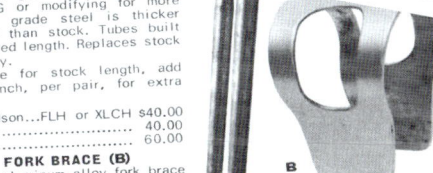

SLIDERS (lower leg) FOR H.D. FL COMPARE OUR NEW 'SLIM SLIDER WITH TURNED-DOWN ALUMINUM STOCK MODEL STRONGER, LONGER, CHROME-PLATED

Harley Big Twin Only

1 Stock-

2 Turned-down 18.00 exchange

3 Barney's own- extended 60.00 per set up to 10'' extended

SEND 25¢ FOR BROCHURE DEALER PRICES

BARNEY builds'em

7344 MADISON PARAMOUNT, CALIF. 90723

Custom Cycle Engr.
IS BRANCHING OUT

BRASS TRIPLE CLAMP

Fits Harley "in-line" springers. Chrome with bolts - $18.50 each. DOG-BONES (chrome) - $14.95 pair or TRIPLE CLAMP WITH DOGBONES - $31.50 set. Triple Clamp available unchromed for those using a "plug-in" type dog-bone and wishing to trim "ears". $13.60 each.

HI RISE STANDS

For all Hydraglide, Sportster and K-Model Forks. Chrome plated brass. Raises handlebars 4 inches. $21.95 set, or use your stock glide caps and pay only $17.50 a pair.

AIR SCOOP

fits all harleys to 1964. Keep your pant leg out of that carb. Highly polished aluminum with screws $5.95 each.

BIRD DEFLECTOR

Keep larger objects such as birds, grenades and pant legs out of your linkert carb. Highly polished aluminum with all hardware - $6.50

CUSTOM CYCLE ENGINEERING
1872 W. 166th St. - Gardena, Calif.
Phone (213) 327-3836   90247

50% DEPOSIT - BALANCE C.O.D.
FOREIGN COUNTRIES ADD 50¢
CALIFORNIANS ADD 5%

DEALERS INQUIRE

Der Anwalt: »Nun, ihr Jungs seht nicht aus, als seid ihr von hier.

Ihr habt Glück, dass ich hier bin, um aufzupassen, dass euch nichts passiert.

Die haben hier diesen ›Verschönert Amerika‹-Rasierapparat. **Sie wollen, dass alle aussehen wie Yul Brynner.**«

Easy Rider, 1969

sind sogar sämtliche Schmierstoffe und die Bremsflüssigkeit mit dabei. Man muss sie nur zusammenschrauben und lackieren.

Serienmaschinen von American IronHorse, Big Dog oder anderen Herstellern werden tatsächlich unter deren Namen registriert. Wie bereits erwähnt, sind diese Motorräder keine Chopper im eigentlichen Sinne. Doch sie sind das, was Motorrad-Neulinge und *Discovery-Channel*-Zuschauer sich unter dem Begriff »Chopper« vorstellen.

Chopper der Alten Schule sind völlig anders. Es sind Motorräder, die nahezu genauso gebaut werden wie vor 30 oder 40 Jahren. Die Erbauer dieser Maschinen beziehen ihre Teile von Tauschbörsen, Schrottplätzen, aus Garagen, von Freunden, von eBay oder von Spendermaschinen. Dann fertigen sie Halterungen an, schneiden hier, schweißen dort und lassen Dinge zusammenwachsen, die normalerweise nicht zusammengehören. Das Ergebnis ist meist ein einzigartiges und unverwechselbares Motorrad.

Diese Maschinen erzeugen bei denen, die sie zum ersten Mal sehen, unterschiedliche Reaktionen. Technikfreaks mit einem Sinn für Kreativität bringen sie zum Lächeln. Die Fans der Neuen Chopper-Schule wenden sich ab und schauen sich nach etwas Billigerem und weniger Glänzenden um.

Dies bringt uns zu einem weiteren Unterscheidungsmerkmal in der Diskussion über die Neue und die Alte Schule. Vielleicht handelt es sich um ein extremes Beispiel, doch kürzlich wurde ein New-School-Orange-County-Chopper für 137 000 Dollar verkauft. Um fair zu sein, war im Preis ein Wochenende in New York für zwei Personen enthalten, sagen wir also 130 000 Dollar für das Motorrad. Serien-Chopper von American IronHorse kosten 30 000 Dollar – plusminus 5000, je nach Ausstattung.

Ich kenne einen kleinen Custom-Bauer im Mittleren Westen, der kürzlich einen wunderschönen Old-School-Chopper gebaut hat. Die Maschine hat einen neuen Motor, den er selbst aus verschiedenen Teilen zusammengebaut hat, einen Rahmen vom Teilemarkt und verschiedene Teile aus alten Motorrädern, Traktoren und Autos. Er plant, das Motorrad für 36 000 Dollar zu verkaufen. Er vertraute mir an, dass er 6500 Dollar investieren musste.

Es gibt eine andere Gruppe von Chopperbauern, die sich irgendwo zwischen der Alten und der Neuen Schule befinden – nennen wir sie »Mittlere Schule« oder vielleicht »Reform-Schule«. Die berühmtesten dieser Leute sind die aktuellen Fernsehstars Billy Lane und Jesse James. Jeder dieser beiden recht jungen Leute hat die Fähigkeit, fast jedes Teil seiner Motorrad-Kreationen selbst bauen zu können – und oft tun sie es auch. Beide kennen sich mit Schlichthämmern, Blechwalzen und anderen Maschinen aus. Sie können schicke New-School-Maschinen aus den besten Teilen bauen, gewinnen Wettbewerbe und locken Fans an, die darum betteln, eine ihrer Kreationen erwerben zu dürfen. Doch wenn es um ihre eigenen Motorräder geht, dann halten sie sich lieber an die Lehren der Alten Schule. Auch der älter gewordene Indian Larry hielt sich in dieser Nische auf.

Es gibt tatsächlich so viele verschiedene Motorradtypen, so viele unterschiedliche Geschmäcker, so viele gegensätzliche Meinungen, dass es schwierig ist zu definieren, was zur Neuen Schule, zur Alten Schule oder einer anderen Kategorie gehört. Klügere Menschen als ich haben sich bereits an Definitionen versucht – mit mittelmäßigem Erfolg. Deswegen weiß ich nicht, warum meine Meinung besser ankommen sollte.

Okay, vergiss einfach, dass ich überhaupt was gesagt habe.

10

Unterwegs

Geschwindigkeit!

Sie riecht gut und hat einen hübschen Klang. Probier sie mal … **hör, wie sie singt**, während du beobachtest, wie die Dinge an dir vorbeiziehen, du spürst die Kälte, manchmal bis auf die Knochen, sie lässt **dein Herz** schneller schlagen. Dann nimm noch einen tiefen Atemzug – und es ist vorbei. Das erlebst du wirklich. Das Leben war schnell, und das **Risiko war es wert.**

Edward De Roo, *Go, Man, Go!,* 1959

Motorräder als Ikonen eines Lebensstils

Von Jean Davidson

Jean Davidson stammt aus der Familie, deren Name die Benzintanks ziert. Die Enkelin des Harley-Davidson-Mitgründers Walter Davidson ist – das sollte niemanden überraschen – ein begeisterter Motorradfan.

Zu Recht ist sie auf ihre Familie und deren Motor Company stolz. Jean interessiert sich für die Firmengeschichte und schrieb das Buch *Growing Up Harley-Davidson: Memoirs of a Motorcycle Dynasty*. Im Buch werden viele neue Aspekte der Geschichte der berühmtesten Motorräder der Welt aufgedeckt. Diesen Harley-Memoiren folgte *Jean Davidson's Harley-Davidson Family Album*, ein illustriertes Sammelalbum mit Überlieferungen aus der Familie und der Firma.

Der folgende Auszug stammt aus *Growing Up Harley-Davidson*. Jean erzählt von ihrer ersten Fahrt. Es muss wohl nicht erwähnt werden, welche Motorradmarke sie damals fuhr.

Zu meinen ersten Erinnerungen gehören weder Vogelgezwitscher vor dem Fenster meines Kinderzimmers noch die Stimme meiner Mutter an meiner Wiege. Nein, meine früheste Erinnerung ist das Grollen eines Harley-Davidson-V2-Motorradmotors, mit dem mein Vater zur Arbeit fuhr. Mein Dad war Gordon McLay Davidson und sein Arbeitsplatz die Harley-Davidson Motor Company. Wir sind ein Teil der Davidson-Familie; mein Vater war der älteste Sohn des Firmengründers Walter Davidson, des ersten Präsidenten.

Als ich sehr jung war, setzte mich mein Vater hinten auf sein Motorrad und sagte: »Halt dich fest!« Ich war zu klein, um an ihm vorbeizuschauen, also lehnte ich meinen Kopf an seinen Rücken und spürte die Vibrationen durch seine Lederjacke. Bereits in diesem jungen Alter liebte ich die Geräusche des Motors und die Aufregung, die ich fühlte, wenn ich auf einer Harley-Davidson saß. Motorräder bestimmten über Generationen hinweg den Lebensstil meiner Familie. Ich wuchs auf Motorrädern auf, genauso wie mein Vater, mein Großvater und meine Cousins.

Ich fuhr das erste Mal mit einer Harley-Davidson, als ich drei war. Aber das zählt nicht richtig, da ich im Beiwagen saß und mein Vater das Gespann lenkte. Als mein Vater mich auf den Rücksitz seiner Harley-Davidson setzte und »Halt dich fest!« sagte, war ich aber nicht viel älter. Meine ersten Kindheitserinnerungen sind die Geräusche eines Harley-Davidson-V2-Motorradmotors.

Als ich im Jahre 1949 zwölf Jahre alt wurde, kam Dad mit einer großen Harley 74 nach Hause. Es war ein riesiges, wunderschönes Motorrad, und ich bettelte ihn an, dass er mich fahren ließ. Er lachte und sagte »Nein!«, da meine Füße kaum den Boden erreichten, wenn ich mich darauf setzte.

Doch ich ließ mich nicht aufhalten. Ich bedrängte ihn weiter, und schließlich sagte er: »Okay, aber schrei nicht, wenn du dich verletzt.« Meine Mutter hörte uns zu und war natürlich dagegen. Das machte die Sache für mich noch interessanter.

Dad zeigte mir, welche Hand das Gas regelte und wo die Bremse war. Ich war begeistert und dachte: »Das ist leicht.« Ich drehte das Gas voll auf und fuhr in einem Tempo, das sich wie Höchstgeschwindigkeit anfühlte – und steuerte diese wunderschöne Harley direkt in den See an unserem Grundstück. Mutter schrie, während Dad lachte und sagte: »Ich habe dich gewarnt.«

Ich hatte mir das Bein am Auspuff verbrannt, doch schlimmer war, dass ich in meinem Stolz gekränkt war. Unverzüglich schwor ich mir selbst, dass ich dieses Wagnis wieder eingehen würde, wenn ich etwas älter geworden sei.

Als ich 15 Jahre alt war, wollte ich nach Milwaukee, um einen Freund zu besuchen. Ich hatte keinen Auto-Führerschein, also entschied ich mich dazu, die 25 Meilen auf einer neuen Harley-Davidson 74 zu fahren, die mein Vater am See stehengelassen hatte. Seit meinem unglücklichen Ausflug ins Wasser hatte ich einige Male auf unserem Grundstück geübt, sodass ich mir sicher war, auch auf der Straße fahren zu können. Meine einzige Angst war, dass ich umkippen könnte, weil ich nicht stark genug war, um das Motorrad zu halten.

Es war eine großartige Fahrt. Ich trug einen Badeanzug und Tennisschuhe. Ich genoss den Blick der anderen, als ich herangeschossen kam. Ich nahm an, dass sie noch niemals ein junges Mädchen auf einem Motorrad gesehen hatten, und war deswegen noch stolzer. Als ich in die Einfahrt des Hauses meines Freundes rollte, ließ ich den Motor knallen, damit er wusste, das ich angekommen war. Ich werde niemals den schockierten Blick seiner Mutter vergessen, als sie in ihrer Einfahrt dieses dünne Mädchen in einem Badeanzug auf einer großen Harley sitzen sah, das lächelte, als sei nichts geschehen.

Sie kam herausgerannt und fragte mich: »Was hast du dir dabei gedacht? Du wiegst vielleicht gerade mal 40 Kilogramm! Was hättest du gemacht, wenn dich die Polizei geschnappt hätte oder wenn dir das große Motorrad umgekippt wäre?«

Ich war so stolz auf meine Leistung, dass ich nicht verstand, wieso sie dachte, ich hätte etwas Dummes getan. Ich hatte keine Antwort parat; ich hatte gedacht, es würde Spaß machen, also habe ich es einfach getan.

Die meiste Zeit meines Lebens habe ich Sachen gemacht, von denen ich mir Spaß versprach. »Wasserski fahren bei Mondschein« – das klang interessant, also schoben wir Kinder das Motorboot meines Vaters so leise es ging auf den See hinaus und starteten dort den Motor. Was hatten wir für einen Spaß! Wäre einer von uns heruntergefallen, hätten wir ihn in der Dunkelheit zwar niemals wiedergefunden. Aber das steigerte den Reiz natürlich nur.

Nachdem ich entdeckt hatte, dass auch das Küssen von Jungs eine feine Sache war, änderte sich mein Interesse an dieser Spezies. Aber wenn mich in jungen Jahren ein Junge um eine Verabredung bat, war seine erste Frage meistens: »Kannst du mir ein Motorrad besorgen?« Das kränkte mich oft, ich wollte doch, dass er sich für mich interessiert. Was dachten sich die Jungs? Ich bräuchte nur meinen Vater anrufen und er würde ihm ein Motorrad geben? Es klingt ziemlich verrückt, doch es geschah immer wieder.

Bald habe ich den Leuten meinen Nachnamen nicht mehr verraten. Ich ging sogar so weit, dass ich mich »Smith« nannte. Ich wollte sichergehen, dass die Jungs mich wegen meiner selbst mochten und nicht, weil sie dachten, durch mich etwas bekommen zu können.

Eine Weile war ich mit einem jungen Mann vom anderen Ende der Stadt befreundet. Wir hatten schon viel Zeit miteinander verbracht, und ich entschied schließlich, dass es unserer Beziehung nicht schaden könne, wenn ich ihn mit nach Hause nehmen würde, damit er sehen konnte, wie meine Familie lebte. Er sah das große Motorrad in der Garage und das Haus mit all den Angestellten und beendete unsere Beziehung, weil er sich fehl am Platz fühlte.

Später hörte ich, wie meine damals künftige Schwiegermutter ihren Freundinnen erzählte, dass ihr Sohn eine Davidson heiraten würde. Sie sagte nicht, dass ihr Sohn ein wunderschönes Mädchen heiraten würde (was sie hoffentlich dachte), sondern das Wichtigste war, dass ich eine Davidson war.

»Ich bin eine Davidson, von Harley-Davidson.« Diesen Satz wird man von mir bis heute nicht hören. Ich will, dass die Leute mich für meine eigenen Qualitäten mögen und akzeptieren.

Stolze Silent Gray Fellow-Fahrer in den 1920er-Jahren.

Das alte Motorrad im Schuppen, oder: Wie die alte Harley meine Frau auf dem falschen Fuß erwischte.

Von Allan Girdler

Allan Girdler hat eine Menge alter Geschichten im Gepäck. Einige dieser Geschichten handeln von in Schuppen oder Scheunen entdeckten Motorrädern.

Bestimmt kennt fast jeder mindestens eine »Motorrad-Scheunenfund-Geschichte« – eine Entdeckung, von der alle Motorradfahrer träumen. Dabei ist es ganz egal, ob es sich um eine alte Harley-Davidson, um eine Indian oder eine andere Maschine handelt – nach einer derartigen Erzählung hat man immer Lust auf mehr.

Hier berichtet Allan Girdler von einer überraschenden Wendung der klassischen Geschichte – und von einer Harley, die irgendwie anders funktionierte, als gedacht.

Nur weil »das alte Motorrad in der Scheune« zu jener Art von modernen Märchen gehört, die auch vom Porsche für zehn Dollar und der Spinne in der Yuccapalme berichten, heißt das nicht, dass es das nicht gibt.

Es ist nicht nur so, dass es alte Motorräder in Scheunen gibt, sondern sie können auch von Menschen wie dir und mir gefunden werden – wogegen die anderen Legenden immer nur den Leuten passieren, von denen die Geschichten handeln.

Bereit? Okay, denn erstens ist dies eine wahre Geschichte, die von einem Mann erzählt wird, der tatsächlich ein altes Motorrad aus einer Scheune gezogen hat, und zweitens geht sie nicht mit einem solchen Happy End aus, wie es der Leser vielleicht erwartet.

Vor einigen Jahren erzählte mein Freund Paul meiner Frau und mir, dass seine Tante und sein Onkel eine Ranch im westlichen Nevada besitzen. Auf dieser Ranch würde eine Scheune stehen, und in dieser Scheune eine alte Harley-Davidson.

Meine Frau und ich blickten uns an, beugten uns vor und sagten gleichzeitig: »Erzähl weiter!«

Die Geschichte klang glaubhaft. Es handelte sich demnach um ein 1964er-Modell, was zwar alt, aber nicht antik ist und auch nicht besonders wertvoll. Es war eine Sprint, eine 250er-Einzylindermaschine aus Italien. Harley-Davidson hatte damals die Firma Aermacchi aufgekauft, um auch den Markt für kleine Maschinen bedienen zu können.

Sprints waren gute Motorräder, sie wurden jedoch nur wenig beachtet, weil es keine Big-Twins waren, wie sie die traditionellen Harley-Käufer verlangten. Dass auf dem Tank Harley-Davidson stand, schreckte wiederum andere Käufer ab.

Pauls Cousine hatte die Sprint für ihren Schulweg benutzt, und nach ihrem Abschluss stellte sie sie in den Schuppen ihrer Eltern und vergaß sie; abgelegt, vernachlässigt, aber intakt und einsatzbereit.

Was die Geschichte zu einer besonderen macht, beginnt damit, dass meine Frau Nancy erst mit Mitte 20 mit dem Motorradfahren anfing. Sie hat mich immer darum beneidet, dass ich schon als Teenager damit angefangen hatte, und noch neidischer machte sie, dass meine erste Harley älter war als ich.

Zur Erinnerung: Die Harley in der Scheune war Baujahr 1964.

Nancy wurde 1965 geboren.

Obwohl wir zwei Sportster besaßen – meine in Orange mit weißen Streifen, ihre in Weiß mit orangen Streifen – sowie zwei Honda-Enduros, herrschte ein Ungleichgewicht zwischen uns beiden, denn ich hatte noch eine weitere Harley, eine 1970er-XR-750, Es handelte sich um eine aus Gebrauchtteilen aufgebaute TT-Rennmaschine mit Straßenzulassung. Ich zeigte die Maschine auf Shows und fuhr damit Rennen – machte damit also all das, was auch meiner Frau Spaß gemacht hätte.

Wir fuhren zu der Ranch, zogen die Sprint hinter einem Stapel Sperrmüll hervor und spritzten sie mit Wasser ab.

Auf den ersten Blick nicht schlecht. Die vergangenen Jahre hatte sie im Trockenen verbracht. Die Reifen und anderen Gummiteile waren hin, doch sie hatte nur wenig Rost angesetzt, und alles, was sich drehen sollte, drehte sich auch.

Wie immer waren die großen Teile vorhanden – und die kleinen (ein Knopf hier, ein Schalter dort) verschwunden. Dies mag eine tolle Sache sein, wenn kleine Teile weniger kosten als große. Es ist aber schlecht, wenn beispielsweise die Pleuelstangen überall erhältlich sind, während ein Schriftzug, ein Schild oder ein Rücklicht-Reflektor kaum zu finden sind.

Wir transportierten die Sprint nach Hause, und ich baute alles aus, was auszubauen war, und reinigte es; alles zu zerlegen, wenn man keine Ahnung hat, wie die Teile wieder zusammengesetzt werden müssen, bringt aber nichts.

Reifen und Schläuche waren einfach. Die Bremsen funktionierten, und obwohl die Batterie definitiv tot war, konnten wir – Aermacchis Misstrauen gegenüber italienischer Elektrik sei Dank – einen Geheimschalter betätigen. Dieser war für den Fall eines Batteriedefektes eingebaut worden. Legt man ihn um, wird der Strom der Lichtmaschine direkt in die Zündung umgeleitet, sodass dort die für das Starten des Motors nötige Spannung anliegt.

Diese Erzählung geht schneller voran, als unser Projekt es tat. Wir parkten die Sprint nämlich hinten in unserer Scheune. Nur wenn ich eine Stunde Zeit übrig hatte, holte ich sie heraus und fummelte daran herum.

Es gibt eine gute Teileversorgung für die Sprint, sodass ich alle Teile bestellen konnte, die fehlten.

Zweifellos mussten Anbauteile hergerichtet und lackiert werden, und der Sitz brauchte auch einen neuen Bezug – und so weiter und so fort.

Versteht ihr, dass ich mir zu diesem Zeitpunkt selbst etwas vormachte? Ein Funke war da, der Vergaser war sauber, der Motor drehte und die Kupplung funktionierte, auch etwas Kompression schien vorhanden zu sein. Ich konnte den Kickstarter langsam durchtreten und die Reihenfolge der Arbeitstakte spüren.

Jawoll! Warum sollte sie nicht funktionieren?!

Und sie startete. Einige Tritte mit Choke an und Zündung aus, dann ein energischer Einsatz des rechten Stiefels – und sie lief! Okay, nicht gerade so sanft wie eine Nähmaschine, aber sie lief. Die Einfahrt rauf und runter und um die Farm herum – und mir war eines klar:

Ich hatte vergessen, dass in den 30 Jahren zwischen meiner ersten Harley, einer 1934er-VL, und dieser Sprint Baujahr 1964 eine Reihe ergonomischer Revolutionen stattgefunden hatte.

Die VL hatte eine Handschaltung und eine Fußkupplung, wie ein Auto, denn die Federkraft war zu stark für eine Hand-Betätigung – na ja, vielleicht war es auch so, weil es schon immer so war.

Kleinere Motorräder wie die Harley-Hummer, die Nachkriegs-Indians, die neu importierten englischen Maschinen und natürlich die Japaner hatten Fußschaltung und Handkupplung.

Fußschaltungen gab es in vielerlei Versionen. Manche hatten sie links, andere rechts. Bei manchen lag der Leerlauf ganz unten, bei anderen zwischen dem ersten und dem zweiten Gang. Bei dem einen Hersteller musste der erste Gang nach oben und der Rest nach unten geschaltet werden, beim anderen der erste nach unten und die anderen nach oben.

Doch das war noch nicht alles. Traditionell hatten Rennmaschinen den ersten Gang oben, da man dann die anderen Gänge kraftvoller nach unten drücken konnte, statt sie hochziehen zu müssen.

Zudem hatte das Marketing ein Wörtchen mitzureden. Als Harley-Davidson die Zweitakt-Einzylinder einführte und kurz danach das Modell K, mussten rechts sitzende Fußschalthebel her, weil die Konkurrenz aus dem In- und Ausland ebenfalls dort ihre Fußschaltungen hatte.

Einige Jahre später wurde die FL-Reihe mit Fußschaltung und Handkupplung versehen und der Schalthebel nach links verlegt. Zum einen erforderte dies weniger Umlenkungen, doch ich vermute, dass der Hauptgrund darin lag, dass der Erzrivale Indian seine Handschaltung immer rechts sitzen hatte, während die Hebel bei Harleys links am Tank saßen, sodass kein echter Harley-Fahrer die Seite wechseln wollte.

Warum ich all dies erzähle? Weil es hier einen Generationskonflikt gab. Ich wuchs mit diesen Revolutionen auf, von Hand auf Fuß, von Fuß auf Hand, von rechts (BSA und Triumph) auf links (Honda). Bis die amerikanische Regierung einschritt und festlegte, dass eine Fußschaltung links zu sitzen habe. Die meisten Motorradhersteller konnten sich dann darauf einigen, dass der erste Gang unten liegt, darüber der Leerlauf, und dann folgten die anderen Gänge, sodass man wortwörtlich hochschalten musste.

Klingt das alles verwirrend? Ist es aber nicht. Stell dir vor, du hast zwei Autos – eines mit Automatik und eines mit Schaltgetriebe. Wenn du beide regelmäßig fährst, wirst du sie nicht nur problemlos fahren können, sondern du müsstest noch nicht einmal darüber nachdenken. Es ist wie beim At-

Ich fragte mich, wer er war.
Ich wünschte,
ich hätte eine
Maschine wie diese.
Mit der hätte ich eine bessere
Zeit als mit meinem Fahrrad.

Vielleicht
bekomme ich
eines Tages eine.

Victor Appleton, *Tom Swift and His Motor Cycle*, 1910

Glückliche Harley-Davidson-Fahrer
der 1920er- bis 1950er-Jahre.

men, dein Gehirn kümmert sich darum, ohne dein Bewusstsein mit den Details zu belästigen.

Als ich die Straße herunterfuhr, schaltete ich in den zweiten Gang und zog dann den Hebel hoch in den ersten Gang – alles völlig natürlich.

Als Nancy kam, um ihre neue alte Harley zu fahren, setzte sie sich auf die Maschine und sah glücklich aus. Schließlich war die Sprint so leicht wie ihre Enduro und so niedrig wie ihre Sportster.

Ich sagte: »Okay. Take it easy, und vergiss nicht, die Schaltung ist rechts und der erste liegt oben.«

»Was ist los?« Sie war völlig ahnungslos, und ich hatte nicht daran gedacht, dass dies besprochen werden müsste.

»Oh ja, der Schalthebel ist rechts.«

»Warum?«

»Ich weiß nicht. Weil es so ist.«

»Das ist lächerlich, und ich komme damit nicht klar.«

»Doch, das kannst du. Einfach den ersten Gang hochziehen und die anderen runterschalten.«

»Den ersten hoch? Aber der erste ist immer unten.«

Natürlich war für sie der erste Gang immer unten, in der Fahrschule, bei ihrer Enduro, bei unseren Sportstern und auch bei der Dyna Glide, die ihr während der Vorführung auf der Daytona Bike Week begegnet war.

Sollte es einen Nachteil gegeben haben, jünger als eine 1964er-Aermacchi-Harley-Davidson zu sein, wir hatten ihn gerade gefunden.

Misstrauisch gegenüber der ungewohnten Bedienungsweise schaltete Nancy pflichtbewusst hoch, erhöhte die Drehzahl, löste die Kupplung und fuhr durch den Garten, um die Farm und wieder zurück.

Nun sah sie nicht mehr sehr glücklich aus.

»Was denkst du?«

»Was soll ich denken? Ich weiß nicht, was ich denke. Ich fragte mich nur die ganze Zeit, wie ich mit dieser Schaltung klarkommen soll.«

Sie stieg ab und ging wieder ins Haus. Ich brachte die Sprint wieder in die Scheune.

Dort blieb sie den kommenden Monat und den Monat darauf, bis ich eines Tages begriff, dass Nancy das Interesse an ihr verloren hatte.

Diese Vermutung wurde schließlich von ihr bestätigt. In ihrer großzügigen Art schlug sie vor, die Sprint und ihre Enduro, die sie seit ihrem Sturz in der Nähe von Las Vegas nicht mehr gefahren sei, zu verkaufen. So könnten wir (man beachte den Plural!) die Anzahlung für die verwahrloste XR-750 leisten, die ein Kumpel in einer Werkstatt in Vancouver gesehen hatte.

So endet die Geschichte: Die zweite XR wurde gerettet und restauriert, die Enduro bekam ein neues Heim, und die Sprint ist irgendwie wieder nach hinten in die Scheune gewandert, in der Erwartung, von einem neuen Besitzer gefunden zu werden, der weiß, was er mit ihr bekommen hat, und sich um sie kümmern kann.

Nancy fährt unterdessen ihre Sportster, das einzige Motorrad, das sie wirklich fahren will, bis sie ihr Diplom hat und ich ihr eine Dyna Glide schenken werde.

Sie hat es sich verdient.

Ein temperamentvolles

Motorrad

mit ein klein wenig Leistung

ist besser als jedes

Reittier dieser Welt;

es ist eine direkte Erweiterung unserer

Möglichkeiten.

T. E. Lawrence, bekannt als Lawrence of Arabia

"MOTOR - AMERICANA"

aca SPIRIT 76

ROAD RACING EXTRAVAGANZA
WILLOW SPRINGS RACEWAY in ROSAMOND

SATURDAY, JULY 2

Field meet for dirt and street
bikes. Trophies in all classes.
Sign-up closes 10:30 a.m. Also on
Saturday, grand prix scrambles.
Trophies in all classes. Black-top,
dirt and sand.
Saturday night discotheque dance
at start-finish line. Midnight Saturday economy run. Full lighting
equipment required. Trophies in
all classes.

SUNDAY,

Grand prix and
race. Entries close
Admission $2.00
Inquiries 145-B W
ton, California
714) 847-7629.

Route 31 or 68 to

KENTON, O.
FAIRGROUNDS

MOTORCYCLE
RACES

PROFESSIONAL

4 STAR

FLAT TRACK

FREE PARKING

A.M.A. SANCTIONED
and N.W.O.M.A.

ADULT ADMISSION $3.00
POKER RUN 11 A.M.—MILLSTREAM, FINDLAY TO RACE MEET

NINE EVENTS

SUNDAY
T.T. 12:00

RACES
2:30 P.M.

JULY 15, 1973

Sponsored by KENTON LIGHTNING RIDERS MOTORCYCLE CLUB, Inc.

Motorrad-Rennplakate der 1950er- bis
1970er-Jahre.

NATIONAL ROAD RACES
RIVERSIDE INTERNATIONAL RACEWAY
DEC. 11

PRACTICE STARTS A[...]
1st EVENT 12[...]
GRAND PRIX & PRODU[...]

Motorcycles return to Carlsbad raceway's new road race course. This is the final national championship race of the year. Top riders plus the popular "production" class.

american cycle association
national championship
CARLSBAD RACEWAY 1965

ALL ACA CLASSES
INCLUDING THE 100cc CLASS.
ALSO TWO RACES FOR THE
"PRODUCTION" CLASS. PRACTICE
BEGINS AT 9:30. ENTRIES CLOSE
AT 11:30.

nov. 28 th 12:30 pm

Entries and inquiries: 145-B West Whiting, Fullerton, Calif.

Motorrad-Rennplakate der 1960er- bis
1970er-Jahre.

Die Fahrer der »Mile-a-Minute«- Maschinen

Von Ralph Marlow

In den frühen Tagen des Motorradfahrens waren die *Big Five Motorcycle Boys* die Helden vieler amerikanischer Jugendlicher. In einer Roman-Reihe des Autors Ralph Marlow fuhren die Jungen durch Amerika – und durch die Tagträume der Teenager, die sich wünschten, ebenfalls eine Harley-Davidson oder ein anderes Motorrad zu besitzen.

Die *Big Five Motorcycle Boys*-Reihe war keineswegs die einzige Romanserie, in der sich die Themen rund um das Motorrad drehten. In den Pioniertagen des Zweirades gab es für die hungrigen Leser einiges an ähnlichem Lesestoff. Die *Motor Boys*-Serie von Clarence Young war zu Beginn des Jahrhunderts vielleicht die erste. Ihr folgten um 1910 die von Andrew Carey Lincoln verfassten *Motorcycle Chums*-Serien. Von diesem Zeitpunkt an erschienen immer mehr derartiger Titel. Die meisten dieser Bücher waren Vom-Tellerwäscher-zum-Millionär-Geschichten, ähnlich wie die typischen Erzählungen von Horatio Alger: Mit Beharrlichkeit, Ehrlichkeit und einem zuverlässigen Motorrad können die Helden alles erreichen!

Dieser Auszug stammt aus dem ersten Kapitel von *The Big Five Motorcycle Boys in Tennessee Wilds, or: The Secret of Walnut Ridge*, 1914 von Marlow veröffentlicht. Der altmodisch geschriebene Text passt zum Charakter des Motorradfahrens dieser Zeit.

»Besser, du stellst dein Motorrad unter den Baum, Hanky Panky, zusammen mit dem Rest unserer Maschinen.«

»Sicher, Rod, das will ich tun, wenn ich mich etwas erholt habe. Die letzte Fahrt den Berg hinauf und herunter war etwas schnell, glaub mir. Aber hat etwa jemand gesehen, dass ich aus einer Kurve gerutscht wäre? Oder dass ich zu einem meiner klassischen Hechtsprünge angesetzt hätte? Sagt's mir!«

»Nein, Rooster, du bist gut gefahren, und im alten Tennessee wirst du sicher damit prahlen können.«

»Danke, Josh. Man tut, was man kann. Aber Elmer warnte uns vor dem Start zu dieser Reise in den Süden, dass uns noch ein paar harte Etappen bevorstehen würden.«

»Bei Lexington durch das Blue Grass Country von Kentucky zu rollen, fühlte sich eher an wie ein Ritt auf Samt«, sagte der Junge, welcher der fragliche Elmer zu sein schien, und in dessen Stimme diese unbeschreibliche musikalische Qualität zu erkennen war, die so oft bei den in Dixieland geborenen Menschen zu finden ist.

»Da hast du recht, Elmer, aber wir haben danach dann richtig Kraft gelassen, über all die Hügel und immer nur auf schlechten Wegen. Wenn ich meine Maschine in der Straßenmitte halten will, tun meine Arme weh, und das ist so wahr, wie ich Josh Whitcomb heiße.«

Diese fünf sind also die Herumtreiber, alle etwa im gleichen Alter; für sie alle gilt sicherlich, dass sie sich an den Sport draußen gewöhnen müssen, der ihnen die gesunde Gesichtsfarbe beschert.

Neben Josh Whitcombs, einem scheinbar recht ungeduldigen Kerl, gab es da noch Roderic Bradley, den die anderen wie selbstverständlich als ihren Anführer ansahen. Elmer Overton, der Junge aus dem Süden, ist bereits erwähnt worden; nicht vergessen werden darf der Knabe, der von seinen Freunden »Rooster« genannt wird und dessen wirklicher Name Christopher Boggs lautete; und schließlich noch ihr hibbeliger Kumpel mit dem seltsamen Spitznamen »Hanky Panky«, der in der Highschool als Henry Jucklin eingeschrieben war.

Eine seiner liebsten Freizeitbeschäftigungen war das Training der schwarzen Künste; Henry wollte Zauberer werden, und schon jetzt bewunderten ihn seine Freunde für seine Fingerfertigkeit, dafür, dass er sich aus Fesseln befreien konnte, und für all die anderen Dinge, die den durchschnittlichen Zuschauer verwirren.

Wenn er vor den Augen der Kameraden ein Taschentuch in ein Taschenmesser verwandelte oder ein Tuch unversehrt zurückgab, das er gerade vor den Augen seines Besitzers verbrannt hatte, benutzte er meistens die Worte »hanky panky« [Hokuspokus], und mit der Zeit wurde so aus seinem alten Spitznamen Hank der etwas eigenartige Name Hanky Panky.

Diese fünf Knaben lebten in der blühenden Stadt Garland, nicht weit vom Zentrum des Bundesstaates Ohio entfernt. Diejenigen, die frühere Folgen dieser Serie gelesen und bereits mit ihnen Bekanntschaft gemacht haben, werden in den Besitzern der modernen Motorräder, die in dieser wilden Region von Tennessee gelandet sind, alte Freunde wiedererkennen.

Um den neuen Lesern zu helfen, sollte man so fair sein und erklären, wie die Jungs zu diesen teuren Spielzeugen gekommen sind, die wahrscheinlich einige hundert Dollar das Stück gekostet haben.

Als der Fluss hinter ihrer Heimatstadt über die Ufer getreten war und die Gegend überflutete, wurden die fünf Zeugen, wie ein Haus mitgerissen wurde, auf dem ein Mann saß, der verzweifelt winkte und um Hilfe rief.

Die Jungs konnten den Mann aus der tödlichen Gefahr retten. Bei dem alten Mann handelte es sich um einen reichen Kerl namens Amos Tucker, der sich – aus welchen Gründen auch immer – dazu entschlossen hatte allein zu leben.

Vielleicht war es die Todesangst, die den alten Mann aufgerüttelt und ihn dazu gebracht hat, die Dinge in einem anderen Licht zu sehen. Denn zum großen Erstaunen von Rod und seinen vier Freunden war eines Tages eine Mitteilung gekommen, dass sie zum Frachtbüro der Eisenbahn gehen sollten. Zu ihrer Freude durfte dort jeder ein glänzendes, fabrikneues und bereits bezahltes Motorrad entgegennehmen.

Natürlich hatten sie bald eine Ahnung, wer ihnen diese wunderbaren Geschenke geschickt hatte, und wie sie dann recht schnell herausfanden, war Amos Tucker tatsächlich derjenige, der die Lieferung der Motorräder in Auftrag gegeben hatte, weil er den Jungs damit einen Wunsch erfüllen wollte. Er wollte so einen Teil seiner Schuld zurückzahlen und es den fünf ermöglichen, mit diesen Maschinen die Landstraßen zu erobern – also hatte er ihnen die fünf nagelneuen Motorräder schicken lassen.

Doch dies war noch nicht alles. Bei der Bank hatte er für Rod Bradley die fantastische Summe von 1000 Dollar deponiert. Von diesem Geld konnte Rod für die Pflege und Wartung der Maschinen oder für die Reisekosten jederzeit etwas nehmen.

Doch wo großes Glück herrscht, ist das Unglück oftmals nicht weit entfernt. So kam es, dass in die Bank eingebrochen und das gesamte Geld geraubt wurde. Das geschah vor ein paar Wochen, und Rod und seine Freunde machten sich auf und verfolgten das Verbrecherpaar, welches das Geld gestohlen hatte. Sie hatten nicht nur die beiden ins Gefängnis gebracht, ihnen gelang es sogar, alle gestohlenen Güter und das gesamte Geld zurückzubringen.

Hierfür hatten sie eine Belohnung von 5000 Dollar erhalten, die sie mit dem Farmer Bijah Spruggins teilten, der ihnen bei der Festnahme große Hilfe geleistet hatte.

Ihr Tresor war demnach gut gefüllt und quoll fast über. Als Rod seinem Freund Elmer Overton vorschlug, einen Ausflug über Ohio und Kentucky in seine alte Heimat Chattanooga im Süden Tennessees zu unternehmen, stimmten alle anderen dem Plan zu, ohne irgendwelche Einwände zu

haben; tatsächlich waren alle ziemlich wild darauf, selbst Rooster, der schlechteste Fahrer unter ihnen.

Möglicherweise ist an dieser Stelle eine Erklärung für den seltsam klingenden Spitznamen des Jungen angebracht. Erfreute sich Christopher bester Laune oder gelang seinem Team etwas, schlug er jedes Mal seine Hände gegen die Schenkel und machte damit ein Geräusch, als würde ein Rooster [Hahn] die Flügel schlagen. Danach imitierte Christopher täuschend echt einen Hahnenschrei. Logisch, dass seine Schulkameraden bald vergessen hatten, dass er eigentlich Christopher hieß; den Spitznamen »Rooster« wurde er seitdem nicht mehr los.

Es war nicht ihr Ziel, auf ihren Reisen schnell unterwegs zu sein. Das wäre auf den kleinen Straßen im Landesinnern von Kentucky auch praktisch unmöglich gewesen. Es war eher die Regel als die Ausnahme, dass sie auf sehr schlechten Pisten unterwegs waren, und es kam schon einem Wunder nahe, dass Rooster als ungeschicktester Fahrer erst einmal gestürzt war.

Bis jetzt hatten sie es immer geschafft, beim Einbruch der Dunkelheit ein Dorf oder eine Stadt zu erreichen und eine Unterkunft in einem Gasthaus zu finden. Doch dieses Mal schien es anders zu laufen, denn Josh stellte fest, dass mit seiner Maschine irgendetwas nicht stimmte. Das musste sofort behoben werden. Als Rod vorschlug, draußen zu campen, stimmten alle Freunde eifrig zu.

Sie hatten sich auf eine solche Unternehmung insofern vorbereitet, dass sie genügend Lebensmittel mitgenommen hatten, um ihren Hunger zu stillen. Doch Zelte oder Decken hatten sie nicht dabei. Aber noch war es warm, und sie konnten ein Lagerfeuer entzünden, wenn ihnen danach wäre.

So hielt Rod nahe einem kleinen Bach, der an der Straße entlangfloss und Wasser für ihren Kaffee liefern konnte. Jeder von ihnen hatte etwas sicher hinten auf seinem Motorrad verstaut, das eine anständige Mahlzeit versprach.

Stolzer Harley-Davidson-Fahrer in den 1930er-Jahren.

»Hier ist der Kaffeetopf, darin findest du den besten Java, den man im alten Cincinnati bekommen konnte, durch das wir gefahren sind!«, sprach Josh und begann, sein Paket zu öffnen.

»Und diese Pfanne sieht so aus, als hätte sie große Lust darauf, diese Scheiben saftigen Schinken für uns zuzubereiten!«, erwiderte Rooster.

Auch alle anderen vermeldeten, irgendwelche Nahrungsmittel dabeizuhaben, die dann am Feuer platziert wurde, welches Rod inzwischen entzündet hatte.

Bald entwickelte sich ein wildes Treiben, alle Jungen versuchten, sich mit der Zubereitung des Abendessens zu beeilen – nur Josh nicht; der kniete neben seinem Motorrad und begann unverzüglich damit, den Defekt zu reparieren, der ihn in Aufregung versetzt hatte.

11

Das Harley-Lebensgefühl

Von meiner Mutter habe ich gelernt, prompte Dankesschreiben für vielerlei Anlässe zu formulieren; in Mrs. Kings Tanzschule lernte ich, wie man einen ordentlichen Knicks macht und – ob du es glaubst oder nicht – was zu tun ist, wenn man von dem Menschen, vor dem man gerade **einen Knicks** gemacht hat, zu Tisch gebeten wird und einem Gedeck gegenübersitzt, das neun Besteckteile präsentiert.

Praktisch alles andere habe ich von Motorrädern gelernt.

Melissa Holbrook Pierson:
The Perfect Vehicle: What It Is About Motorcycles, 1997

Donnergrollen

Von Michael Perry

Michael Perry war Landwirt, Cowboy, Krankenpfleger, Feuerwehrmann, Rucksacktourist und ebenfalls Reporter. Seine Artikel sind in zahlreichen Publikationen erschienen, darunter *Esquire, The New York Times Magazine, Salon* und *Cowboy Magazine.* Seine Essays und Glossen sind regelmäßig in Radiosendern der Staaten Wisconsin und Minnesota zu hören.

Er hat mehrere Bücher verfasst, darunter *Populatio: 485: Meeting Your Neighbors One Siren at a Time* sowie *Big Rigs, Elvis & The Grand Dragon Wayne* und auch *Why They Killed Big Boy & Other Stories.*

Dieses Essay stammt aus *Off Main Street: Barnstormers, Prophets & Gatemouth's Gator* (Abseits der Hauptstraße: Wahlredner, Propheten und Breitmaul-Krokodile). Es berichtet über eine kleine Gruppe von Vietnam-Veteranen, die im Jahre 1988 mit ihren Motorrädern nach Washington D. C. fuhren, um dagegen zu demonstrieren, dass Kriegsgefangene und vermisste Soldaten von der US-Regierung im Stich gelassen würden. Wegen des Sounds der Motorräder und in Anspielung auf die massiven Bombardierungen Vietnams wurde der Protest »Rolling Thunder« genannt. Schließlich wurden es mehr als 270 000 Teilnehmer.

Mitternacht an dieser Wand. Wir beginnen an einer Schräge, unsere Blicke gleiten die ersten schmalen Zeilen mit Namen herunter, dann gehen wir leise zur Spitze, die Inschriften reichen tiefer und die Zeilen werden breiter, bis die Namen mehr als mannshoch übereinanderstehen. Auf dem Boden flackern vereinzelt Kerzen, deren Schein das polierte Bangalor-Marmor wie schwarzes Eis schimmern lässt. Doch wenn man sich herunterbeugt und seinen Kopf dreht, als ob man den Namen lauschen wolle, sieht man im Kerzenlicht viele Fingerabdrücke. Diese seidige Marmorfläche – kühl und glatt wie Lack – lädt zum Berühren ein. Nur wenige Leute kommen hierher, die widerstehen können, sie zu berühren, und die Fingerabdrücke sind die Spuren dieser instinktiven Geste.

Doch dann bleiben deine Fingerkuppen an den Buchstaben hängen, die sich rau wie Sandpapier anfühlen. Die Buchstaben bilden einen Namen. Du denkst an eine Mutter, die ein Baby wiegt und seinen Namen ausspricht. Dann erscheint dir das Gesicht eines jungen Mannes. Es erscheint nicht klar, sondern irgendwie geisterhaft. Und dann beginnst du dich selbst zu fragen, was du an diesem Tag im Jahre 1959, oder im Jahre 1968 oder auch im Jahre 1975 getan hast, als er – immer noch ein junger Mann – im Krieg fiel. Die Kraft der Wand liegt in diesen Namen. Ein stiller Appell, der in den Stein sandgestrahlt ist und uns daran erinnert, dass wir nichts Fiktives ehren, sondern 58 214 Kameraden; jeder von ihnen führte sein eigenes Leben, jeder von ihnen erlitt seinen eigenen Tod, und jeder von ihnen hatte einen eigenen Namen.

Doch es fehlen Namen. Deswegen sitze ich früh am nächsten Morgen nach vier Stunden Schlaf auf dem Rücksitz einer 85-Anniversary-Edition-Harley-Davidson, die von einem ehemaligen Marine-Scharfschützen namens Murdoch gelenkt wird. Der Fahrtwind weht mir um die Ohren, während wir auf der Interstate 66 in Richtung Washington D. C. rollen. Die Sonne ist bereits aufgegangen und die Landschaft ist grün, doch es ist noch früh, und die kalte Luft lässt meine Handgelenke steif werden. Das Licht tanzender Scheinwerfer verfolgt uns im Rückspiegel. Direkt hinter den Scheinwerfern naht eine große schwarze Volvo-Zugmaschine der Klasse 8, wie ein Mutterschiff wirkt das große Gefährt. Viele Kerle in dieser Motorradschlange sind im UAW Local 2069 beschäftigt und haben an diesem Volvo gearbeitet, und sie haben ihn mitgebracht, um die Namen zu ehren, die nicht an der Wand stehen: Kriegsgefangene und vermisste Soldaten, die nie zurückkehrten.

Gegen viertel vor acht fahren wir auf einen Parkplatz vor dem Pentagon. Dort stehen bereits mehrere tausend Motorräder aufgereiht. Das wird ein lauter Tag werden. Dann denke ich an die Namen an der Wand und die Namen, die nicht an der Wand stehen. »Das muss heute sogar laut werden«, schießt es mir durch den Kopf.

Stundenlang kommen neue Motorräder hinzu – fast ausschließlich Harleys – erst in Gruppen, dann in einem stetigen, donnernden Strom, der nicht abreißen will. Gegen elf Uhr ist die Überführung, die zum Parkplatz führt, mit Schaulustigen gefüllt. Wie eine Schar Vögel, die das Fliegen nicht beherrschen, hocken sie dicht aneinandergedrängt auf dem Geländer, Massen von Menschen strömen über den Gehweg, welche die begrünte Böschung säumen, um den anschwellenden See aus Motorrädern überblicken zu können. Die Maschinen stehen dicht an dicht auf ihren Seitenständern und kühlen ab. Ihre Fahrer gehen herum und halten die Szene konstant in Bewegung. Sie betrachten die Motorräder der anderen, machen Fotos und treffen Freunde. Viele nackte Arme und Tattoos sind zu sehen. Einer Gruppe von acht Leuten sind die Strapazen einer langen Anreise anzusehen. Sie schütteln sich die Hände und klopfen sich auf die Schulter. Artie Muller, der Initiator von Rolling Thunder, steht allein in der Mitte eines freien Platzes und wird von Kameras und Übertragungstechnik umringt, Scheinwerfer sind auf ihn gerichtet, und er beantwortet Fragen, die niemand von uns hören kann. Es ist nun bewölkt, aber wärmer. Immer mehr Motorräder kommen auf den Platz.

Mittags steigen rote, weiße und blaue Ballons in den Himmel auf, und auf dem Parkplatz ist ein lautes Grollen zu hören. Unter mir vibriert der Sitz, als Murdoch die Harley startet. Eine Reihe weiter springt ein Riese, dessen Haut perfekt zum Leder seiner Klamotten passt, auf dem Kickstarter seines Choppers herum, der eher wie ein Stück Klempnerarbeit aussieht, nicht wie ein Motorrad. Er kommt aus der Puste, und ein Kumpel schlendert herüber, um ihm zu helfen. Der Kumpel ist schwerer als er, und als er sein ganzes Gewicht auf den Kickstarter wirft, springt die Maschine nach einer knallenden Fehlzündung tuckernd an. Während wir darauf warten, dass es losgeht, sorgen die dichter werdenden Abgaswolken für leichte Schwindelgefühle, doch alle sind zu angespannt, um sich darum zu kümmern.

Als wir schließlich auf die Arlington Memorial Bridge fahren und ich erstmals einen flüchtigen Blick auf die Zuschauer werfen kann, fühle ich eine gewisse Erregung in mir aufsteigen. Als Murdoch einen stramm stehenden Ranger mittleren Alters militärisch korrekt grüßt, merke ich, wie mir der Hals eng wird. Die gesamte Fahrt über bleibt dieses Gefühl spürbar.

Wir schwenken nach rechts zum Lincoln Memorial, poltern die Independence Avenue hinauf, fahren links um das Capitol herum und rollen dann die Zielgerade auf der Constitution Avenue herunter. An die Fahrt erinnere ich mich nur flüchtig: eine Familie, Bordsteine, ein selbst gemaltes Schild: »Wo ist der Soldat Jack Smith?«, Weinkrämpfe, überall Friedenszeichen. Murdoch tauscht Begrüßungen mit grinsenden Marines aus. Kinder mit Flaggen. Ein Mann im Tarnanzug, ganz ruhig, nur beobachtend. Murdoch reißt das Gas auf, und das Echo hallt von den Regierungsgebäuden zurück. Der Geruch überhitzter Motoren und heiß gewordener Kupplungen liegt in der Luft.

Dann ist alles vorbei. Polizei auf Pferden führt uns zur Wiese vor der Promenade. Murdoch und ich steigen ab und klettern auf den Volvo-Truck. Als wir wieder anhalten, setzen wir uns ins Gras unter einen Baum. Ich verweise auf die Ironie, die dieser Szene innewohnt: So viele Vietnam-Veteranen sind jetzt hier, genau an dem Ort, an dem die großen Proteste gegen ihren Einsatz stattfanden. Aus den Protestgegnern sind selbst Protestler geworden. Er stimmt zu, weist aber darauf hin, dass auch viele der ursprünglichen Protestierer jetzt den Rolling Thunder unterstützen: »Sie erkennen an, dass die Soldaten nur Befehle ausführten. Sie wurden einberufen, deswegen gingen sie nach Vietnam.«

In diesen Zeiten ist es Mode, solche Loyalität als leichtgläubige Dummheit oder blinden Patriotismus abzutun. Doch hierdurch wird eine eindeutige Wahrheit geleugnet: Vietnam mag ein Fehler gewesen sein, doch die Loyalität der dort missbrauchten Truppe sichert immer noch unsere Existenz. Es wird die Zeit kommen, in der ihr Einsatz wieder nötig sein wird, und wenn du in Freiheit aufgewachsen bist, solltest du besser beten, dass es jemanden gibt, der bereit ist, seine Freiheit für deine zu riskieren. Ob du es magst oder nicht, es leugnest oder ablehnst, du brauchst jemanden, der die schmutzige Arbeit erledigt, der deinen Elfenbeinturm oder deinen gepflegten Vorort verteidigt. Murdoch und ich sprechen lange miteinander, dann gehen wir zur Wand.

Am Montag kehrten einige von uns wegen einer Gedenkveranstaltung zur Wand zurück. Neben den Sprechern auf dem Podium stand ein Stuhl, darauf lag eine Uniform, ein Helm und ein Paar Stiefel. Es war eine würdige Reminiszenz an die Feierlichkeiten am Vortag.

Als ich wieder nach Hause zurückgekehrt war, versuchte ich, das Donnergrollen von 270 000 Motorrädern und die Leidenschaft zu beschreiben, die in den Friedensgesten und den Saluten steckte, und wie viel Symbolkraft die Namen und die leeren Stiefel enthielten. Die meisten Leute reagierten friedlich und höflich darauf, doch sie blickten mich misstrauisch an, als müssten sie vor meinen Worten auf der Hut sein, und ich hatte kurz den Hauch einer Ahnung, wie es gewesen sein muss, 1968 aus dem Dschungel zurückzukehren, auf der Suche nach irgendjemand, der bereit war zuzuhören.

Wenn man um Mitternacht vor der Wand steht, ist das Washington Monument hinter dir erleuchtet. Es steht massiv da und zeigt zuverlässig wie ein Kompass in Richtung des Ruhms. Es ist ein Denkmal, auf das man aufschauen soll, ein Mahnmal, das einen daran erinnert, was dieses Land immer sein wollte.

Die Wand aber steht im Dunkeln, tief in der Erde verankert. Um die Wand sehen zu können, musst du dich hinkauern und so lange auf den Marmor starren, bis du dein eigenes Gesicht darauf erkennen kannst – das mit Namen übersät ist.

PS: In *Im Westen nichts Neues* schlägt Kropp vor, Kriege dadurch zu entscheiden, dass man die Herrscher in Badehosen gegeneinander kämpfen lässt. Das wird nie geschehen. Und so finden wir uns an der Überführung wieder, um unseren Nachbarn bei der Abfahrt zuzuwinken.

Es fühlte sich so gut an, draußen auf dem Highway zu sein, dass er sich wunderte, warum er nicht schon früher abgehauen war. Er schaute zu Treb hinüber, und ihre Blicke trafen sich für eine Sekunde. Es war eine Kommunikation, für die man keine Worte brauchte. Kein Zweifel, sie waren ein Team. Die zwei kräftigen Harley-Motoren pochten wie ein einziges Aggregat. Der Sound hatte einen Rhythmus, der einen süßen Traum im Kopf erzeugte.

Robert »Bob Bitchin« Lipkin, *A Brotherhood of Outlaws*, 1981

Frühe
Harley-Davidson-
Werbeplakate.
Mit freundlicher
Genehmigung von
Harley-Davidson.

Der Outlaw-Impuls

Von Darwin Holmstrom

Darwin Holmstrom ist Anhänger der »Church of Motorcycology«, seitdem sich die Fontanelle auf seinem kleinkindlichen Schädel geschlossen hat. Mit sechs Jahren fuhr er sein erstes Minibike und mit elf seine erste Geländemaschine. Zehn Jahre später – und noch vor der Einführung des Evolution-Motors – machte er seine erste Langstreckenreise zum Motorradtreffen in Sturgis, South Dakota. Seitdem hat er nahezu jeden US-Bundesstaat sowie eine Handvoll kanadischer Provinzen unter die Räder genommen. Mit mehr als 500 000 Meilen auf dem Motorrad ist er heute Mitglied der »Iron-Butt«-Gemeinschaft. Ein schmerzhafter Sturz auf der Rennstrecke beendete seine Karriere als langsamster Motorradrennfahrer der Welt und lehrte ihn, vorverlegte Fußrasten zu würdigen.

Darwin Holmstrom hat zahlreiche Motorradbücher verfasst, darunter *The Complete Idiot's Guide to Motorcycles, Honda Gold Wing, BMW Motorcycles, Harley-Davidson Century* und *Billy Lane Chop Fiction.* Seine Arbeiten sind in vielen Motorradmagazinen, darunter *V-Twin, Motorcycle Cruiser* und *Motorcycle Consumer News* erschienen. Zwischen 1997 und 2001 arbeitete er als Redakteur für *Motorcyclist* und zerstörte in dieser Zeit mehrere Buell-Dauertestmaschinen. Zusammen mit seiner Frau und seinen Hunden bewohnt er ein bestens gesichertes Anwesen in Minnesota.

Seit Hunter S. Thompson sein Buch *Hell's Angels: A Strange and Terrible Saga* über die Kultur der Outlaw-Biker geschrieben hat, hat sich die Welt grundlegend verändert. Heute sind Sex und Drogen und alles andere, was auf sinnliche Genüsse hinweist, geradezu Tabuthemen, während das Kämpfen und das starre Festhalten am Status quo als die höchsten Ziele gelten, die ein menschliches Wesen anstreben kann. Was einst als obszön galt, ist jetzt edel.

Wie passt die Motorradkultur in all dies hinein? Wie die Gesellschaft im Ganzen ist auch die Motorradwelt ihrem Wasserkopf erlegen. Als Thompson *Hell's Angels* schrieb, waren Harley-Davidson-Motorräder archaische Überbleibsel aus vergangenen Zeiten und auf dem besten Wege, für die breite Motorradgemeinde zu einem Witz zu werden. Harley-Fahren war kein Sport, es war eine politische Aussage. Harley-Fahrer wussten, dass ihre Maschinen schwer, langsam, unzuverlässig und zu teuer waren, und was zum Teufel konnte man daran ändern? Versuche, mit bestimmten Harley-Fahrern sachlich darüber zu reden, führten meist dazu, dass man seine Zähne am Ende des Darmtraktes zurückerhielt. Wenn man nette Leute treffen wollte, verbandelte man sich mit Honda-Fahrern, nicht mit Harley-Bikern.

Die Dinge änderten sich. Uns wurden Richard Nixon und Watergate beschert, wir erlebten Ronald Reagan, Aids und den Krieg gegen die Drogen. Und wir bekamen den Harley-Davidson-Evolution-Motor. Er sah immer noch nach einem Harley-Motor aus, klang wie ein Harley-Motor, vibrierte wie ein Harley-Motor und roch sogar wie ein Harley-Motor. Aber er war ein komplett anderes Wesen. Man musste den Zylinderkopf nicht mehr am Straßenrand mitten in der Nacht mit nichts anderem als einem Engländer und einem Feuerzeug überholen. Plötzlich konnte jeder ungeschickte Trottel mit ausreichender Kreditwürdigkeit seinen Scheiß-Hintern auf dem Inbegriff der Outlaw-Maschine parken.

Das änderte alles. Die Leute wurden konservativer, sie waren gezwungen, einen angepassteren Lebensstil zu führen.

Doch der Urinstinkt, gegen Konformität zu rebellieren, blieb intakt, wenn er auch tief in unserer kollektiven Psyche vergraben war. Mitte der 1980er-Jahre wurde das Ausleben nonkonformen Verhaltens noch schwieriger. Aus Furcht, mit einer schrecklichen Krankheit angesteckt zu werden, war es gesellschaftlich nicht länger akzeptiert, loszugehen und wahllos Sex zu haben. Sich den Drogen seiner Wahl hinzugeben war auch vorbei, meist aus Furcht, dass nervige Freunde und Familienmitglieder einschritten und einen in eine furchtbar langweilige Reha-Klinik einweisen wollten. Harley-Davidson kam genau zum richtigen Moment mit einer Maschine, die den Geruch eines Outlaws verströmte, die einem aber nicht die schwere Last eines Lebens außerhalb der sozialen Normen auferlegte und keine Schrauber-Begabung erforderte – Outlaw light also.

Springen wir um 15 Jahre nach vorn. Wir befinden uns in den ersten Krämpfen eines neuen Jahrtausends. Der Hedonismus versucht ein vorsichtiges Comeback, doch im Großen und Ganzen sind wir als US-Nation entweder in die Jahre gekommene Babyboomer, die zu alt für echte Ausschweifungen sind, oder »Reagan-Babys«, die nicht einmal ansatzweise wissen, was anständige Ausschweifungen sind. Der Durchschnitts-Biker ist genauso ein Rebell wie Ward Cleaver. Er geht pünktlich zur Arbeit, zahlt seine Steuern und treibt selten Unzucht außerhalb seiner Ehe. Er hält sich immer an das Geschwindigkeitslimit, auch wenn er dabei oft rücksichtslos die linke Spur benutzt. Dennoch genießt er sein Budweiser und kann – bei Gelegenheit – auch mal einen durchziehen, wenn seine alten Highschool-Kumpel zu Besuch kommen. Sein einziges echtes Laster ist, dass er sein Handy während der Fahrt benutzt.

Trotzdem zieht er jedes Wochenende seine Lederweste mit dem »Harley Owner's Group«-Aufnäher an, legt seine Henna-Tattoos auf, nennt seine Partnerin »Old Lady« und donnert auf seiner Harley davon, um mit seinen Kumpels – immer knapp unter dem Tempolimit bleibend – von einer Taverne zur nächsten zu ziehen.

Dieser Mann hat wahrscheinlich zumindest einen ordentlichen Schulabschluss. Er mag sogar über viel Bildung verfügen, obwohl die bikenden »Zahnwälte« nahezu genauso mythologisch sind wie die wenigen verbliebenen »Einprozenter«, die Thompsons Buch noch bevölkerten. Wahrscheinlicher ist er Maler oder hat sich auf Innenausbau spezialisiert, vielleicht fährt er einen Überlandbus oder leitet ein Restaurant. Er kann ebenso eine Sie sein, da heute wesentlich mehr Frauen selbst fahren als 1967, dem Jahr, als *Hell's Angels* erstmals veröffentlicht wurde. Und aus all seinen (oder ihren) Versuchen, sich mit der Harley ein Outlaw-Image zu erarbeiten, wird bestenfalls die Karikatur eines Outlaw-Bikers. Sein Motorradfahren ist kein Sport, sondern eine Theateraufführung, bei der er den Outlaw-Biker mimt.

Das mag albern erscheinen, es ist aber verständlich. Die meisten von uns hatten keine Gelegenheit, den echten Outlaw-Lebensstil dauerhaft durchziehen zu können. Entweder verließen uns unsere Kräfte, oder wir verarmten, vielleicht landeten wir im Gefängnis. Billy und Wyatt starben am Ende von *Easy Rider* aus gutem Grund. Hätten sie überlebt, wären sie wahrscheinlich auf einem trüben Wohnwagenplatz in Fontana geendet, ohne Geld und Motorräder – wenn sie Glück gehabt hätten. Wahrscheinlicher wäre, dass sie aufgrund eines drakonischen Dreimal-erwischt-und-du-bist-raus-Gesetzes lebenslänglich wegen Scheckbetrugs in einem scheußlichen texanischen Gefängnis einsäßen. Oder aber sie wären fette alte Männer, die ihre Enkel mit Geschichten von früher langweilen. Sie wären längst nicht mehr die hübschen Bike-Poeten aus dem Film. Nein, es ist besser, dass sie unter den Händen gewalttätiger Entenjäger in einem namenlosen Moor in Louisiana im Glanz ihrer Jugend von uns gingen. Manchmal ist es wirklich am besten, »schnell zu fahren, jung zu sterben und einen schön aussehenden Leichnam zu hinterlassen«.

Doch für die meisten von uns gilt, dass unser Leichnam nicht gut genug aussehen würde, um das Recht auf einen frühen Tod zu erhalten. Wir machen weiter und nehmen die zunehmenden Einschränkungen hin, die uns von einer immer konservativer werdenden Gesellschaft auferlegt werden. Wir verzichten auf den Sex, die Drugs und den Rock'n' Roll unserer Jugend, akzeptieren das Joch der Verantwortung und opfern unsere Freiheit dem Komfort und der Sicherheit. Immer noch fühlen wir irgendwo ganz tief in uns das Outlaw-Kribbeln, einen Juckreiz, dem sich die meisten von uns nicht mehr mit völliger Hingabe stellen wollen. Harley-Davidson bietet uns ein gesellschaftlich akzeptiertes Mittel, dieses Jucken ein wenig zu lindern.

Billy Lane führt die Meute nach Tybee Island, Georgia.
Foto: Russ Bryant

Harley-Davidson-Fahrer posieren in den 1920er-Jahren auf ihren Maschinen.

Szenen aus den Harley-Davidson-Familienalben
der 1910er- bis 1920er-Jahre.

Nachtfahrten

Von Biker Billy

Der als »Biker Billy« bekannte Bill Hufnagle ist ein erfolgreicher US-Autor und auf seiner Harley-Davidson ein begeisterter Meilenfresser.

Billy ist Autor zweier Kochbücher: *Biker Billy's Hog Wild on a Harley Cookbook: 200 Fiercely Flavorful Recipes to Kick-Start Your Cooking From Harley Riders Across the USA* sowie *Biker Billy Cooks With Fire: Robust Recipes from America's Most Outrageous Television Chef.* Er schreibt zudem Kolumnen, die monatlich in verschiedenen regionalen Motorradmagazinen erscheinen.

In diesem Essay fasst er die Herrlichkeit des Harley-Fahrens zusammen und beschreibt, was es bedeutet, eine Harley mit all der Eloquenz ihres röhrenden V2-Motors genießen zu dürfen.

Der Mond hat gerade seinen Zenit passiert und hängt wie ein gigantisches Auge im Äther. Er steht voll und hell im fahlen Nachthimmel, und dünne Wolken umgeben ihn, die sich wie ein Schal um ihn legen, als bräuchte er Schutz vor der feuchten Luft. Während der Fahrt durch eine Kurve nehme ich ihn aus den Augenwinkel wahr, und für einen Augenblick nimmt er die Form eines riesigen Tintenfisches an. Er streckt seine Fangarme aus, um mich und das Motorrad zu erwischen, und ich schwimme in den Gewässern dieser warmen Sommernacht. Mit einem schnellen Gangwechsel und einem Dreh am Gasgriff entkomme ich knapp und rette mich in den Schatten eines Berges. Eine leichte Mahlzeit soll dieser Biker nicht werden.

Ich donnere weiter durch die schwüle Nacht, und mein Scheinwerferkegel huscht durch die Schatten am Straßenrand. Der Mond verwandelt sich manchmal in eine nächtliche Kreatur, die Schatten sind zugleich Dunkelheit und mysteriöse Formen, die von meinem Scheinwerfer durchbohrt werden und die bedrohlich vor mein Vorderrad springen. Ich bin mir wohl darüber bewusst, dass ich den »Mann im Mond« ins Reich der Fantasie verbannen kann, doch mit dem Schatten verhält es sich völlig anders. In jeder Nacht, die ich bisher unterwegs war, habe ich mindestens einmal auf ihn reagiert, wenn er Augen bekam und feste Formen annahm, um in einem endlosen Tanz um Leben und Tod pfeilschnell meinen Weg zu kreuzen.

Es ist spät, und ich habe dieses Stückchen Asphalt unter mir ganz für mich allein. Fast für mich allein, denn da ist wieder diese Kreatur, die heute Nacht ein Opossum ist, das in der vermeintlichen Sicherheit des Straßenrandes umherhastet und es nicht riskiert, unter das Vorderrad zu geraten. Für seine Entscheidung, heute Nacht nicht mit mir zu tanzen, bin ich dankbar. Ich bin in dieser späten Sommernacht mit der Begleitung des Mondes zufrieden; vielleicht war es der Vollmond mit seinem Einfluss auf die Gezeiten, was mich zum Fahren einlud. Doch eigentlich bedarf es für mich keiner Einladung zu einer Fahrt in den frühen Morgenstunden. Ich war schon immer eine Nachteule, ich fuhr gern dann Motorrad, wenn die anderen schliefen.

Während die Nacht meine Freundin, meine Vertraute und mein Trost ist, drängt sich der Tag mit Arbeit und Stress auf. Meine Lieblingsdroge ist die Straße. In welch großartigen Rausch es mich versetzt, wenn ich Meile für Meile köstlichen Asphalt konsumiere, der sowohl belebend wie auch beruhigend wirkt! Ich bin davon abhängig. Nachts ist die Straße auch ein wildes Tier. Heute ist sie eine Schlange, die in der Landschaft liegt und deren glatte Oberfläche mit hellen Punkten gesprenkelt ist. Ich rolle über die Muster ihrer Haut und weiß, dass sie jeden Moment erwachen und mich beißen kann. Ich spüre das Risiko, und bin doch dazu gezwungen, dieser Straßenschlange zu folgen – genau in dieser Kombination liegt der Reiz.

Doch Nachtfahrten sind noch viel mehr als eine Droge oder eine Begegnung mit der Wildnis. Sie sind ein Pfad durch die Zeit, sie öffnen eine Pforte zu meinem Gedächtnis, und sie stellen einen Prüfstein meines Lebens dar. Oftmals halfen Nachtfahrten mir dabei, komplizierte Abzweige meines Lebens zu überwinden. In dieser dunklen Welt mit ihren unzähligen Möglichkeiten hat das Licht meines Scheinwerferkegels Lösungen und Entscheidungen sichtbar gemacht. Straße und Mond sind immer da, wenn ich sie brauche.

Dennoch ist eine nächtliche Ausfahrt kein Allheilmittel. Manchmal ist sie nur ein Bonbon, eine Belohnung nach einem Tag voller mühevoller Arbeit, Langeweile und Hitze. Die köstliche Sommerluft fühlt sich an wie Wasser auf meiner Haut, wie beim Schwimmen – nur besser. Sie reinigt die Sinne und erfrischt die Lungen. Die Vibrationen des Motors massieren meine schmerzenden Muskeln, das sanfte Bewegen des Lenkers arbeitet die Verspannungen aus Nacken und Schultern.

Dann ist es pures Vergnügen.

Während einer Nachtfahrt versinkst du oft in tiefe Gedanken. Dabei lässt sie dich deinen Körper spüren. Sie stimuliert

Aus den Harley-Davidson-Familienalben
der 1910er- bis 1920er-Jahre.

deine Synapsen und aktiviert die Energieströme, sodass deine spirituelle Kraft frei fließen kann. Dann nimmt die Straße die üppigen Kurven von Mutter Erde auf und die Gestalt einer prähistorischen Fruchtbarkeitsgöttin an. Tief in unseren Erbanlagen liegt immer noch der Höhlenmensch begraben. Es war die Urkraft des Lebens, die ihn eine primitive Skulptur in Gestalt einer Venus schnitzen ließ. Hätte er damals schon Räder unter sich gehabt, sie hätten ihn zu seiner Höhle getragen und er wäre unter sein Säbelzahntigerfell geschlüpft und seiner Natur gefolgt, um unser aller Vorfahre zu werden.

Von Zeit zu Zeit müssen bei deinem Motorrad die Auspuffrohre mit einer Vollgasfahrt freigeblasen werden. Genauso verhält es sich mit deinem Kopf. Wenn dein Gehirn kocht und deine Kreativität blockiert ist, brauchst du eine gute, lange Nachtfahrt. Dann hilft sie wie ein Wundermittel. Ein paar Meilen mit gemütlichem Tempo auf einer ruhigen Landstraße dauern nicht lange, doch sie können mehr Entspannung bringen als ein zweiwöchiger Urlaub. Weder Reise noch Planung stressen, und bei der Rückkehr muss keine Arbeit nachgeholt werden. Und denk an den Preis: Selbst bei den heutigen horrenden Spritpreisen ist ein voller Tank ein Klacks gegenüber dem Kauf eines Flugtickets zu irgendeiner fernen Insel.

Von Nachtfahrten profitiere ich immer. Was mir auch fehlen mag, beim nächtlichen Ausritt bekomme ich es mit Sicherheit im richtigen Augenblick. Der Mond beobachtet mich beim Fahren heute Nacht, doch ich bleibe außerhalb seiner Reichweite. Das Opossum entscheidet sich, mein Vorderrad nicht herauszufordern. Auf dem Motorrad heute Nacht werde ich von meiner Schreibblockade geheilt, und dieser Text erscheint auf magische Weise auf meinem Bildschirm.

Das eigentliche Rad, das du drehst, bist du selbst.

Robert M. Pirsig, *Zen and the Art of Motorcycle Maintenance*, 1974

Joe Namath
Loving, brawling and bustin' it up!

Joseph E. Levine presents An Avco Embassy Film starring

JOE NAMATH & ANN-MARGRET as his girl
as C.C. Ryder in

C.C. and COMPANY

AN AVCO EMBASSY EXHIBITORS' SHOWMANSHIP M

The roar of their pipes i their battle cry...the ope road their killing ground

THE Savage Seven

7

THE DEADLIEST OF ALL THAT
VIOLENT BREED...THEY'LL
TURN YOUR TOWN INTO
AN ARENA OF TERROR
AND SHAME

DON'T MUCK AROUND WITH A GREEN BERET'S MAMA!
He'll take his chopper and
ram it down your throat!

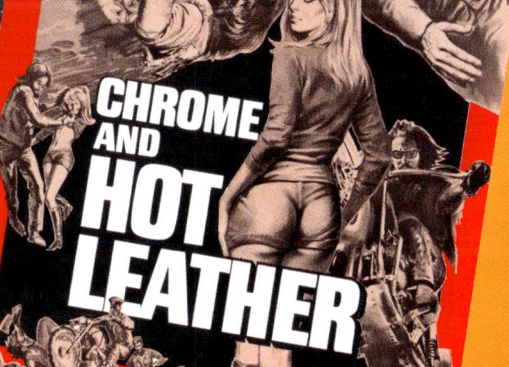

CHROME AND HOT LEATHER

AN AMERICAN INTERNATIONAL RELEASE

Aus den Harley-Davidson-Familienalben der 1910er- bis 1920er-Jahren.

Wir wollen eine gute Zeit fahren,
aber für uns liegt die Betonung dabei auf

»gut«,

weniger auf »Zeit«, und diese Betonung verändert die gesamte Bedeutung. Kurvige Bergstraßen dauern länger, was die messbare Zeit betrifft, aber auf einem Motorrad kann man sich in die Kurven hineinlegen und sie viel besser genießen, als wenn man in irgendeinem Fahrzeug von einer Seite zur anderen geschleudert wird. Straßen mit wenig Verkehr machen mehr Spaß und sind sicherer. Straßen ohne Drive-ins und Plakatwände sind besser; Straßen, bei denen Gräben und Wiesen, Obstgärten und Rasenflächen fast bis an den Asphalt reichen, an denen Kinder stehen, die einem zuwinken, wo Leute von ihrer Veranda aufschauen, um zu sehen, wer kommt; wo du anhältst, nach dem Weg fragst und die Antworten eher zu lang als zu kurz werden; wo Leute fragen, woher du kommst und wie lange du schon unterwegs bist.

Robert M. Pirsig, *Zen and the Art of Motorcycle Maintenance*, 1974

Mitch Bergeron auf einem Abstecher in die Wüste. Foto: Russ Bryant

Wir erklären, dass die **Großartigkeit** der Welt durch eine neue **Schönheit** bereichert wurde: die Schönheit der Geschwindigkeit ... **Zeit und Raum sind gestern gestorben.** Wir leben bereits im Absoluten, denn **wir haben die ewige, allgegenwärtige Geschwindigkeit erschaffen.**

Filippo Marinetti, aus dem Manifest *Le Futurisme*, 1909

Er möchte wohl lieber fahren als posieren: ein Mann und seine Harley, etwa im Jahre 1930.

Ein stolzer Fahrer in cooler Pose auf seiner Harley-Davidson, etwa im Jahre 1920.